“十三五”职业教育系列教材

# 单片机应用技术项目式教程

## （C语言版）

主　编　曾维鹏　蔡莉莎
副主编　林尔敏　黄　果
编　写　张逢春　陈立丽
　　　　钱　勇　谷兵兵

中国电力出版社
CHINA ELECTRIC POWER PRESS

## 内 容 提 要

本书以“项目为载体，任务为驱动”，将电子产品中的实用设计项目分解成若干个子任务，以“必需、够用”为原则，注重工程实践，通过不同的小任务讲解不同的知识点，强化学生的实际动手能力的培养。教学过程中以Proteus仿真软件设计电路，并且在此基础上制作实际产品，提高学生的学习积极性。在实际产品的设计与制作的过程中，使用现今常用技术引入基于模块化电路设计的方法并尽可能使单片机的开发更加简单，让学生通过实际动手来了解常用模块在单片机领域的使用方法，以提高学生的综合应用能力。

本书共设计了10个项目，34个任务，通过对10个项目的讲解，实现了从产品概念到设计和制作的整个过程。打破了单片机传统的教学顺序，让读者由浅入深地掌握单片机的基本软件的使用、I/O口的应用、中断原理及应用、定时器/计数器原理及应用、串口通信原理及应用；单片机C语言编程的基本内容以及包括单片机与外围设备的设计实现，包括单片机与LED的设计、单片机与数码管的设计、单片机与LCD的设计、单片机与按键开关和矩阵键盘的设计、单片机与LED点阵的设计、单片机与蓝牙接口的设计、单片机与循迹模块和电机驱动模块设计等内容。本书基本涵盖了单片机常用的外围设备的设计方法。

本书所有的实例都给出完整的电路图、源程序以及实验器件清单。除此之外本书配有免费电子教学课件，读者可以通过扫描二维码观看微课。因此非常适合作为高职高专电子、电气、自动化、物联网、嵌入式等专业单片机应用技术课程的教材和教学参考书，也可作为成人教育、自学考试、电视大学、中职学校、培训班的教材以及参考用书。

**图书在版编目（CIP）数据**

单片机应用技术项目式教程：C语言版/曾维鹏，蔡莉莎主编．—北京：中国电力出版社，2019.1（2021.9重印）

“十三五”职业教育规划教材

ISBN 978-7-5198-0813-6

Ⅰ.①单… Ⅱ.①曾… ②蔡… Ⅲ.①单片微型计算机—职业教育—教材②C语言—程序设计—职业教育—教材 Ⅳ.①TP368.1②TP312.8

中国版本图书馆CIP数据核字（2017）第274541号

---

出版发行：中国电力出版社
地　　址：北京市东城区北京站西街19号（邮政编码100005）
网　　址：http://www.cepp.sgcc.com.cn
责任编辑：罗晓莉（010-63412547）
责任校对：朱丽芳
装帧设计：张　娟
责任印制：钱兴根

---

印　　刷：北京天宇星印刷厂
版　　次：2019年1月第一版
印　　次：2021年9月北京第四次印刷
开　　本：787毫米×1092毫米　16开本
印　　张：14
字　　数：339千字
定　　价：42.00元

---

# 前言

本书采用“任务驱动、教学做一体的项目化”教学方法，体现高职高专理论“必需、够用”原则，突出“知识”为完成“任务”服务，围绕“任务”所用；整个教学过程以“教师指导”和“学生训练”为主而不是以“灌”和“观”为主；认识过程符合初学者的认知规律，即由简单到复杂、由形象到抽象、由感性到理性。知识由过去的学科系统，按照工作过程系统化重新序化。目的在于巩固基础，注重设计，培养技能，追求创新，走向实用。解决了以往单片机教学中存在的问题：概念抽象，知识枯燥难理解；知识运用能力差；缺乏学习方法，知识不成体系，不知道如何融会贯通。

本书编写的特色有以下几点：

① 让学生在每个教学项目的学习过程中，学会完成相应工作任务；在内容安排上也是由简到繁，逐步深入，以应用性教学为主，注重增强学生的实践动手能力。

② 本教材的模拟实际工作过程是软硬结合，虚拟仿真，制作产品。设计者可以首先在计算机上利用 Proteus 以及 Keil C 软件对产品进行虚拟设计，然后仿真无误后进行实际产品制作。既可以节约学习成本，读者还可以在家独立学习。

③ 注重工程实践是以“必需、够用、前沿技术”为原则完成工程项目开发。整个产品的开发采用现今较为前沿的技术、摒弃过时、应用不多且难度较大的内容。

④ 强化动手能力培养，所有的项目开发均以产品的形式展示，让学生通过产品的设计与制作，提高学生的学习兴趣，培养学生的实际操作能力。

本书由海南软件职业技术学院曾维鹏、蔡莉莎老师担任主编，林尔敏、黄果担任副主编，海南软件职业技术学院吴恒玉担任主审，参加编写的还有海口技师学院的张逢春，海南职业技术学院的钱勇，海南工商职业学院的陈立丽，海南科技职业学院的谷兵兵等。曾维鹏编写了项目四、项目五、项目六、项目七；蔡莉莎编写了项目八、项目九、项目十；林尔敏编写了项目一、项目二；黄果编写了项目三；张逢春编写了附录，海南软件职业技术学院雷亚莉参与部分内容整理。全书由曾维鹏统稿，并得到海南软件职业技术学院的领导和老师的大力帮助，在此表示感谢。

在本书的编写过程中，海南软件职业技术学院领导对教材的出版给予了极大的支持和帮助，同时还参考了许多教材、文献及网络资料，在此深表感谢。

由于作者水平有限，书中若有错误和不妥之处，恳请专家和读者批评指正。

编　者

2016.12

# 目　录

# 项目一　单个 LED 闪烁控制系统的设计与制作

## 知识目标

① Proteus 仿真软件的使用。
② Keil 软件的编辑与编译。
③ Keil 软件和 Proteus 软件的联合仿真。
④ STC 单片机烧录工具的使用。

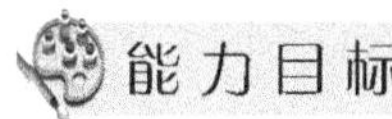

## 能力目标

通过单个 LED 闪烁控制系统的设计与制作可以让学生学习 Proteus 电路设计软件的使用方法，熟练使用 Proteus 进行单片机设计与仿真功能的方法和操作步骤。同时，让学生学习 Keil 软件的使用方法，可以掌握 Keil 软件建立和调试单片机程序的方法，掌握单片机软件开发仿真的基本过程（编写源程序，编译，仿真运行，观察运行结果）。

## 项目要求

在 P1.0 端口上接一个发光二极管 VD1，使 VD1 实现闪烁的效果（见图 1.1），通过 Proteus 仿真软件对单个 LED 闪烁控制系统进行电路仿真设计，使用 Keil C 软件对该系统进行程序设计及编译。仿真结果正常后，用实际硬件搭接电路，通过 STC 单片机烧录软件将 .HEX 文件下载到 51 单片机中，通电后观察单个 LED 闪烁控制系统设计的实际效果。

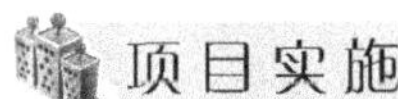

## 项目实施

## 1.1　硬 件 电 路

单个 LED 闪烁控制系统的硬件电路如图 1.1 所示。为便于读者使用，本书电路图与 Proteus 软件保持一致。

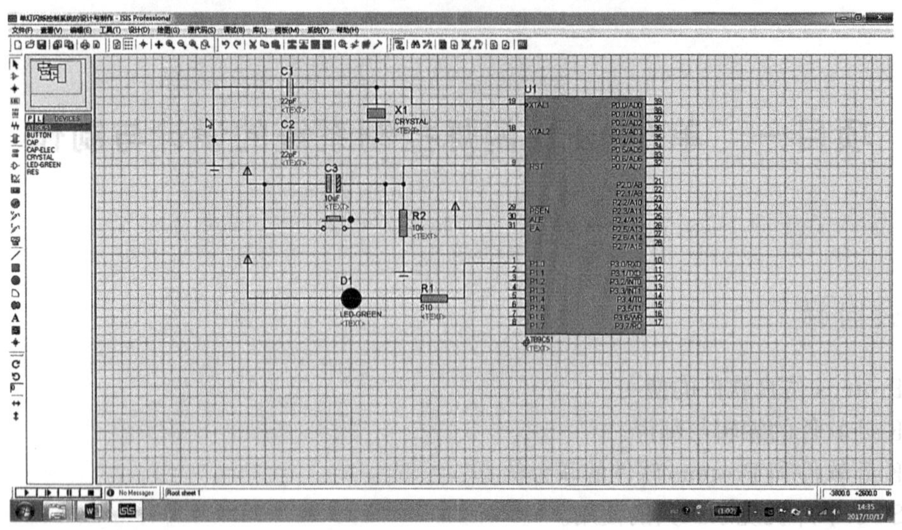

图 1.1 单个 LED 闪烁控制系统硬件电路

1. 新建设计文件

从桌面启动 ISIS 原理图工具及启动软件后，进入 Proteus ISIS 软件编辑环境。若要保存设计文件，选择“File”/“Save Design”选项，在文件名框中输入文件名后单击“保存”按钮，则完成新建设计文件的保存，其后缀自动为 . DSN，如图 1.2 所示。

单灯闪烁

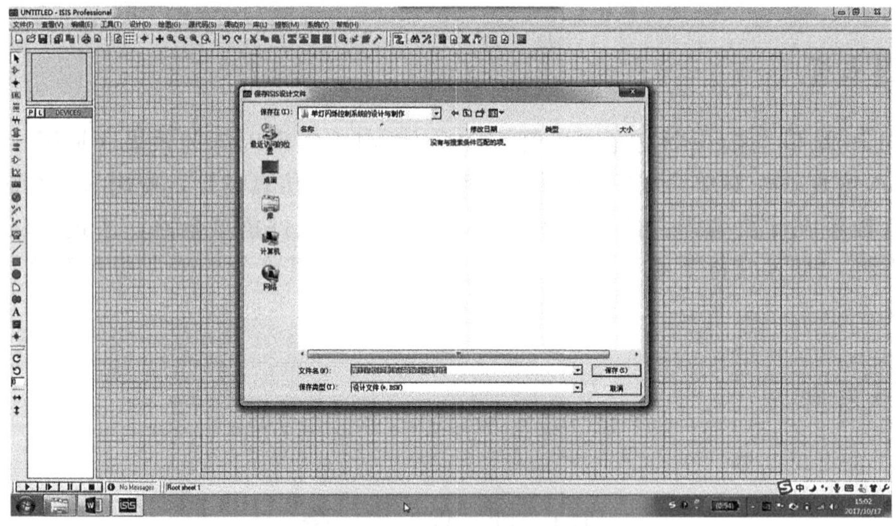

图 1.2 保存设计

2. 从 Proteus 库中选取并放置元器件

单击编辑窗口中 P 按钮，如图 1.3 所示。在关键字区域输入要添加的元器件名字，在元器件列表中选择匹配的元器件，单击确定，如图 1.3 所示。在编辑窗口选择合适的位置，单击鼠标左键合理放置元器件，如图 1.4 所示。该项目所需以下元器件的关键字。

① AT89C51：单片机。

② RES：电阻。

③ LED—GREEN：绿色发光二极管。

④ CAP：电容。

⑤ CAP—ELEC：电解电容。

⑥ CRYSTAL：晶振。

⑦ Button：按钮。

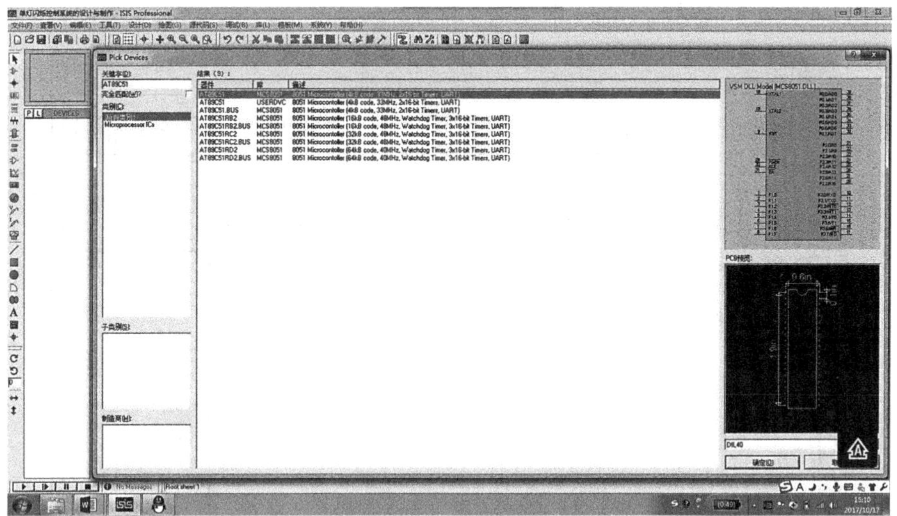


图 1.3　选取元器件

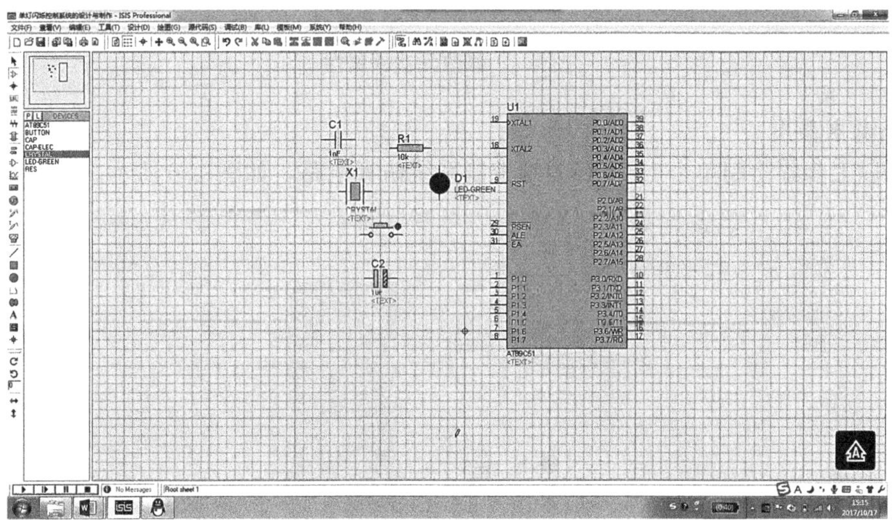


图 1.4　放置元器件

3. 放置电源和地（终端）

单击工具栏中的 终端模式，在对象选择器中选取电源（POWER）、地（GROUND），用上述放置元器件的方法分别放置于编辑区中。

4. 电路图连线

加载好元器件之后，鼠标移动到元器件的两端就会发现出现一支笔一样的箭头，单击元器件的一端，拖动鼠标并单击另一元器件端点即可画连线。如果要画折线，在拐弯处单击左键即可；若想中途取消，可右击；若终点在空白处，单击即可结束。

5. 设置、修改元器件的属性

先右击后左击各器件，在弹出的属性编辑框中设置、修改它的属性，如图 1.5 所示。将 10 kΩ 电阻值修改为 510 Ω。

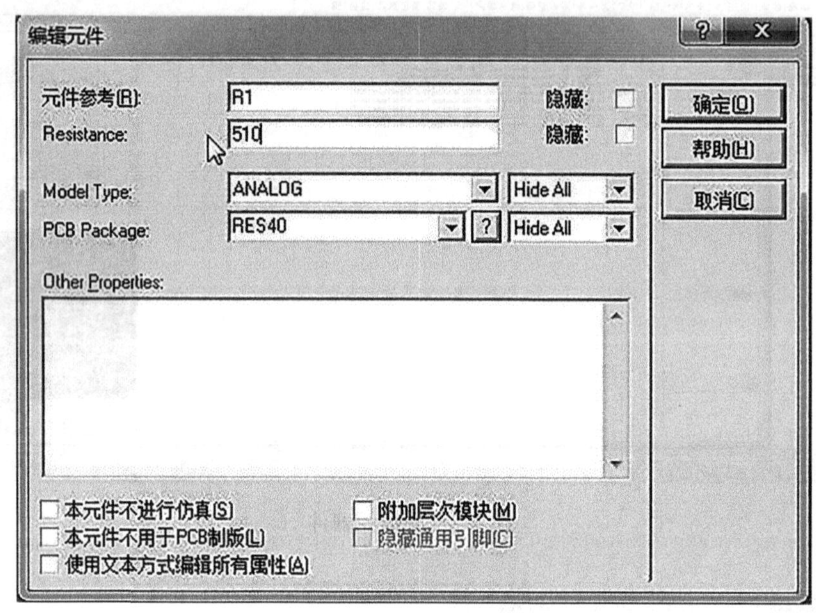


图 1.5　修改元器件属性

6. 绘制电路图

根据以上步骤绘制单个 LED 灯闪烁控制系统仿真电路，如图 1.6 所示。

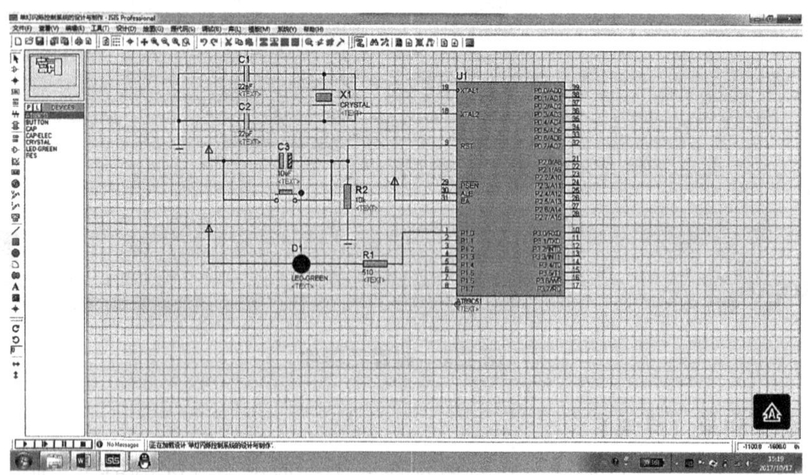


图 1.6　单个 LED 灯闪烁控制系统仿真电路

## 1.2 程　序　设　计

单灯闪烁软件设计

单个 LED 闪烁控制系统的设计与制作程序清单如下：

```
#include<reg51.h>
void delay(unsigned char i)      //延时函数
{
unsigned char j,k;
for(k=0;k<i;k++)
for(j=0;j<255;j++);
}
main()
{
  while(1)                       //无限循环以下循环体
  {
   P1=0xFE;                      //点亮 LED
   delay(50);                    //调用延时函数
   P1=0xFF;                      //熄灭 LED
   delay(50);                    //调用延时函数
   }
}
```

(1) 建立工程

KEILC 的使用方法

① 首先将单片机集成开发环境进行开发，出现 Keil C 的界面，如图 1.7 所示。

图 1.7　Keil C 界面

② 建立一个工程项目文件。选择菜单“Project/New project”选项，如图1.8所示。

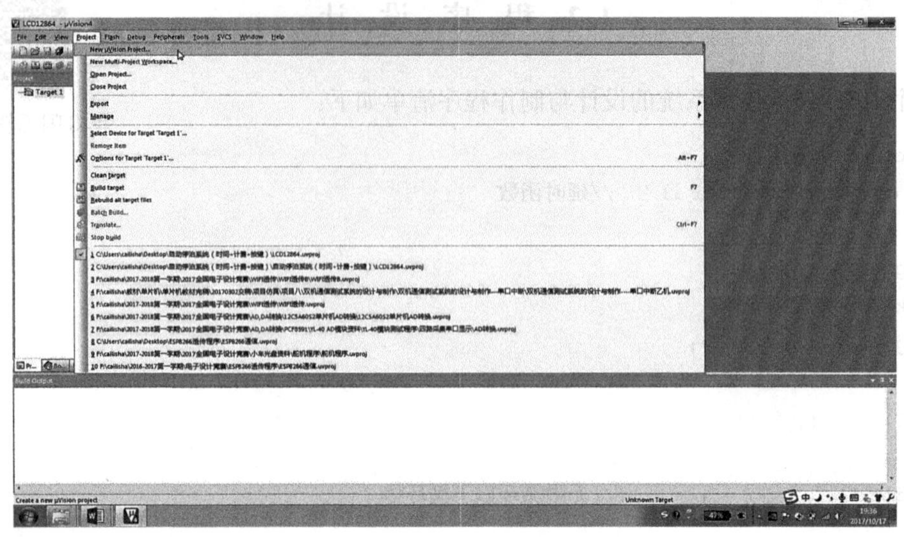


图1.8　Project菜单

③ 给项目文件取名保存。在弹出的“Create New Project”对话框中选择要保存项目文件的路径，比如保存到单片机\项目仿真\项目一\单灯闪烁控制系统的设计与制作的目录里。在“文件名”文本框中输入项目名为“单灯闪烁控制系统的设计与制作”，然后单击“保存”（见图1.9），建议将项目与Proteus仿真电路图保存在同一个文件目录中。

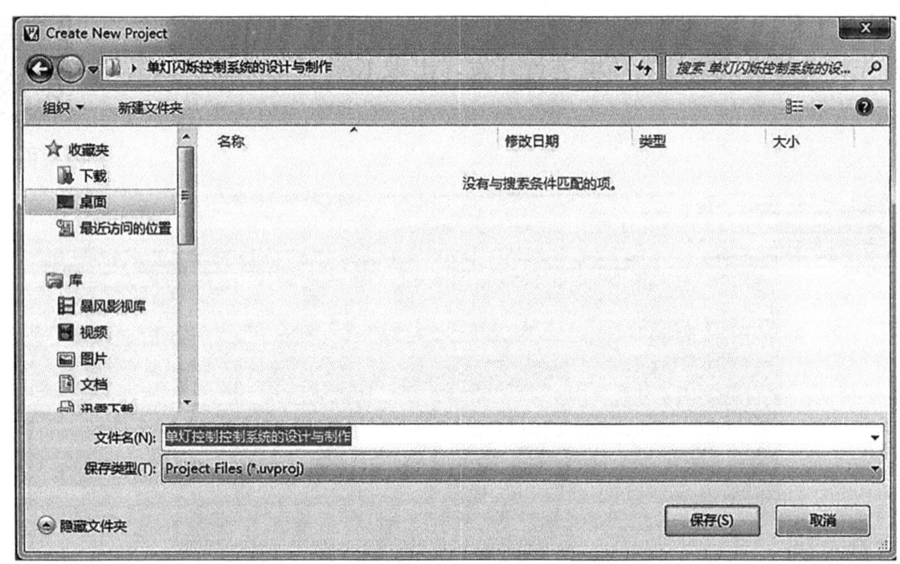


图1.9　保存项目

④ 选择单片机的型号。选择Atmel，单击“+”（见图1.10、图1.11），选择AT89C51（见图1.11），单击“OK”按钮。

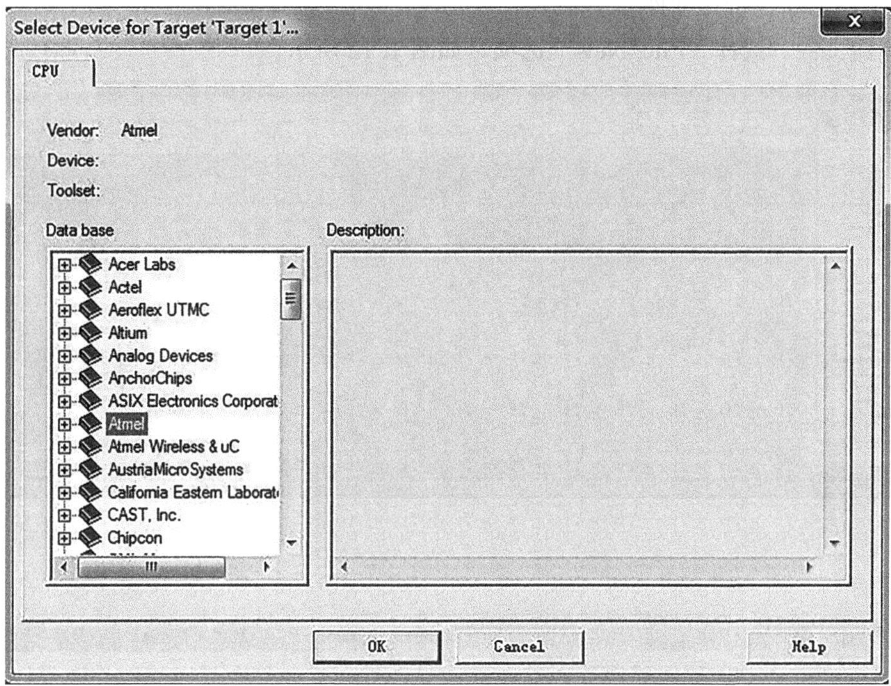


图 1.10　选择单片机公司

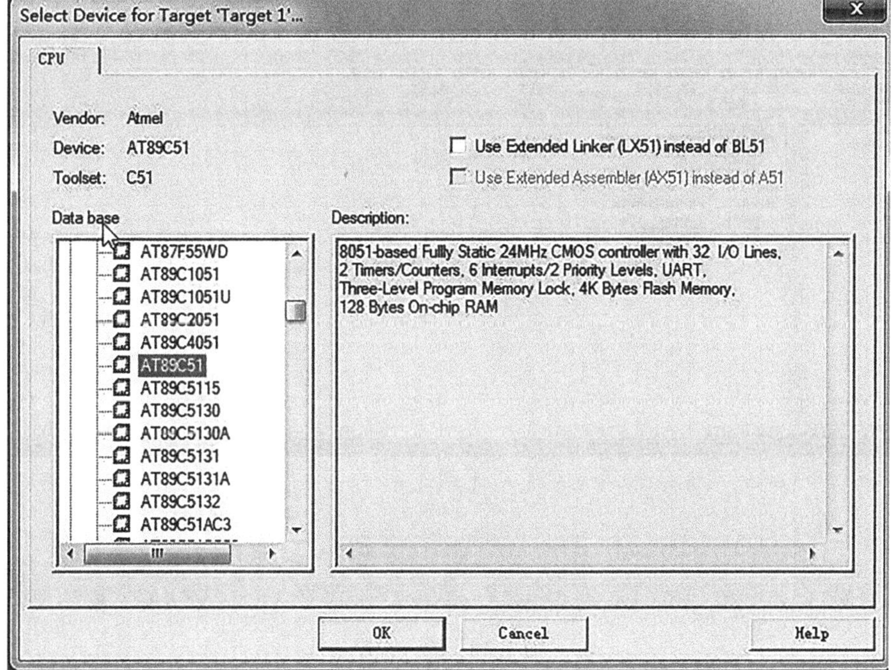


图 1.11　选择单片机型号

（2）新建一个源程序文件

① 新建文件。选择“File/New”选项，如图 1.12 所示。

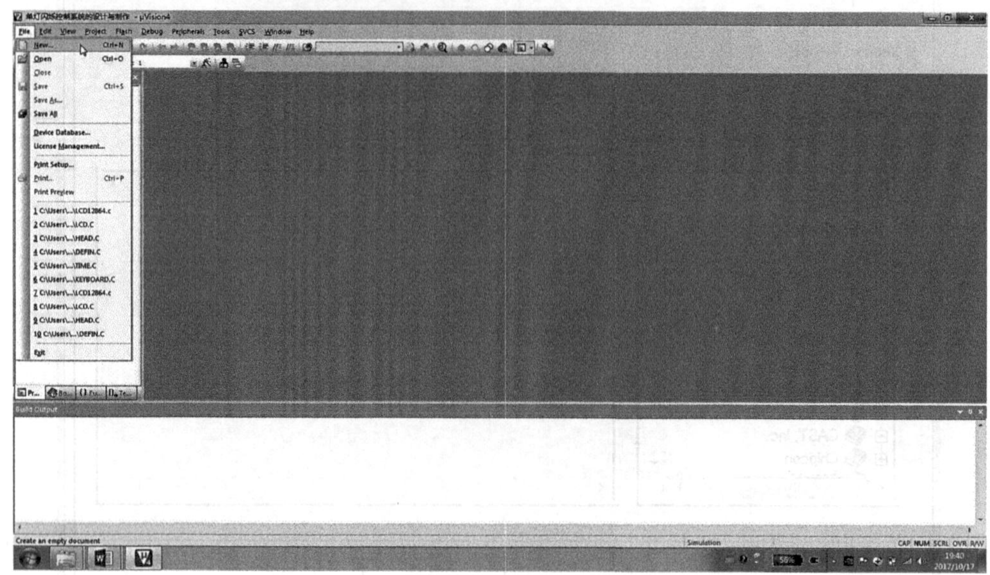

图 1.12　新建文件

② 输入程序。在弹出的程序文本框中输入一个“单个 LED 闪烁控制系统”的程序，如图 1.13 所示。

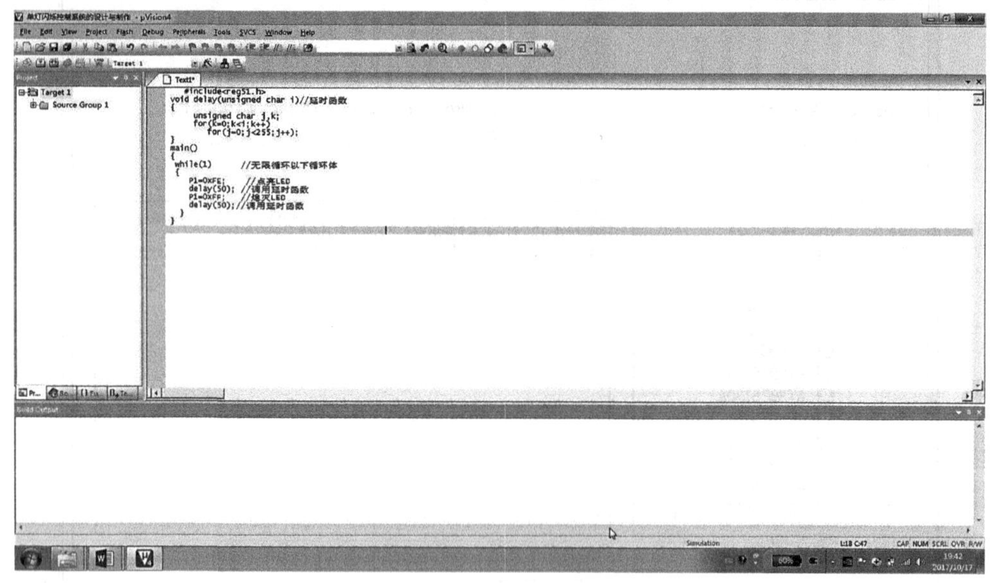


图 1.13　输入程序

③ 保存文件。选择“File”/“Save”选项，或者单击工具栏按钮，保存文件。在弹出的对话框中选择文件保存的路径，为了方便将文件添加入项目中，建议将文件与项目保存在同一文件夹中。在“文件名”文本框中输入文件名，需要注意的是输入文件名“单灯闪烁

控制系统设计与制作”的同时还需要输入扩展名。本书使用 C 语言进行编程，因此文件后缀为 .c，单击“保存”按钮，即保存文件，如图 1.14 所示界面。

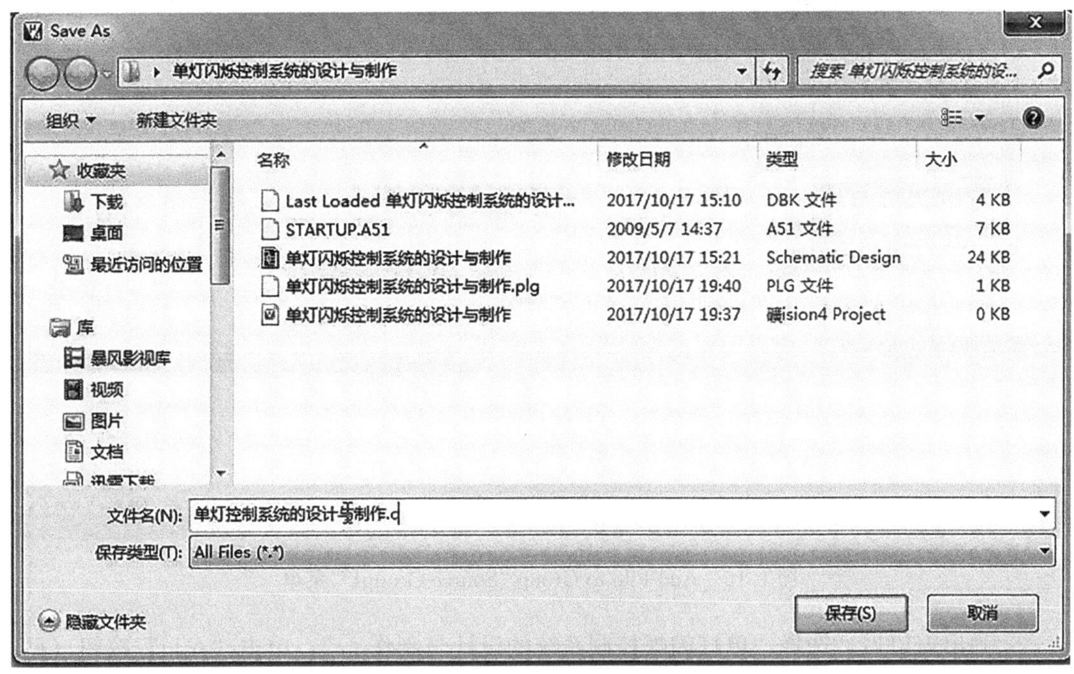


图 1.14　保存文件

④ 将文件添加到项目工程中。单击 Target1 前面的＋号，展开里面的内容 Source Group1（见图 1.15），选择 Source Group1 后右击，在弹出的快捷菜单中选择“Add File to Group ‘Source Group1’”选项，如图 1.16 所示界面。

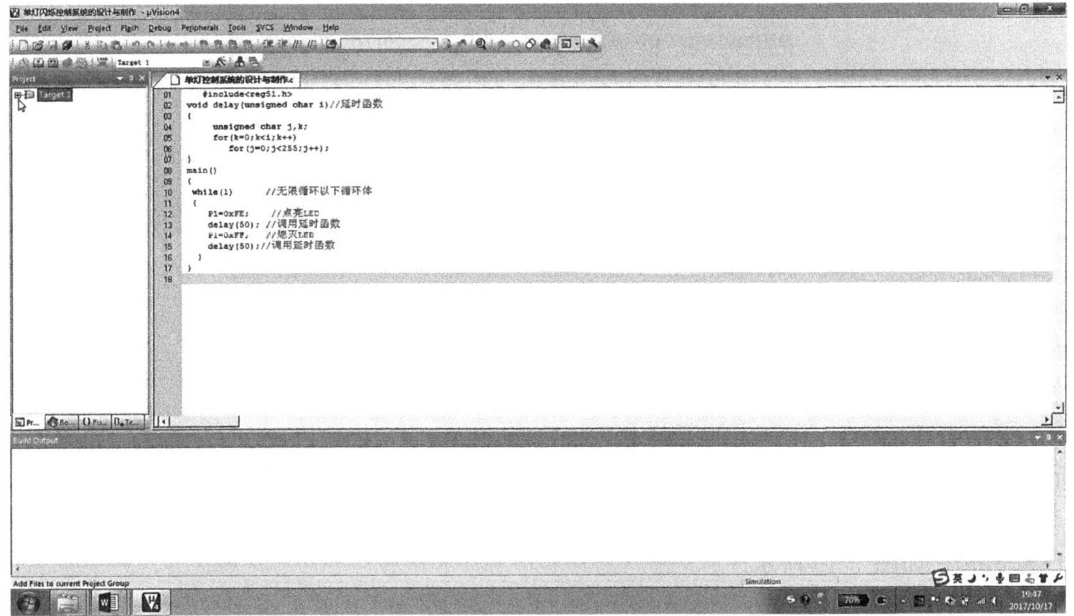

图 1.15　展开 Target1

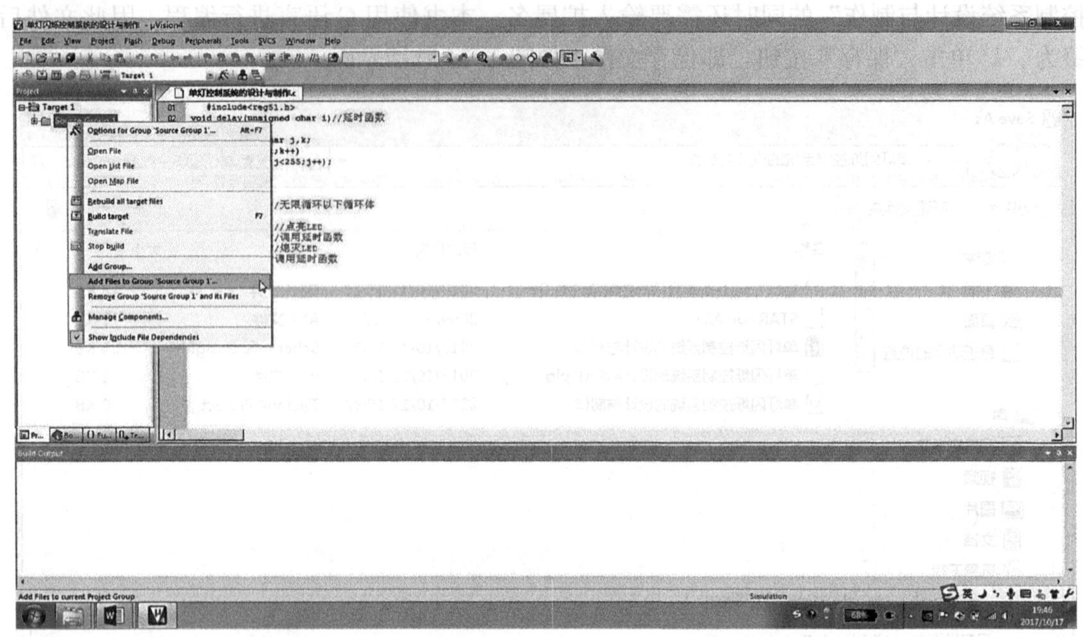


图 1.16　Add File to Group “Source Group1” 菜单

⑤ 弹出窗口后，选择“单灯闪烁控制系统的设计与制作 . c”，单击“Add”按钮（见图 1.17），添加成功后项目工程窗口会出现该文件。如果想要添加多个文件，可以不断添加，添加完毕后单击“Close”按钮，关闭该窗口。

图 1.17　添加文件

（3）Keil C 工程设置

① 右击 Target1，在弹出的菜单中选择 Options for Target “Target1” 选项，如图 1.18 所示。

② 弹出 Options for Target “Target1” 对话框，选择“Output”，然后勾选“Create HEX File”，如图 1.19 所示。

（4）编译、链接

在设置好工程后，即可进行编译、连接。选择“Project” / “Build target”，如图 1.20

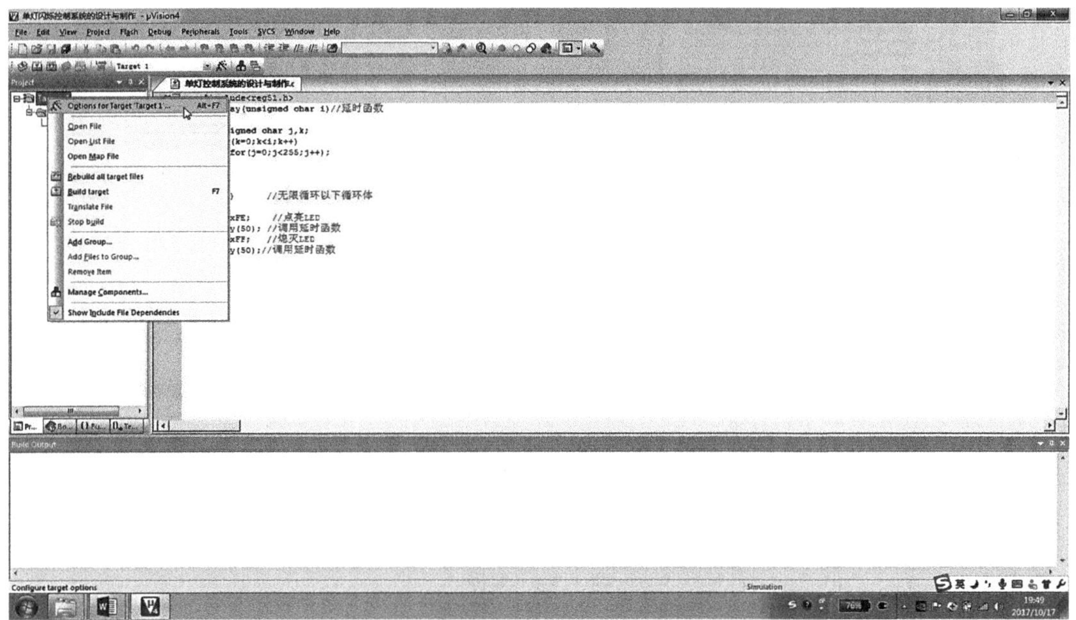


图 1.18 Options for Target “Target1” 选项

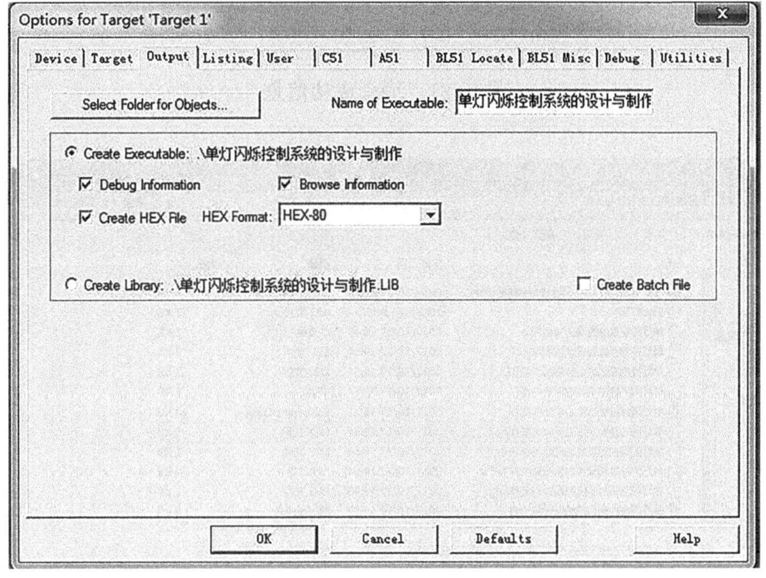


图 1.19 Target 选项卡

所示，或者单击工具栏中 或 按钮。编译成功后，编译窗口显示编译成功的信息，如图 1.21 所示。

(5) 生成 .HEX 文件

根据以上步骤编译单个 LED 灯闪烁控制系统程序，编译成功后在文件夹里生成“单灯闪烁控制系统的设计与制作 .hex”，如图 1.22 所示。

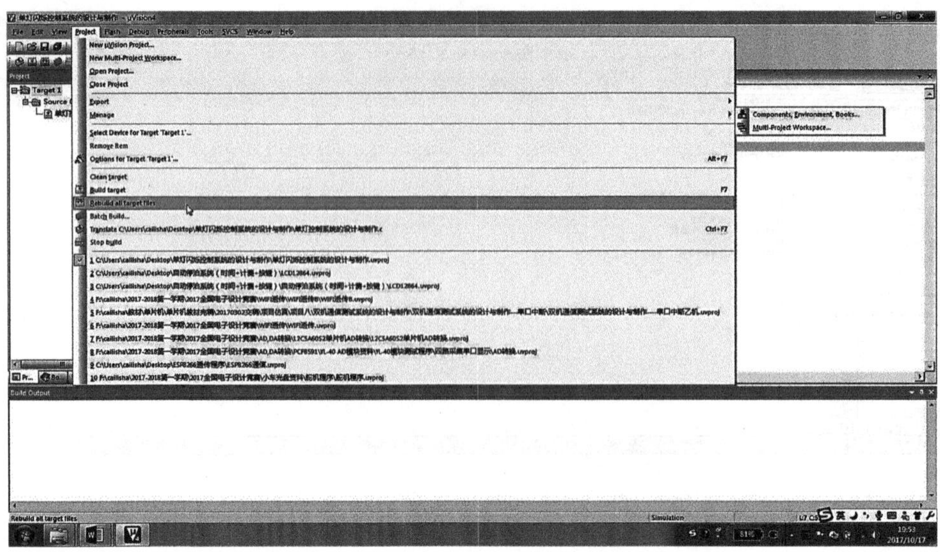

图 1.20　编译

```
Build Output
Build target 'Target 1'
compiling 单灯控制系统的设计与制作.c...
linking...
Program Size: data=9.0 xdata=0 code=48
creating hex file from "单灯闪烁控制系统的设计与制作"...
"单灯闪烁控制系统的设计与制作" - 0 Error(s), 0 Warning(s).
```

图 1.21　编译成功信息

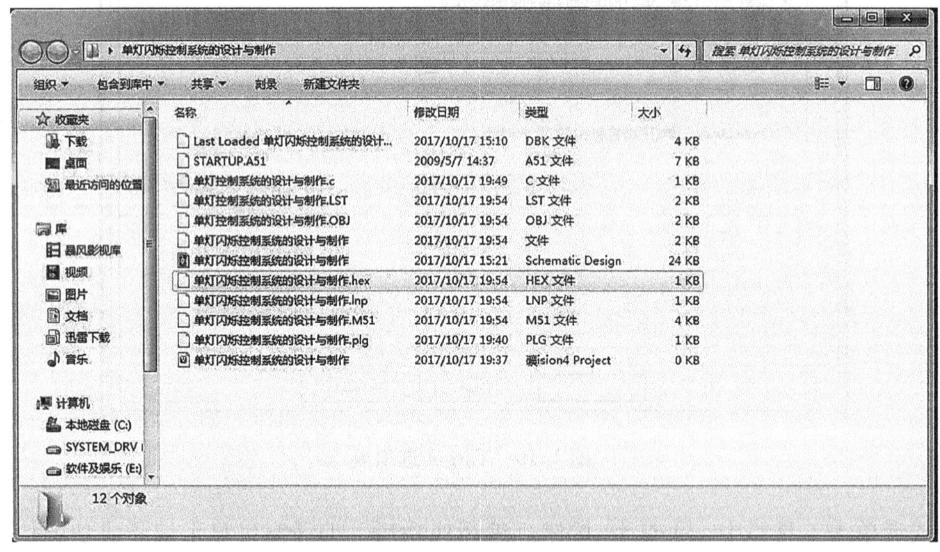


图 1.22　成功生成 .HEX 文件

在 Proteus 软件中加载目标代码文件，查看仿真效果。

① 加载目标代码，双击 ISIS 编辑区中 AT89C51，打开属性窗口，在“Program File”右侧框中选择目标代码文件“单灯闪烁控制系统的设计与制作 .hex”，如图 1.23 所示；然

后单击“打开”按钮，在编辑元件框单击“确定”按钮。

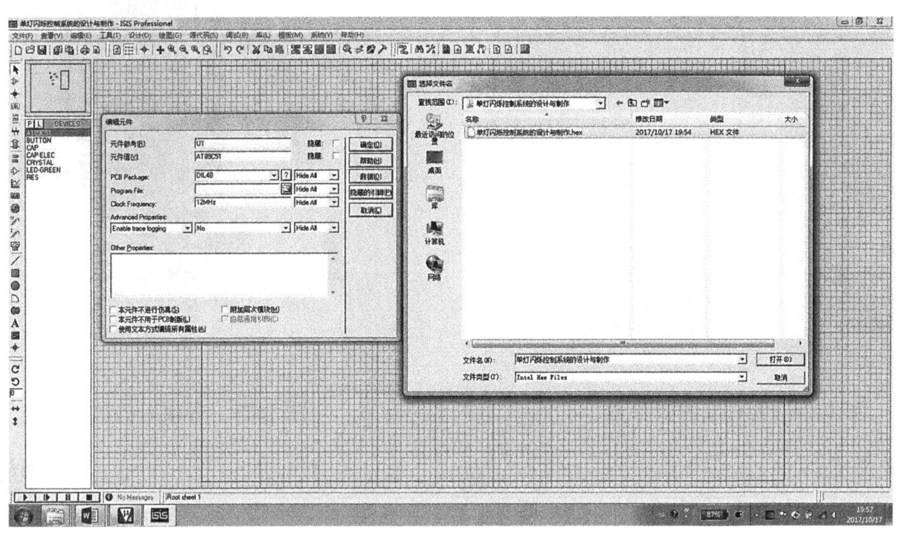

图 1.23　添加 .HEX 文件

② 单击[▶]，启动仿真，此时 LED 亮。若停止放置，单击[■]，终止仿真。

## 1.3　系统制作与调试

1. 制作电路

按照表 1.1 准备元器件清单，然后按照仿真电路图 1.6 连接电路。

表 1.1　单个 LED 闪烁控制系统元件清单

| 序号 | 元件名称 | 型号与规格 | 单位 | 数量 |
|---|---|---|---|---|
| 1 | 单片机最小系统 | 单片机开发板（STC89C52RC） | 只 | 1 |
| 2 | 发光二极管 | LED | 只 | 1 |
| 3 | 电阻 | $R_1$　510 Ω<br>（可以使用 1kΩ 以下的电阻替代） | 只 | 1 |
| 4 | 导线 | 杜邦线 | 条 | 若干 |

单片机的最小系统可以直接购买也可以由学生焊接，单片机最小系统电路具有典型性和通用性，电路图基本相同，学生可以根据给出的电路图选取相关元器件，正确焊接。图 1.24 给出最小系统所需要的元器件瓷片电容、电解电容、晶振、按钮和电阻的实物图及其参数。图 1.25 为焊接好的最小系统板。

瓷片电容不分正负极，参考参数为 30pF。电解电容有正负极之分，长引脚为正极，短引脚为负极，参考参数为 10μF。晶振不分正负，常用晶振有 6M、11.0592M、12M、24MHz 等。电阻不分正负，参考参数为 10kΩ。

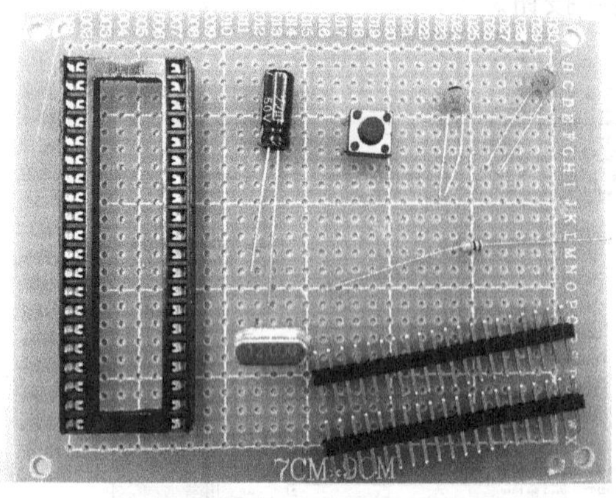


图 1.24　元件实物及参数

图 1.25　焊接后的最小系统

2. 烧录文件

烧录软件

① 打开烧录软件，如图 1.26 所示。

② 正确选择单片机型号，本书选用的是 STC89C52RC 型号的单片机，因此在软件单片机型号选择这一栏选择 STC89C52RC。

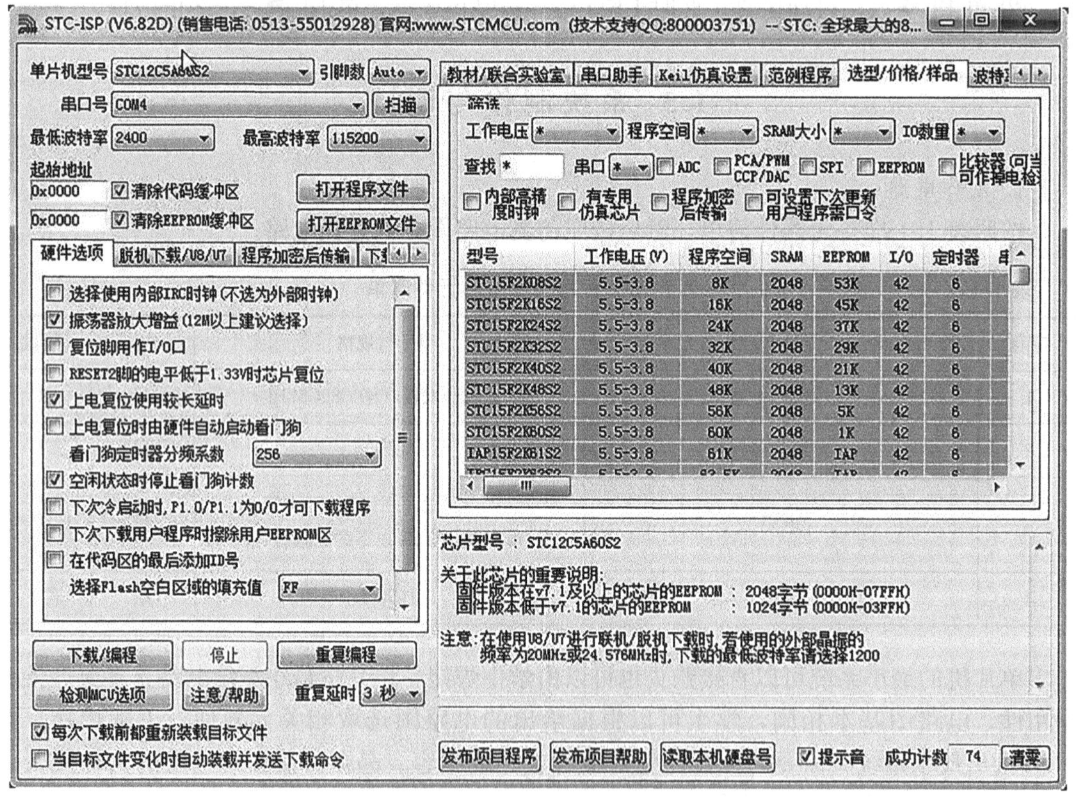


图 1.26　烧录软件

③ 选择串口号，右击“计算机”，选择“属性”，弹出窗口后，选择“设备管理器”，双击“端口（COM 和 LPT）”，查看“USB - SER”来选择串口号，或者直接单击软件中的

“扫描”，自动选择串口号。

④ 选择“打开程序文件”按钮，选择“单灯闪烁控制系统的设计与制作 . hex”。

⑤ 单击“下载/编程”按钮，给单片机最小系统板上电，下载文件。烧录成功后，烧录软件窗口显示“操作成功”。

## 1.4 举 一 反 三

### 1.4.1 任务一

一、任务要求

在 P1.0 端口上接蜂鸣器发声系统，使蜂鸣器发出鸣叫声；通过 Proteus 仿真软件对蜂鸣器发声控制系统进行电路仿真设计，使用 Keil C 软件对该系统进行程序设计及编译。仿真结果正常后，用实际硬件搭接电路，通过 STC 单片机烧录软件将 . HEX 文件下载到 51 单片机中，通电后看实际效果。

二、任务实施

1. 硬件电路

蜂鸣器发声系统硬件电路如图 1.27 所示。

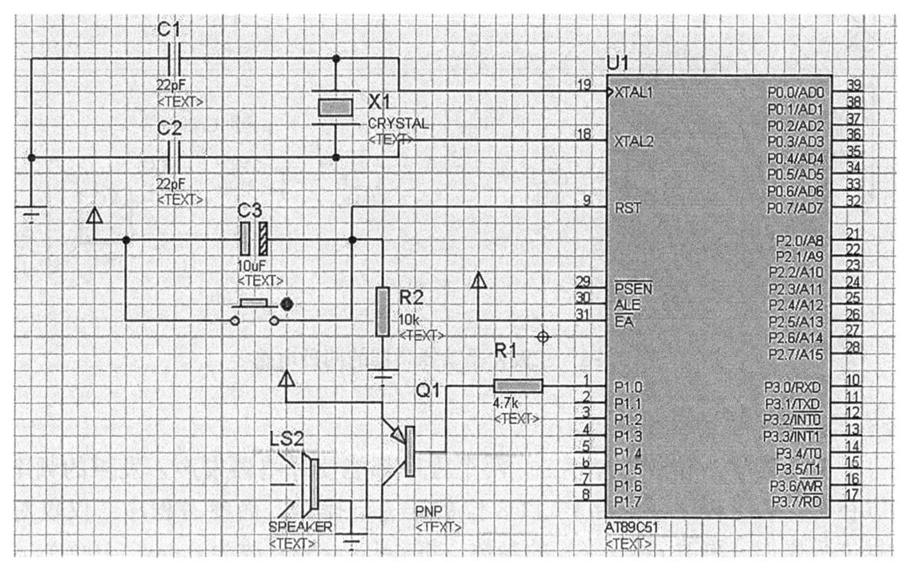


图 1.27　蜂鸣器发声系统硬件电路

蜂鸣器从机构上分，可以分为有源和无源两种。有源蜂鸣器只要一通电就会响，而无源蜂鸣器需要方波信号驱动，频率一般为 2 k～5 kHz。无论有源还是无源，都可以通过单片机驱动信号使其发出不同音调的声音。通过改变信号的频率，可以调整蜂鸣器的音调，改变驱动信号高低电平的占空比，则可以控制蜂鸣器的声音大小。

单片机与蜂鸣器使用的电流，一般采用 5 V 蜂鸣器的电流如果不大于 10 mA 左右，可以直接连接。一般单片机 IO 口的驱动电流都不足以驱动蜂鸣器，因此需要用到三极管作为蜂鸣器的驱动电路。图 1.27 硬件电路设计中蜂鸣器负极接地，正极接到三极管的集电极，三极管的基极经过限流电阻 $R_1$ 后由单片机的 P1.0 引脚控制。当 P1.0 输出高电平时，三极管截止，蜂鸣器不响；当 P1.0 输出低电平时，三极管导通，蜂鸣器发声。

三极管驱动蜂鸣器的四种电路如图 1.28 所示。图（a）和图（b）采用的是 NPN 型三极管驱动，图（c）和图（d）采用的是 PNP 型三极管驱动。采用图（a）和图（b）方法驱动，蜂鸣器工作电压可以随便取，只要不超过管子的极限参数即可。采用图（a）方法驱动蜂鸣器，在用 STC89C52 的任何 IO 口控制时，蜂鸣器都能发声。采用这种方式连接，蜂鸣器发声没有图（b）响。采用图（b）方法驱动蜂鸣器，只有使用 P0 口（P0 由于内部没有上拉电阻，在电路板上外接了 1 kΩ 的上拉电阻，其他 IO 口内部都有上拉电阻）控制，蜂鸣器才会响，若采用其他 IO 口，虽然蜂鸣器两侧电压能达到 4.3 V 左右，但是电流却只有 1～2 mA，根本无法驱动蜂鸣器。图（c）和图（d）两种方式驱动都是可以的，任何 IO 口都能通过低电平驱动。但采用图（d）的方式，流过蜂鸣器的电流比图（c）要大。

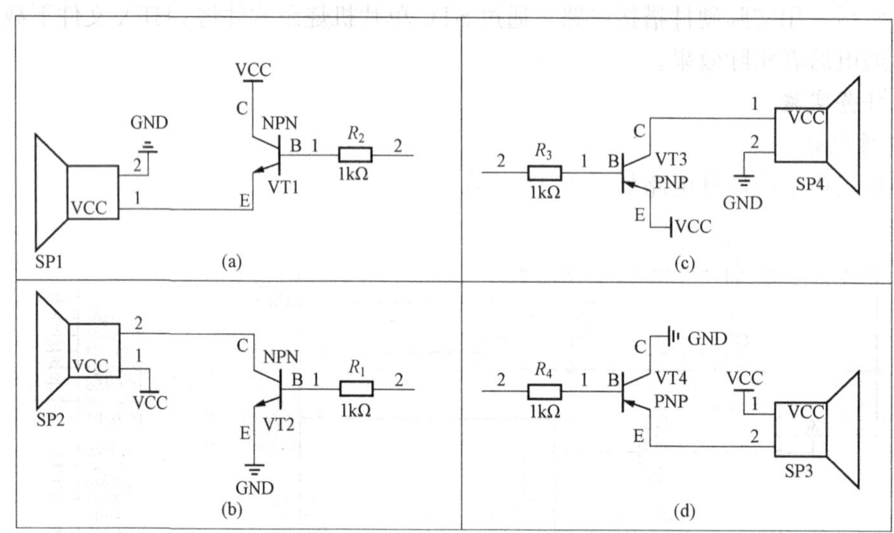


图 1.28　三极管驱动蜂鸣器的四种电路

2. 蜂鸣器发声系统的程序设计

对比一下参考程序一和参考程序二，两个程序都能使蜂鸣器发声，发声的频率也相同，不同的地方在于，参考程序一是对 P1 口 8 位数据进行操作，而参考程序二仅仅对 P1.0 口的 1 位数据进行操作。更改 delay（）的参数，将 delay（50）改为 delay（1000），观察蜂鸣器发声音调应是不同的。

（1）参考程序一

```
#include<reg51.h>
void delay(unsigned char i)
{
  unsigned char j,k;
  for(k=0;k<i;k++)
  for(j=0;j<255;j++);
}
main()
```

```
{
  while(1)
  {
  P1 = 0xFE;
  delay(50);
  P1 = 0xFF;
  delay(50);
  }
}
```

（2）参考程序二

```
#include<reg51.h>
  sbit  beep = P1^0;          //定义位名称
void delay(unsigned char i)
{
  unsigned char j,k;
  for(k = 0;k<i;k + +)
  for(j = 0;j<255;j + +);
}
main()
{
  while(1)
  {
  beep = 0;                    //蜂鸣器发声
  delay(50);
  beep = 1;                    //蜂鸣器不发声
  delay(50);
   }
}
```

### 1.4.2　任务二

一、任务要求

在 P1.0 端口上接继电器，实现弱电控制强电，通过继电器的闭合与断开控制 L1 指示灯的亮灭，通过 Proteus 仿真软件对继电器控制系统进行电路仿真设计，使用 Keil C 软件对该系统进行程序设计及编译。

二、任务实施

1. 硬件电路

继电器控制系统硬件电路如图 1.29 所示。

选择仿真软件中的元器件：

① 指示灯 L1。

② 电池 Battery。

③ 继电器 Relay。

④ 三极管 PNP。

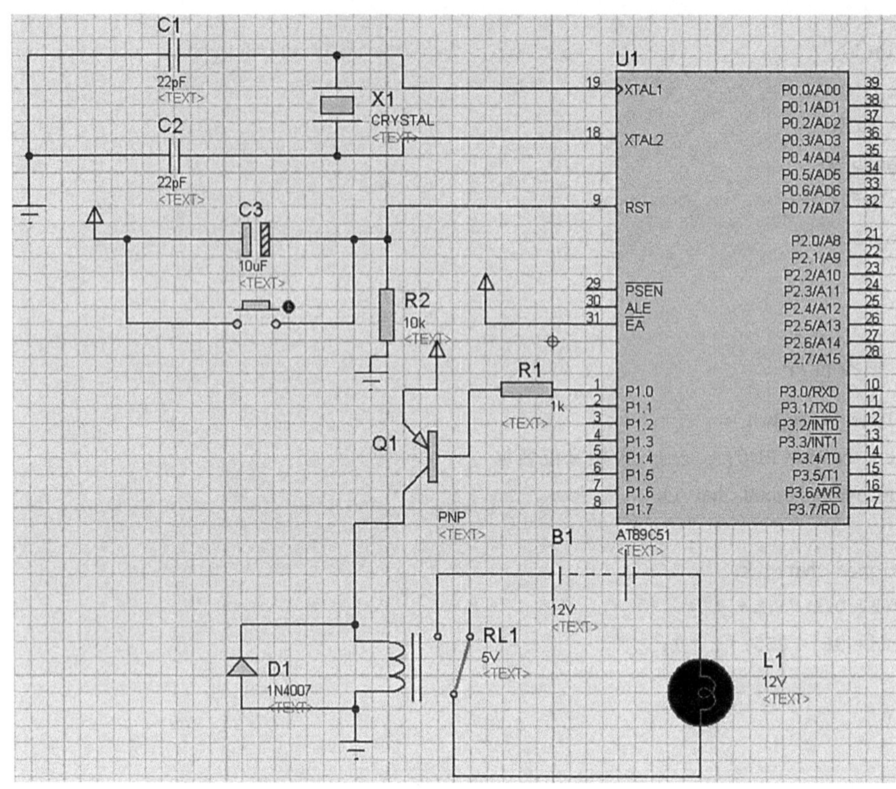


图 1.29　继电器控制系统硬件电路

需要特别注意的是继电器的驱动电压是 12 V，而系统的电压是 5 V，如果不做任何修改，P1.0 为低电平时，铁片是不会被吸过来的，右边电路依旧断路。所以要修改继电器的属性，把驱动电压改为 5 V。

如图 1.30 所示继电器实际上是一种“自动开关”，通过控制继电器线圈中电流的通断，从而使其中的开关吸合或断开。主要用于低压控高压或小电流控大电流的场合，继电器同时起到隔离的作用。继电器引脚图如图 1.31 所示，继电器有 5 根引脚，其中 1 脚和 3 脚接有线圈，2 脚和 5 脚属于常闭触点，2 脚和 4 脚属于常开触点。

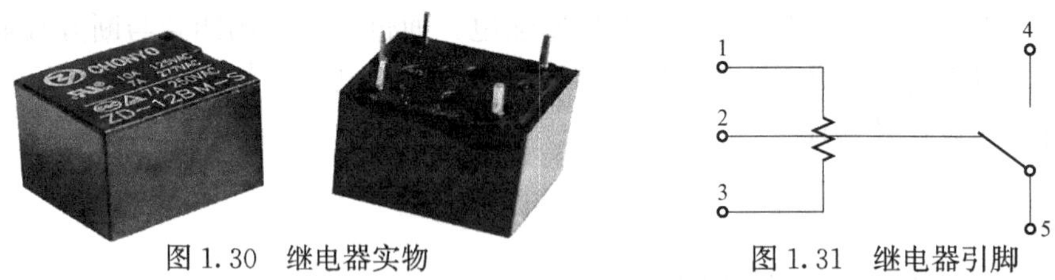


图 1.30　继电器实物　　图 1.31　继电器引脚

通过 P1.0 口输出高低电平控制继电器的导通与断开，但由于单片机引脚的驱动能力有限，因此需要增加三极管驱动电路。加入三极管基极的电阻是为了防止继电器导通与断开过程中反电势所造成的干扰。由于继电器内部有线圈，在其断电时，电磁线圈自感产生的电流需要有一条通道进行释放，否则会烧毁继电器，因此，一般要在继电器的线圈上并联一个续流二极管，本电路选用的是 1N4007，需要注意的是二极管的负极要连接到 $V_{CC}$端，本电路是将负极接至三极管的阳极。运行过程中，可以听到继电器由于在常开和常闭触点之间切换所发出“咔嗒咔嗒”的声音。

2. 程序设计

在 P1.0 端口上接继电器，实现弱电控制强电的程序设计如下：

```
#include<reg51.h>
  sbit  RELAY = P1^0;          //定义位名称
void delay(unsigned char i)
{
   unsigned char j,k;
   for(k = 0;k<i;k + + )
   for(j = 0;j<255;j + + );
}
main()
{
   while(1)
    {
       RELAY = 0;              //继电器吸合
       delay(50);
       RELAY = 1;              //继电器断开
       delay(50);
    }
}
```

## 项目小结

本项目介绍了单片机硬件设计与仿真软件 Proteus 的使用，同时介绍了 Keil C51 集成开发环境的使用方法，包括工程建立、编辑与编译等功能。

Proteus 软件是英国 Lab Center Electronics 公司出版的 EDA 工具软件。它不仅具有其他 EDA 工具软件的仿真功能，还能仿真单片机及外围器件，是目前最好的仿真单片机及外围器件的工具。

Keil C51 单片机集成开发软件是目前最流行的 MCS - 51 单片机开发软件，它提供了丰富的库函数和功能强大的集成开发调试工具。通过该软件可以完成编辑、编译、仿真、连接、调试等整个开发流程。

## 思考与训练

一、知识思考

① 如何创建 Keil μVision4 工程？

② Keil C51 软件的使用步骤是什么?

③ Keil C51 软件中，工程文件的扩展名是什么? 编译、连接后生成可烧写的文件扩展名是什么?

④ Proteus 软件的使用步骤是什么?

⑤ 如何进行 Proteus 软件和 Keil 软件的联合调试。

⑥ STC 烧录软件的使用。

二、项目训练

在 P1 端口上接 8 个发光二极管 VD1～VD8，使 VD1～VD8 实现闪烁的效果，通过 Proteus 仿真软件对 8 个 LED 闪烁控制系统进行电路仿真设计，使用 Keil C 软件对该系统进行程序设计及编译，仿真后观察效果。

# 项目二　8 个 LED 闪烁控制系统的设计与制作

## 知识目标

① 单片机最小系统的设计与制作。
② 初始单片机的内部结构。
③ C 语言基础知识。

## 能力目标

通过 8 个 LED 闪烁控制系统的设计与制作，可以掌握 8051 单片机的内部结构、引脚功能和晶振复位电路以及单片机最小系统的基本组成。掌握 C 语言的数据类型，常量变量、运算符以及 C 语言函数的一般形式。

## 项目要求

在 P1 端口上接 8 个发光二极管 VD1～VD8，使 VD1～VD8 实现闪烁的效果，通过 Proteus 仿真软件对 8 个 LED 闪烁控制系统进行电路仿真设计，使用 Keil C 软件对该系统进行程序设计及编译。仿真结果正常后，用实际硬件搭接电路，通过 STC 单片机烧录软件将 .HEX 文件下载到 51 单片机中，通电后观察 8 个 LED 闪烁控制系统的实际效果。

8 灯闪烁控制系统的设计与制作项目要求

## 项目实施

## 2.1　硬　件　电　路

8 灯闪烁控制系统的设计与制作电路设计

如图 2.1 所示，该电路由复位电路和时钟电路组成，由 P1 口作为输出端口控制 8 个 LED 的闪烁。

1. 单片机应用系统

以单片机为核心，结合外围接口电路和控制程序构成单片机应用系统如图 2.2 所示，不同的应用系统可以使用在不同的应用场合，例如：工业控制、智能仪器仪表、智能电子产品、军事、医疗、网络通信等领域。8个LED闪烁控制系统以单片机为核心，结合外围的晶振复位电路、LED发光二极管电路以及相关的控制程序构成。

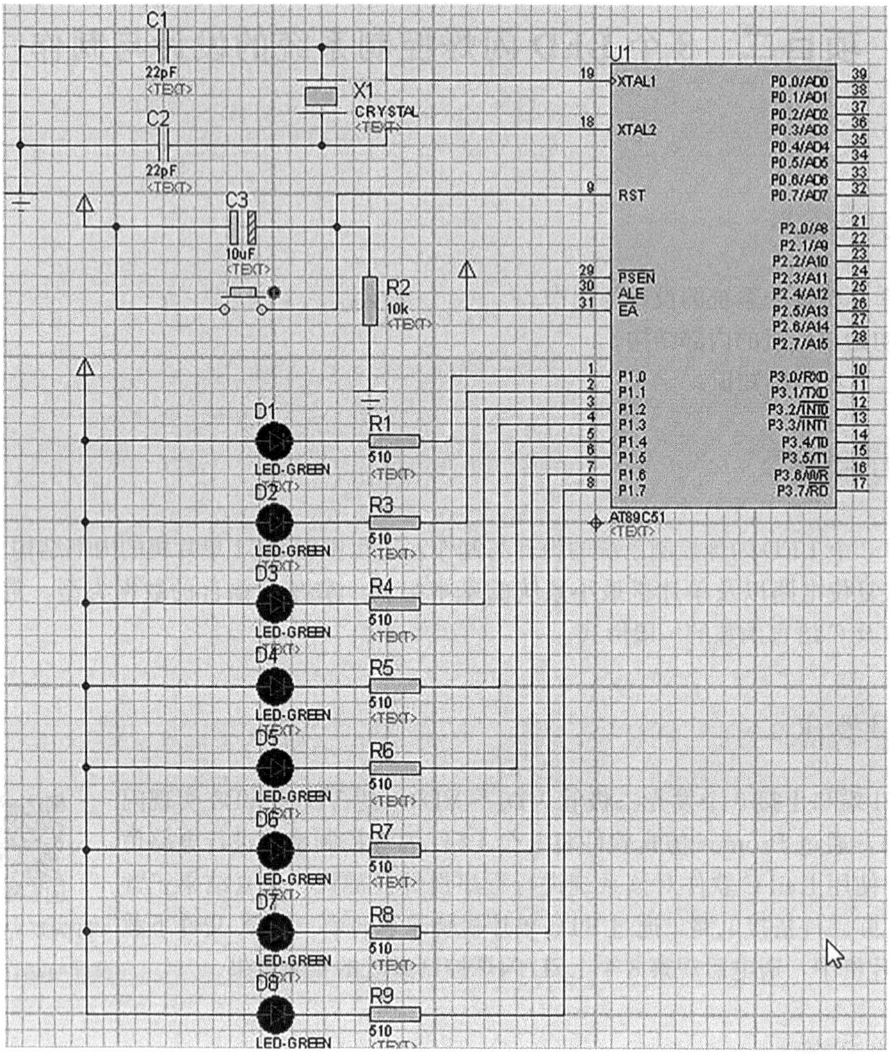

图 2.1 8个LED闪烁控制系统

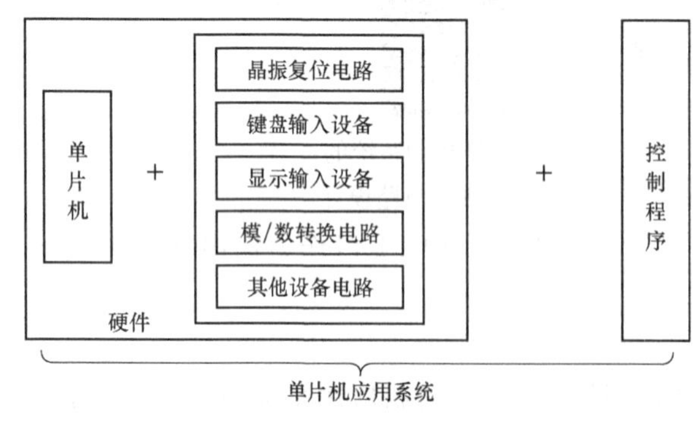


图 2.2 单片机应用系统

2. 单片机

单片机是指将CPU、存储器、基本输入/输出接口电路、定时/计数器等组件全部集成在一个芯片上的微型计算机，也称为微型控制器，常见的单片机如图2.3所示。由于单片机应用领域广泛，需求量大，生产厂商众多，从早期51系列单片机，到PIC单片机、AVR单片机，再到现在流行的ARM、DSP

等。这些单片机中，从 8 位、16 位到 32 位，各种各样，但由于 MCS-51 单片机具有体积小，低功耗，性价比高等优点，因此本书以目前最为广泛的 51 系列 8 位单片机为研究对象，介绍单片机的硬件工作原理及应用系统设计。51 单片机是对目前所有兼容 MCS-51 指令系统的单片机的统称，包括 Intel MCS-51 系列单片机以及其他厂商生产的兼容 MCS-51 内核的增强型 8051 单片机。只要与 MCS-51 内核兼容的单片机都叫 51 单片机。

图 2.3　常见单片机

**说　明**

Atmel 公司与国产宏晶 STC 都生产兼容的 51 内核单片机，例如 Atmel 公司的 AT89S51 单片机，宏晶 STC 的 STC89S51 单片机。同等型号的单片机，Atmel 公司的性能要更好些，但是由于 STC 公司具有价格廉价，烧录方式简单，占据着国内较大市场。因此，本书在应用系统开发过程中，选用 STC 系列的单片机。但需要注意的是，由于 Proteus 仿真软件以及 Keil C51 软件都是国外团队开发软件，因此，在软件使用过程中选择器件时仍选择 Atmel 系列。

3. 晶振复位电路

单片机应用系统要正常工作必须有一个最小系统电路，该电路包括单片机、晶振电路（时钟电路）、复位电路，该电路具有典型性和通用性，如图 2.4 所示。只要是基于 51 单片机的应用系统，其晶振电路和复位电路几乎相同，因此可以直接按照书中的电路图选取合适的元器件焊接就可以完成最小系统电路的制作。

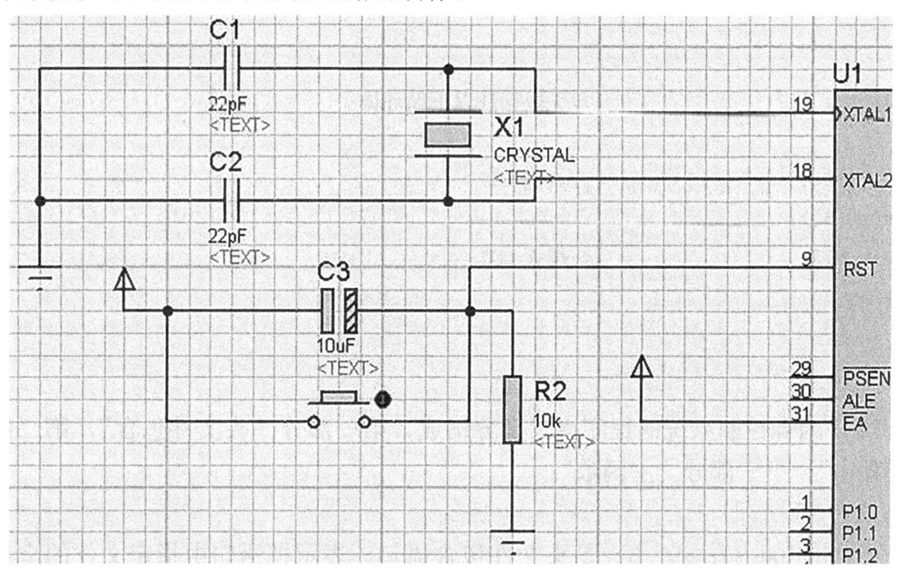


图 2.4　晶振复位电路

4. P1 口

51 单片机中有 4 个 I/O 口，P1 口是其中的一个。P1 口既可以将外界的数据输入单片机内部，也可以将单片机内部的数据输出到外部元件或设备中。P1 口在做输出数据时，只需要通过赋值语句就可以实现，例如 P1=0xFF；如果在做输入数据时，则写成 a=P1。

5. 发光二极管（LED）电路

发光二极管具有单向导电性，电流从阳极流向阴极，发光二极管一般通过 3～20 mA 左右的电流即可发光，电流越大，亮度越强，但若电流过大，会烧毁二极管。为了限制通过发光二极管的电流不要过大，需要串联一个电阻，称为“限流电阻”。8 个 LED 的阳极端连在一起连接+5 V 电源，负极分别串联 510 Ω 电阻，再分别连接到单片机的 P1.0～P1.7 口上。

限流电阻的阻值在选取的时候选择 1 kΩ 以下的电阻，否则限流电阻两端的电压过大，则 LED 两端电压过小，导致 LED 亮度不够或不亮。

## 2.2 程序设计

8 灯闪烁控制系统的设计与制作程序设计

8 个 LED 闪烁控制系统的设计与制作程序清单如下：

```
#include<reg51.h>
void delay(unsigned char i)          //延时函数
{
   unsigned char j,k;
   for(k = 0;k<i;k + + )
   for(j = 0;j<255;j + + );
}
main()
{
  while(1)                           //无限循环以下循环体
   {
    P1 = 0x00;                       //点亮 LED
    delay(50);
    P1 = 0xFF;                       //熄灭 LED
    delay(50);
   }
}
```

8 个 LED 闪烁控制系统的程序由三部分构成，第一部分“头文件包含”，第二部分“软件延时子程序”，第三部分“主函数”。

1. 头文件

第一行#include<reg51.h>是头文件包含语句，表示把语句中指定文件的全部内容复制到此处，与当前的源程序文件链接成一个源文件。“reg51.h”是 Keil C51 编译器提供的头文件，保存在文件夹“keil \ c51 \ inc”下，该文件包含了对MSC-51系列单片机特殊功能寄存器SFR和位名称的定义。对于一个单片机控制C语言程序而言，该行是必需也是通用的，一般情况下放在源程序的第一行。

**说明**

头文件与所选用的单片机型号有关，如果是51单片机则添加的头文件是<reg51. h>，如果选用的是52系列的单片机则添加的头文件是<reg52. h>，同理如果添加不同型号单片机，添加的头文件不同。还有一点就是书写格式问题，将尖括号替换成双撇号也是可以的，即“reg51. h”，但必须为英文输入法。

2. 软件延时子程序

软件延时子程序的工作原理

延时程序delay（）用于控制LED闪烁的速度。发光二极管的闪烁效果实际上是控制LED交替亮与灭。但由于单片机运行一条指令速度太快，一次人的眼睛看不到闪烁效果，因此需要增加延时函数来控制LED闪烁的时间。延时程序利用的是单片机的循环执行空语句，达到延时的目的。本程序中，在主程序中赋予50的初值，加上延时子程序中的255，则单片机一共执行了50×255次的空语句。单片机最小系统电路的晶振频率不同，则单片机的机器周期不同。每条指令所需的机器周期不同，则执行指令的时间也不同，因此用C语言编写的延时程序对延时时间是不够精确的，因此软件延时适合与对时间性要求不高的场合，如果需要精确延时可使用单片机自带的定时器。

**小经验**

使用STC89C51，选用11.0592MHz的晶振，以下子程序实现的是1ms的延时，延时时间长短只需要在调用主函数时，输入相应的参数即可。

```
void delay_ms(unsigned int ms) // ms延时函数
{
  unsigned int i;
  unsigned char j;
  for (i = 0;i<ms;i + +)
  {
      for(j = 0;j<200;j + +);
      for(j = 0;j<102;j + +);
  }
}
```

**说明**

如果想查看自己所编写的软件延时程序的时间可以利用Keil软件仿真计算延时函数的延时时间。在调试主界面单击“Debug”，先选择“start/stop Debug Session”选项，再选择“Reset CPU”命令项，使系统复位。将源程序的按F11将光标定位在第一个delay（50）；语句上，按下Ctrl+F10组合键全速运行至光标处，记录下左侧窗口sec项的自动记录程序执行的时间，单位为 s，sec＝0.00019550，即执行这一语句所花的时间，如图 2.5 所示。再按下 F10 键单步运行程序，此时再次记录 sec＝0.01957550。二者之差则是 delay 函数的执行时间 0.01938 s。

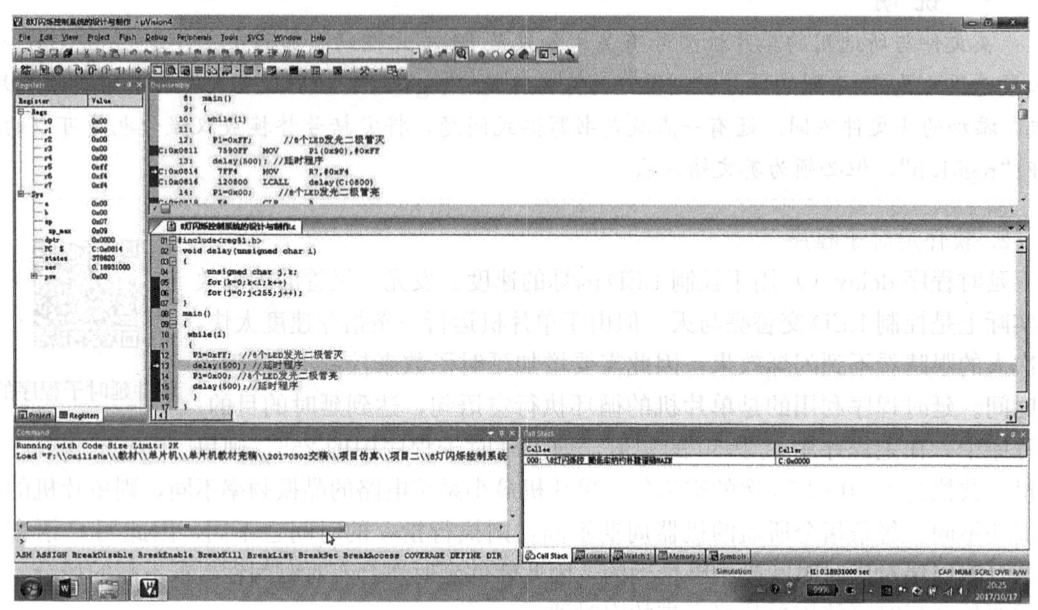

图 2.5　延时程序运行时间计算

3. 主函数

主函数的名字必须为 main ()，8 灯 LED 闪烁控制系统的主要功能是通过赋值语句 P1＝0xFF 及 P1＝0x00 将高低电平通过 P1 口输出，从而控制 LED 灯的亮灭。赋值语句中 0x 表示十六进制数，0xFF 对应的二进制为 11111111，刚好对应着 P1.7 口～P1.0 口，相当于从 P1 口的 8 个引脚输出 8 位高电平，如表 2.1 所列。根据硬件电路分析，如果从 P1 口输出高电平则发光二极管反向截止，LED 不发光；如果输出低电平则二极管正向导通，LED 发光。因此如果想让 8 个 LED 灯全亮，则 P1.0～P1.7 的引脚分别输出低电平，反之输出高电平。因为该系统的效果是反复实现闪烁效果，因此主函数中还使用了 while (1) {} 这个死循环语句。

**表 2.1**　　**赋给 P1 口各位的值**

| 引脚名称 | | P1.7 | P1.6 | P1.5 | P1.4 | P1.3 | P1.2 | P1.1 | P1.0 |
|---|---|---|---|---|---|---|---|---|---|
| 赋给 P1 口的值 | 二进制 | 1 | 1 | 1 | 1 | 1 | 1 | 1 | 1 |
| | 十六进制 | F | | | | F | | | |

**小贴士**

在单片机应用系统的开发系统中，可以借助 Windows 系统中自带的计算器，方便地进行进制的转换，因此只需要按照表 2.1 的二进制中填入高低电平，使用计算器就可以转换成十六进制。使用步骤：打开 Windows 系统的［附件］，选择［计算器］，在菜单栏中选择［查看］再选择［程序员］选项即可方便地进行进制间的转换。

## 2.3 系统制作与调试

按照表2.2清单准备元器件，然后按照仿真电路图2.1连接电路。

**表2.2　　8个LED闪烁控制系统元件清单**

| 序号 | 元件名称 | 型号与规格 | 单位 | 数量 |
|---|---|---|---|---|
| 1 | 单片机最小系统 | 单片机开发板（STC89C52RC） | 只 | 1 |
| 2 | 发光二极管 | LED | 只 | 8 |
| 3 | 电阻 | $R_1$　510 Ω<br>（可以使用1 kΩ以下的电阻替代） | 只 | 8 |
| 4 | 导线 | 杜邦线 | 条 | 若干 |

## 2.4 知识综述

### 一、单片机的内部结构

本书以目前流行的51系列8位单片机为研究对象，介绍单片机的硬件结构、工作原理及应用系统设计。MCS-51是指由美国Intel公司生产的一系列单片机的总称，这一系列单片机包括了好多品种，如8031，8051，8751，8032，8052，8752等，其中8051是最早最典型的产品，该系列其他单片机都是在8051的基础上进行功能的增、减改变而来的，所以人们习惯于用8051来称呼MCS-51系列单片机。Intel公司将MCS-51的核心技术授权给了很多其他公司，所以有很多公司在做以8051为核心的单片机时，功能或多或少有些改变，以满足不同的需求。但只要是51系列的单片机其内部结构基本相同，因此本书主要介绍8051的内部结构。

如图2.6所示，8051单片机是由中央处理器CPU（运算器和控制器）、存储器（RAM和ROM）、I/O口（P0、P1、P2、P3）以及特殊功能寄存器SFR、定时器/计数器、中断系统、时钟电路、串行口以及总线等构成。那么这些功能单元的作用是什么呢？其实可以把单片机和人对比一下，就可以明白。

单片机像人一样，有最重要的部件——大脑，即CPU，由此完成计算、控制等操作。单片机的4个I/O口就像人的大脑获取外界信息的渠道一样，由它来完成信息的传送，即单片机通过P0、P1、P2、P3口和CPU之间进行数据的传送。单片机的RAM就像人计算时的演算纸一样用来存放中间结果，而ROM就像人作记录的笔记本一样，用来存放程序。而时钟电路就像人确定时间的手表一样，单片机通过时钟电路产生一定周期的矩形波来确定时间。定时器就像闹钟一样用来实现定时，计数器就像人们的计算器一样用来实现计数功能。而串行口就像手机一样用来实现单片机与单片机之间的通信。而中断就像人们的报警系统一样用来对一些紧急情况进行监控。

1. CPU

单片机的核心部分是一个8位数据宽度的微处理器（CPU），是由运算器、控制器和布尔（位）处理器组成。运算器包括一个8位的算术逻辑单元（Arithmetic Logical Unit，简称

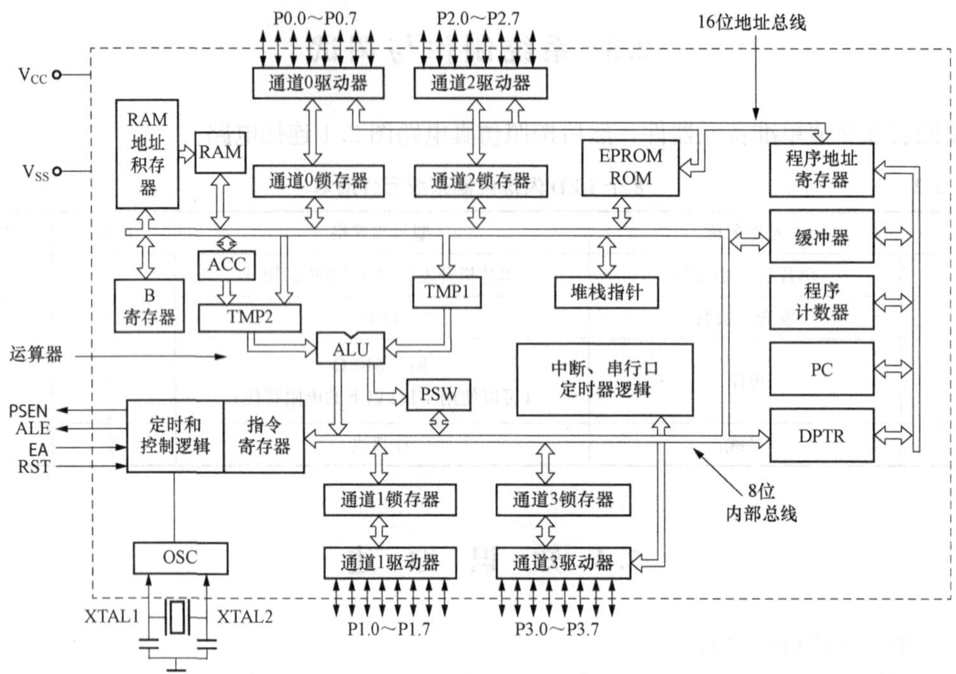


图 2.6　8051 单片机内部结构

ALU)、8 位累加器（Accumulator，简称 ACC)、8 位暂存器、寄存器 B 和程序状态寄存器（Program Status Word，简称 PSW）等。控制器包括程序计数器（Program Counter，简称 PC)、指令寄存器（Instruction Register，简称 IR)、指令译码器（Instruction Decoder，简称 ID）及控制电路。

2. 存储器

如图 2.7 所示，8051 在物理结构上有 4 个存储空间：8051 共有 4 KB 片内程序存储器，即 0000H～0FFFH，只能读不能写，掉电后数据不会丢失，用于存放程序、原始数据或表格，简称内部 ROM；有 60 KB 片外程序存储器（可扩展），即 0000H～FFFFH，简称外部

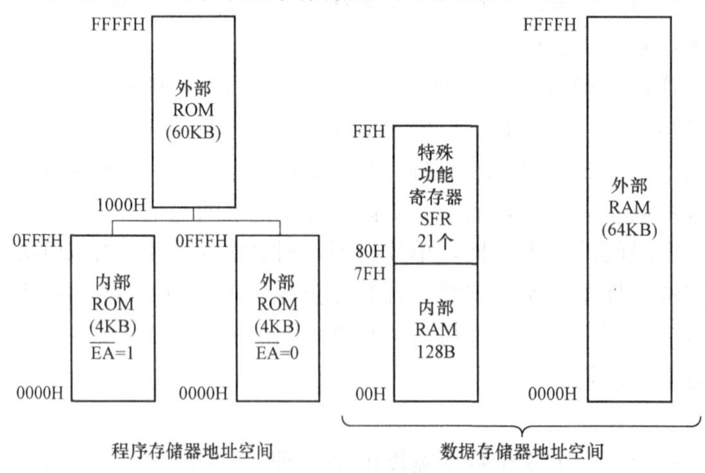


图 2.7　MCS-51 的存储器结构

ROM；有 256 B 片内数据存储器，即 00H～FFH，但其中高 128 个单元被特殊功能寄存器占用，可供用户使用的是低 128 个单元，用于存放可读写数据，掉电后数据会丢失，常说的内部 RAM 指的是低 128 单元；还有 64 KB 的片外数据存储器（可扩展），即 0000H～FFFFH，简称外部 RAM。

3. 并行输入/输出端口

8051 单片机有 4 个 8 位 I/O 口（P0、P1、P2 和 P3），以实现 CPU 与片外数据的并行输入/输出。

4. 定时器/计数器

8051 单片机有 2 个 16 位的可编程定时器/计数器，以实现定时、延时和计数功能。

5. 中断系统

8051 单片机有 5 个中断源，即 2 个外部中断、2 个定时器/计数器中断和 1 个串行口中断，采用高级和低级两个优先级管理。

6. 串行口

8051 单片机有一个全双工的串行口，以实现单片机和其他设备之间的串行数据通信。该串行口功能较强，既可作为全双工异步通信收发器使用，也可作为同步移位寄存器使用。

二、单片机的引脚

图 2.8 所示为单片机的引脚及其逻辑符号，共有电源及晶振引脚（共 4 只），控制引脚（共 4 只），输入/输出引脚（共 32 只）。

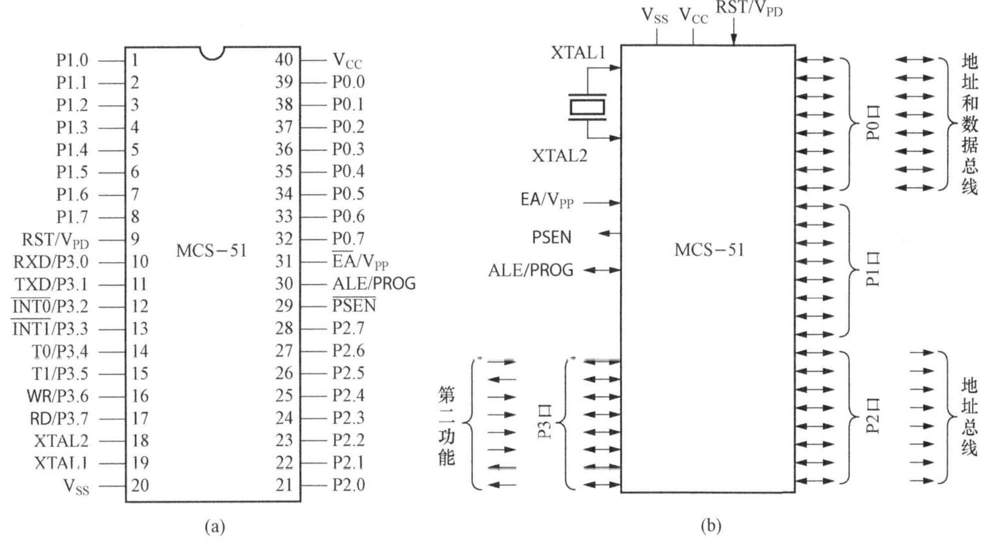


图 2.8　单片机的引脚及其逻辑符号

其功能分别为：

(1) 电源及晶振引脚

图 2.9 所示为电源及晶振引脚。$V_{CC}$（40 脚）：+5 V 电源引脚；$V_{SS}$（20 脚）：接地引脚；XTAL1（19 脚）：外接晶振引脚（内置放大器输入端）；XTAL2（18 脚）：外接晶振引脚（内置放大器输出端）。

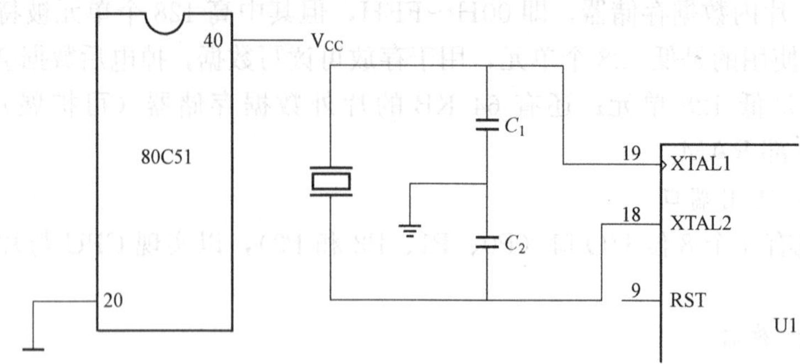


图 2.9　电源及晶振引脚

（2）控制引脚

图 2.10 所示为控制引脚。RST/$V_{PD}$（9）为复位/备用电源引脚；当 RST（RESET）端保持两个机器周期（24 个时钟周期）以上的高电平时，单片机完成复位操作。$V_{PD}$为内部 RAM 的备用电源输入端。当主电源 $V_{cc}$一旦发生断电或电压降到一定值时，可通过 $V_{PD}$为单片机内部 RAM 提供电源，以保护片内 RAM 中的信息不丢失，使 $V_{cc}$上电后能继续正常运行。

ALE/$\overline{\text{PROG}}$（30）为地址锁存使能输出/编程脉冲输入；在访问外部存储器时，ALE 用来锁存 P0 送出的低 8 位地址信号。由于现在很多单片机都不需要通过该引脚往单片机内部写程序，因此该引脚已不经常使用了。

$\overline{\text{PSEN}}$（29）：输出访问片外程序存储器读选通信号；当访问外部 ROM 时，低电平有效。

$\overline{\text{EA}}$/$V_{PP}$（31）：外部 ROM 允许访问/编程电源输入。$\overline{\text{EA}}$=0：访问外部程序存储器。$\overline{\text{EA}}$=1：访问片内与片外程序存储器。因为现在用的单片机都有内部 ROM，所以该引脚时钟接高电平，使$\overline{\text{EA}}$=1。

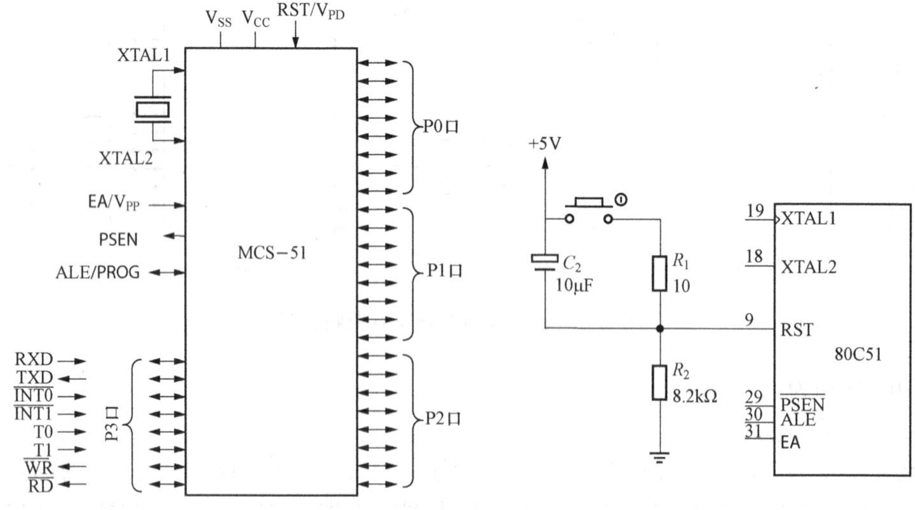


图 2.10　控制引脚

(3) 并行 I/O 口引脚

共计 4×8=32 个引脚，其中：P0.0～P0.7（39～32 脚）为 P0 口的 I/O 引脚，或数据线/低 8 位地址总线复用引脚；P1.0～P1.7（1～8 脚）为 P1 口的 I/O 引脚；P2.0～P2.7（21～28 脚）为 P2 口的 I/O 引脚，或高 8 位地址总线引脚；P3.0～P3.7（10～17 脚）为 P3 口的 I/O 引脚。此外，每个引脚都有第二功能。

三、晶振电路（时钟电路）

时钟电路用于产生 MCS-51 单片机工作所必需的时钟控制信号。时钟频率直接影响单片机的速度，电路的质量直接影响系统的稳定性。常用的时钟电路有两种方式：内部时钟方式和外部时钟方式。

1. 内部时钟方式

利用芯片内部的振荡器时，在引脚 XTAL1 和 XTAL2 两端跨接晶体振荡器（简称晶振），就构成了稳定的自激振荡器，发出的脉冲直接送入内部时钟电路。具体的接线方法如图 2.11 所示。外接晶振时，$C_1$ 和 $C_2$ 的值通常选择为 30 pF 左右；$C_1$、$C_2$ 对频率有微调作用，晶振或陶瓷谐振器的频率范围可在 1.2 M～12 MHz 之间选择，晶体振荡频率越高，系统时钟频率也越高，单片机运行速度越快。其典型值为 12 MHz 或 6 MHz。某些高速单片机芯片的时钟频率已达 40 MHz。

2. 外部时钟

外部时钟信号由外部振荡器产生，它的波形为方波，频率应符合 MCS-51 单片机的具体要求。接入外部时钟时，应根据不同类型的单片机，选择相应的连线方式，如图 2.12 所示。

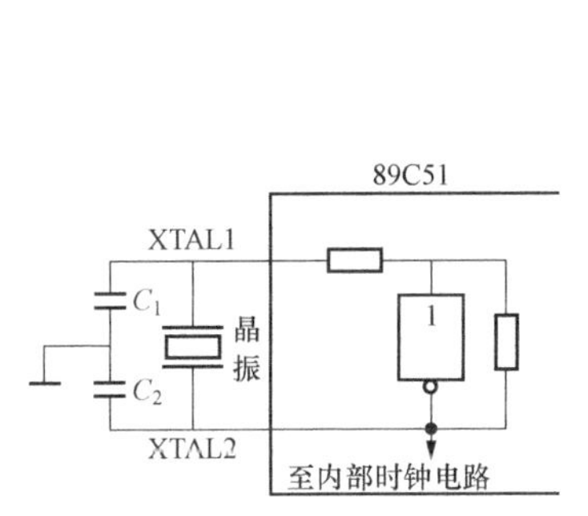


图 2.11 MCS-51 采用内部时钟的接线

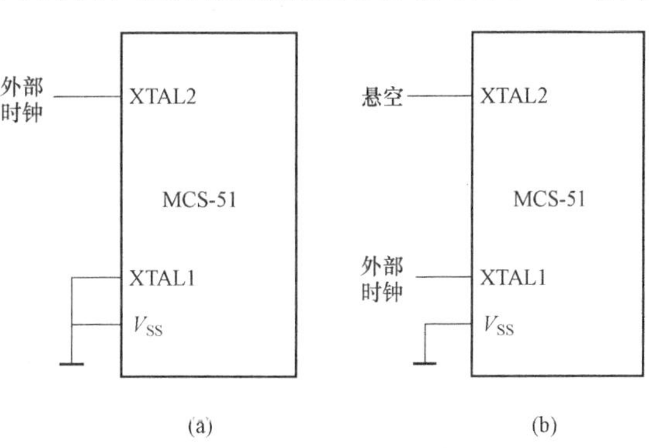


图 2.12 MCS-51 单片机与外部时钟的连接方式
(a) HMOS 类型单片机与外部时钟的连接方式；
(b) CHMOS 类型单片机与外部时钟的连接方式

3. 时序

时序是用定时单位来说明的。MCS-51 的时序定时单位共有 4 个，从小到大依次是：时钟周期（节拍）、状态周期（状态）、机器周期和指令周期。下面分别加以说明。

(1) 时钟周期

时钟周期也称振荡周期、晶振周期或节拍，用 $P$ 表示。采用内部时钟方式时，时钟周期就是石英晶体的振荡周期，$P=1/f_{osc}$。采用外部时钟信号的时钟周期是外部振荡器产生的振荡脉冲的振荡周期。

(2) 状态周期

振荡脉冲经过二分频后，就是单片机的时钟信号的周期，该周期为状态周期，也称为状态（用 $S$ 表示）。这样，一个状态就包含两个节拍，前半周期对应的节拍叫节拍 1（P1），后半周期对应的节拍叫节拍 2（P2）。一个状态周期等于 2 个时钟周期。

（3）机器周期

机器周期是指单片机完成一个基本操作所需要的时间。MCS - 51 采用定时控制方式，因此它有固定的机器周期。规定一个机器周期的宽度为 6 个状态，而 12 个振荡脉冲周期为 1 个机器周期或称 6 个状态周期。例如当振荡脉冲频率为 12 MHz 时，一个机器周期为 1 $\mu$s。当振荡脉冲频率为 6 MHz 时，一个机器周期为 2 $\mu$s。

（4）指令周期

指令周期是最大的时序定时单位，执行一条指令所需要的时间称为指令周期。它一般由若干个机器周期组成。不同的指令，所需要的机器周期数也不相同。通常，包含一个机器周期的指令称为单周期指令，包含两个机器周期的指令称为双周期指令，等等。

## 四、复位电路

单片机在开机时都需要复位，以便使中央处理器 CPU 以及其他功能部件都处于一个确定的初始状态，并从这个状态开始工作。MCS - 51 单片机的复位信号从 RST 引脚输入，高电平有效，要求持续时间大于 2 个机器周期。

### 1. 复位电路

图 2.13（a）所示为开机复位电路，也称上电复位电路，由电容 $C_1$ 和电阻 $R_1$ 组成，一般 $C_1$ 取 10$\mu$F，$R_1$ 取 8.2k$\Omega$。上电复位电路是利用电容两端电压不能突变的原理实现的。当断电时，电容 $C_1$ 经放电后电荷为 0；当上电时，由于电容两端电压不能突变，RST 端的电平为高电平，随着电容的充电，RST 端的电位逐渐降低，最终变为 0。从上电到电容充电结束，RST 端的电平由高电平到低电平，只要选择合适的电容、电阻参数，就能够保证两个以上机器周期的复位高电平时间，从而保证复位的实现。

如图 2.13（b）所示为开机复位与人工复位电路，也称按键复位电路。在系统运行过程中，只要按下按键就可以复位。一般 $R_1=1$ k$\Omega$，$R_2=200\Omega$，$C=22$ $\mu$F，按下按键，可以简单看成两个电阻串联，因为 $R_1$ 的电阻大，因而 RST 分压为高电平，系统复位，松开按键后 RST 电压给 $C$ 充电，随着电容的充电，RST 端的电位逐渐降低，最终变为 0，系统开始工作。

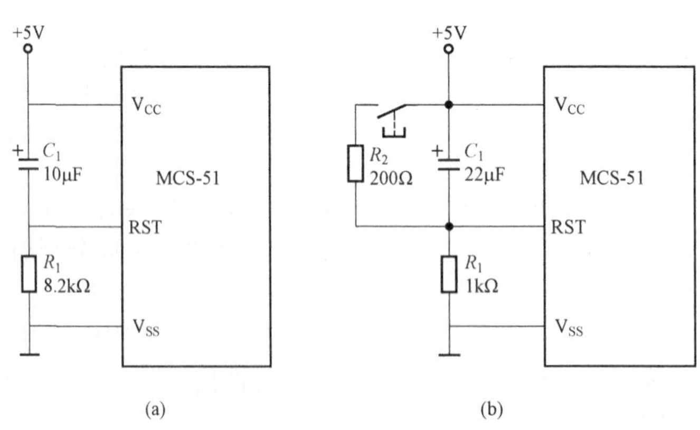


图 2.13　MCS - 51 单片机的开机复位电路

（a）上电复位电路；（b）按键复位电路

2. 复位状态

单片机在开机复位后或运行过程中被人工复位后，程序计数器PC的初值为0000H（单片机总是从0000H处开始运行程序）。片内RAM低端128个字节单元中的数据为随机值，单片机运行过程中的人工复位操作对它们的内容没有影响。21个特殊功能寄存器复位状态是P0～P3为FFH；SP为07H；SBUF不确定；IP、IE和PCON的有效位为0，非有效位为任意值；其余的特殊功能寄存器的状态均为00H。21个特殊功能寄存器的复位状态详如表2.3所列。

**表2.3　21个特殊功能寄存器的复位状态**

| 寄存器名 | 复位状态 | 寄存器名 | 复位状态 |
|---|---|---|---|
| P0～P3 | FFH | SCON | 00H |
| SP | 07H | ACC | 00H |
| SBUF | 不确定 | PSW | 00H |
| IP | XXX00000B | B | 00H |
| IE | 0XX00000B | TH0 | 00H |
| PCON（CHMOS） | 0XXX0000B | TL0 | 00H |
| DPTR（DPH+DPL） | 0000H | TH1 | 00H |
| TCON | 00H | TL1 | 00H |
| TMOD | 00H | | |

五、电平

数字电路中的电平有两种：高电平和低电平。高电平用逻辑1表示，低电平用逻辑0表示。电压多高属于高电平，多低属于低电平呢？电平的高低判定不是以一个数值点为依据，而是一个范围。对于TTL电平而言，输出电压只要大于2.4 V，都可以认为是高电平；输出电压低于0.4 V，都可以认为是低电平。输入时，输入电压大于2 V，就可以认为是高电平；输入电压低于0.8 V，即可认为输入的是低电平。

需要注意的是：当输出电压在［0.4 V，2.4 V］区间时，即电平不高也不低，电平高低不能确定，属于逻辑混乱。当输入电压在［0.8 V，2.0 V］区间，电平高低也不能确定，同样属于电平混乱。对CMOS电平，输出电压只要大于4.99 V，都可认为高电平；输出电压低于0.01 V，都可认为低电平。当输入时，输入电压大于3.5 V，就可认为是高电平；输入电压低于1.5 V，即可认为输入的是低电平。

51单片机系统属于数字系统，与其相关的电平大多是TTL和CMOS电平。

六、数制及其转换

在单片机应用系统中，常用的数制有十进制、二进制和十六进制。

二进制与十六进制之间的转换

十进制是人们最熟悉的一种数制，有0、1、2、3、4、5、6、7、8、9共十个元素，计数规则：逢十进一。

二进制有0、1共两个元素，计数规则：逢二进一。

十六进制有0、1、2、3、4、5、6、7、8、9、A、B、C、D、E、F。其中，A代表十进制的10，B代表十进制的11，C代表十进制的12，D代表十进制的13，E代表十进制的14，F代表十进制的15。计数规则：逢十六进一。C语言编程时，在十六进制数前加上“0x”，表示该数为十六进制数。

三者之间的对应关系如表2.4所列。

**表 2.4　　十进制、二进制和十六进制的对应关系**

| 十进制数 | 二进制数 | 十六进制数 | 十进制数 | 二进制数 | 十六进制数 |
|---|---|---|---|---|---|
| 0 | 0000 | 0 | 8 | 1000 | 8 |
| 1 | 0001 | 1 | 9 | 1001 | 9 |
| 2 | 0010 | 2 | 10 | 1010 | A |
| 3 | 0011 | 3 | 11 | 1011 | B |
| 4 | 0100 | 4 | 12 | 1100 | C |
| 5 | 0101 | 5 | 13 | 1101 | D |
| 6 | 0110 | 6 | 14 | 1110 | E |
| 7 | 0111 | 7 | 15 | 1111 | F |

**小贴士**

在单片机应用系统的开发系统中，可以借助 Windows 系统中自带的计算器，方便地进行进制的转换。

## 七、C 语言基础

### 1. 数据类型

单片机 C 语言的数据类型在 C 语言数据类型的基础上，增加“位类型”。表 2.5 为单片机 C 语言中常用数据类型名称、长度及取值范围。

**表 2.5　　单片机 C 语言基本数据类型名称、长度及取值范围**

| 数据类型 | | | 长　度 | | 取值范围 |
|---|---|---|---|---|---|
| 类　型 | | 类型名 | bit（位）数 | Byte（字节数） | |
| 位类型 | 位变量 | bit | 1 | | 0，1 |
| 字符型 | 无符号字符型 | unsigned char | 8 | 1 | 0～255 |
| | 有符号字符型 | (signed) char | 8 | 1 | −128～127 |
| 整型 | 无符号整型 | unsigned int | 16 | 2 | 0～65 535 |
| | 有符号整型 | int | 16 | 2 | −32 768～32 767 |
| 长整型 | 无符号长整型 | unsigned long | 32 | 4 | $0\sim2^{32}-1$ |
| | 有符号长整型 | long | 32 | 4 | $-2^{-32}\sim(2^{31}-1)$ |
| 浮点型 | 单精度浮点型 | float | 32 | 4 | $-3.4\times10^{-38}\sim3.4\times10^{-38}$ |
| | 双精度浮点型 | double | 64 | 8 | $-1.7\times10^{-308}\sim1.7\times10^{308}$ |

### 2. 常量和变量

（1）常量

常量即在程序运行过程中，其值不发生变化的量称为常量。常量分为整型常量、浮点型常量和字符型常量。

① 整型常量。整型常量又称整型常数。在单片机 C 语言中，十进制和十六进制是常见的表示形式。十六进制常量必须以 0x 开头。

② 浮点型常量。浮点型常量又称实数常量。在单片机 C 语言中有小数和指数两种表示形式。

③ 字符型常量。字符型常量是指用单引号引起来的字符。字符型常量的值是 ASCII 代码

的值。注意：字符型区分大小写。数字加上引号也是字符型，其值对应ASCII代码的值。

④ 字符串变量。字符串变量是指用双引号引起的字符序列。需要注意的是字符型变量和字符串变量所占的存储空间不同，字符串结束标志“\0”占一个字节。

（2）变量

变量是在程序运行过程中，其值发生变化的量称为变量。变量分为整型变量、浮点型变量、字符型变量。变量代表内存中的一个存储单元，该存储单元可以用来存储变量的值，存储单元的编号则称为地址。变量包括两部分，变量名和变量值。

① 标识符。标识符是指C语言中给变量、符号常量、函数、数组等命名的名字统称为标识符。C语言规定，标识符只能由字母、数字和下画线构成，而且标识符不能以数字开头。标识符尽可能选取有含义的英文单词，使程序更具有可读性。

② 变量的声明或定义。C语言规定，所有的变量在引用或使用前先声明或先定义，后使用。定义变量的形式：

类型名　变量名；//类型名后面可以是一个变量名也可以是多个变量名

例如：unsigned char j，k；unsigned char 表示无符号字符型，j，k表示变量名。

③ 给变量赋初值。给变量一个初始值称为“赋初值”。可以在变量声明定义之后对其赋初值，也可以在声明定义的同时赋初值。

```
unsigned char j,k;
k = 0;
j = 0;
等同于 unsigned char j = 0,k = 0;
```

3. C语言的运算符

单片机C语言的运算符主要有算术运算符、关系运算符、逻辑运算符、位运算符和指针运算符等，如表2.6所列。

**表2.6　单片机C语言常用运算符**

| 运算符 | | 范　例 | 说　明 |
|---|---|---|---|
| 算术运算 | + | a+b | a变量值和b变量值相加 |
| | - | a-b | a变量值和b变量值相减 |
| | * | a*b | a变量值乘以b变量值 |
| | / | a/b | a变量值除以b变量值 |
| | % | a%b | 取a变量值除以b变量值的余数 |
| | = | a=5 | a变量赋值，即a变量值等于5 |
| | += | a+=b | 等同于a=a+b，将a和b相加的结果存回a |
| | -= | a-=b | 等同于a=a-b，将a和b相减的结果存回a |
| | *= | a*=b | 等同于a=a*b，将a和b相乘的结果存回a |
| | /= | a/=b | 等同于a=a/b，将a和b相除的结果存回a |
| | %= | a%=b | 等同于a=a%b，将a和b相除的余数存回a |
| | ++ | a++ | a的值加1，等同于a=a+1 |
| | -- | a-- | a的值减1，等同于a=a-1 |

续表

<table>
<tr><th colspan="2">运算符</th><th>范 例</th><th>说 明</th></tr>
<tr><td rowspan="6">关系运算</td><td>></td><td>a>b</td><td>判断a是否大于b</td></tr>
<tr><td><</td><td>a<b</td><td>判断a是否小于b</td></tr>
<tr><td>= =</td><td>a= =b</td><td>判断a是否等于b</td></tr>
<tr><td>>=</td><td>a>=b</td><td>判断a是否大于或等于b</td></tr>
<tr><td><=</td><td>a<=b</td><td>判断a是否小于或等于b</td></tr>
<tr><td>! =</td><td>a! =b</td><td>判断a是否不等于b</td></tr>
<tr><td rowspan="3">逻辑运算</td><td>&&</td><td>a&&b</td><td>a和b作逻辑与（AND），2个变量都为真时结果才为真</td></tr>
<tr><td>| |</td><td>a | | b</td><td>a和b作逻辑或（OR），只要有1个变量为真，结果就为真</td></tr>
<tr><td>!</td><td>! a</td><td>将a变量的值取反，即原来为真则变为假，原为假则为真</td></tr>
<tr><td rowspan="7">位操作运算</td><td>≫</td><td>a≫b</td><td>将a按位右移b个位，高位补0</td></tr>
<tr><td>≪</td><td>a≪b</td><td>将a按位左移b个位，低位补0</td></tr>
<tr><td>|</td><td>a | b</td><td>a和b按位做或运算</td></tr>
<tr><td>&</td><td>a&b</td><td>a和b按位做与运算</td></tr>
<tr><td>^</td><td>a^b</td><td>a和b按位做异或运算</td></tr>
<tr><td>~</td><td>~a</td><td>将a的每一位取反</td></tr>
<tr><td>&</td><td>a=&b</td><td>将变量b的地址存入a寄存器</td></tr>
<tr><td>指针</td><td>*</td><td>* a</td><td>用来取a寄存器所指地址内的值</td></tr>
</table>

4. C语言函数的一般形式

C语言程序是由函数构成的，函数是C程序的基本单位。一个C语言源程序有且仅有一个main函数，该main函数被称为主函数。除主函数外，一个C语言源程序还可以包含若干个其他函数，即“子函数”。C程序总是从主函数开始执行，主函数可以调用子函数，子函数不能调用主函数，子函数之间可以相互调用。

函数的一般形式如下：

```
类型名　函数名（参数列表）
{
  声明部分
  执行部分
}
```

其中第一行的“类型名函数名（参数列表）”称为函数头；函数头下面的大括号内的部分称为函数体。

```
void delay(unsigned char i)      //void 类型名,delay 函数名,(unsigned char i)参数列表
{
        unsigned char j,k;        //声明部分
        for(k = 0;k<i;k + + )/ * 执行部分
        for(j = 0;j<255;j + + ); * /
}
```

5. 发光二极管

发光二极管是半导体二极管的一种，可以把电能转化成光能。发光二极管与普通二极管一样是由一个PN结组成，也具有单向导电性。当正极电压大于负极电压，并符合工作电压时，发光二极管导通，发光二极管亮。发光二极管具有体积小，工作电压低，工作电流小，发光均匀稳定，响应速度快，寿命长等优点，属于电流控制型半导体器件，使用时需要接合适的限流电阻。发光二极管实物和电路符号如图2.14所示。

在实际应用中注意区分发光二极管的正负极，常用方法有以下几种：第一种是观察引脚法，发光二极管的引脚长短不一样，引脚长的为正极，引脚短的为负极。第二种是万用表检测法，如果发光二极管的引脚被剪裁后一样长，通过观察引脚长短无法判断正负极时则可以使用第二种方法。首先将万用表的挡位旋钮旋转至二极管挡（此时，短接红、黑表笔，万用表蜂鸣器会发出响声），再用红、黑表笔分别搭接发光二极管的两根引脚，如果发光二极管亮，则说明红表笔为正极，黑表笔为负极；如果发光二极管不亮，则需要对调红、黑表笔按上述步骤重新检测。

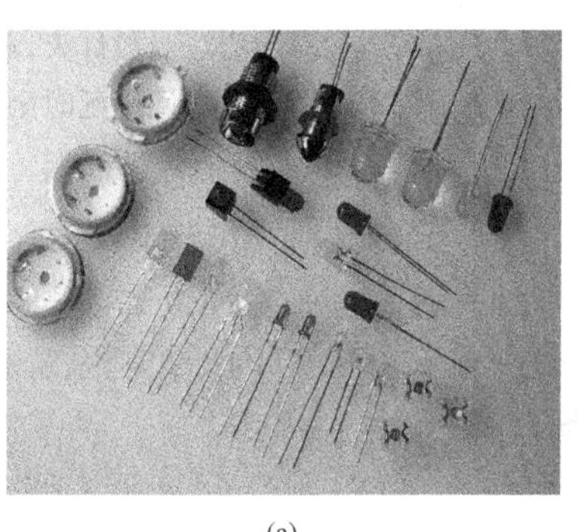

(a)

(b)

图2.14　发光二极管实物图和电路符号

(a) 发光二极管实物图；(b) 发光二极管电路符号

## 2.5 举 一 反 三

### 2.5.1 任务一

一、任务要求

在P1端口上接8个发光二极管VD1～VD8，使VD1～VD8实现交叉亮灭的效果。通过Proteus仿真软件进行电路仿真设计，使用Keil C软件对该系统进行程序设计及编译。仿真结果正常后，用实际硬件搭接电路，通过STC单片机烧录软件将.HEX文件下载到51单片机中，通电后看实际效果。

二、任务实施

(1) 硬件电路设计

硬件电路设计与8个LED闪烁控制系统相同。

(2) 程序设计

在P1端口上接8个LED实现交叉亮灭的程序设计如下：

```
#include<reg51.h>
void delay(unsigned char i)          //延时函数
{
  unsigned char j,k;
  for(k = 0;k<i;k++)
  for(j = 0;j<255;j++);
```

```
}
main()
{
  while(1)                         //无限循环以下循环体
  {
    P1 = 0x55;                     //单数灯灭,双数灯亮
    delay(50);                     //调用延时函数
    P1 = 0xAA;                     //双数灯灭,单数灯亮
    delay(50);                     //调用延时函数
  }
}
```

(3) 系统制作与调试

实际电路的搭建与8个LED闪烁控制系统相同。

### 2.5.2 任务二

一、任务要求

在P1端口上接8个发光二极管VD1～VD8，使VD1～VD8实现高四位亮、低四位灭与低四位亮、高四位灭的交替效果。通过Proteus仿真软件进行电路仿真设计，使用Keil C软件对该系统进行程序设计及编译。仿真结果正常后，用实际硬件搭接电路，通过STC单片机烧录软件将.HEX文件下载到51单片机中，通电后看实际效果。

二、任务实施

硬件电路方面，与8个LED闪烁控制系统相同。LED亮的方式不同的原因在于控制程序。以下是程序设计语言。

```
#include<reg51.h>
void delay(unsigned char i)        //延时函数
{
    unsigned char j,k;
    for(k = 0;k<i;k + + )
    for(j = 0;j<255;j + + );
}
main()
{
  while(1)                         //无限循环以下循环体
  {
    P1 = 0x0F;                     //高四位亮,低四位灭
    delay(50);                     //调用延时函数
    P1 = 0XF0;                     //高四位灭,低四位亮
    delay(50);                     //调用延时函数
  }
}
```

## 项目小结

本项目主要介绍了 51 单片机的硬件，包括芯片引脚、基本结构和内部存储器；同时介绍了 51 单片机最小系统电路，包括复位电路、时钟电路的设计方法。保证单片机正常运行的基本条件即：电源正常、时钟电路正常、复位电路正常。

本项目还介绍了 51 单片机的 C 语言基础知识，包括数据类型、常量变量、C 语言的运算符以及 C 语言函数的一般形式。

## 思考与训练

一、知识思考

① 保证单片机正常运行的三个基本条件是什么？

② 何谓振荡周期、机器周期、指令周期？针对 89C51 单片机，如分别采用 6 M、12 MHz 晶振，振荡周期、机器周期各为多少？

③ 简述 C 语言中头文件的作用及常用头文件的使用方法。

④ 利用 Keil 软件模拟实现延时 1 s 程序的编写。

二、项目训练

① 在 P2 端口上接 8 个发光二极管 VD1～VD8，使 VD1～VD8 实现闪烁的效果。通过 Proteus 仿真软件对 8 个 LED 闪烁控制系统进行电路仿真设计，使用 Keil C 软件对该系统进行程序设计及编译。仿真结果正常后，用实际硬件搭接电路，通过 STC 单片机烧录软件将 .HEX 文件下载到 51 单片机中，通电后看实际效果。

② 在 P1 端口上接 8 个发光二极管 VD1～VD8，使 VD1～VD8 实现流水灯的效果。通过 Proteus 仿真软件对 8 个 LED 流水灯控制系统进行电路仿真设计，使用 Keil C 软件对该系统进行程序设计及编译，通过仿真软件观察运行结果。

# 项目三　流水灯控制系统的设计与制作

## 知识目标

① 51 单片机 I/O 的结构、特点及应用。
② C 语言的基本语句——循环语句。
③ 流水灯的硬件设计方法以及软件设计方法。

## 能力目标

掌握 51 单片机 I/O 的结构、特点及应用。理解 P0 口与其他 3 个 I/O 端口的区别。掌握 C 语言基本语句的使用方法。掌握流水灯控制系统的设计与制作的方法。

## 项目要求

在 P1 端口上接 8 个发光二极管 VD1～VD8，使 VD1～VD8 实现流水灯的效果，通过 Proteus 仿真软件对 8 个 LED 流水灯控制系统进行电路仿真设计，使用 Keil C 软件对该系统进行程序设计及编译。仿真结果正常后，用实际硬件搭接电路，通过 STC 单片机烧录软件将 .HEX 文件下载到 51 单片机中，通电后观察流水灯控制系统设计的实际效果。

流水灯控制系统的设计与制作项目要求

## 项目实施

### 3.1　硬　件　电　路

流水灯控制系统硬件电路设计如图 3.1 所示。

P1 口是一个内部有上拉电阻的 8 位准双向 I/O 口，P1 口在输出时没有什么特殊要求，但在输入时，必须先置 1，即先向 P1 口写入高电平，然后外部的高电平或低电平才能被单片机准确地“读取”。P1 口的 8 个位从高到低分别是 P1.7，P1.6，P1.5，P1.4，P1.3，P1.2，P1.1，P1.0，且每一位都可以单独控制，每位的内部结构如图 3.2 所示。

P1 口作为输出口使用时，采用字节操作，直接给 P1 口的 8 个引脚赋值，例如：

P1=0x01；//P1 口的 P1.0 引脚为高电平，其余 7 个引脚均为低电平。

P1 口作为输出口使用时，采用位操作，例如：

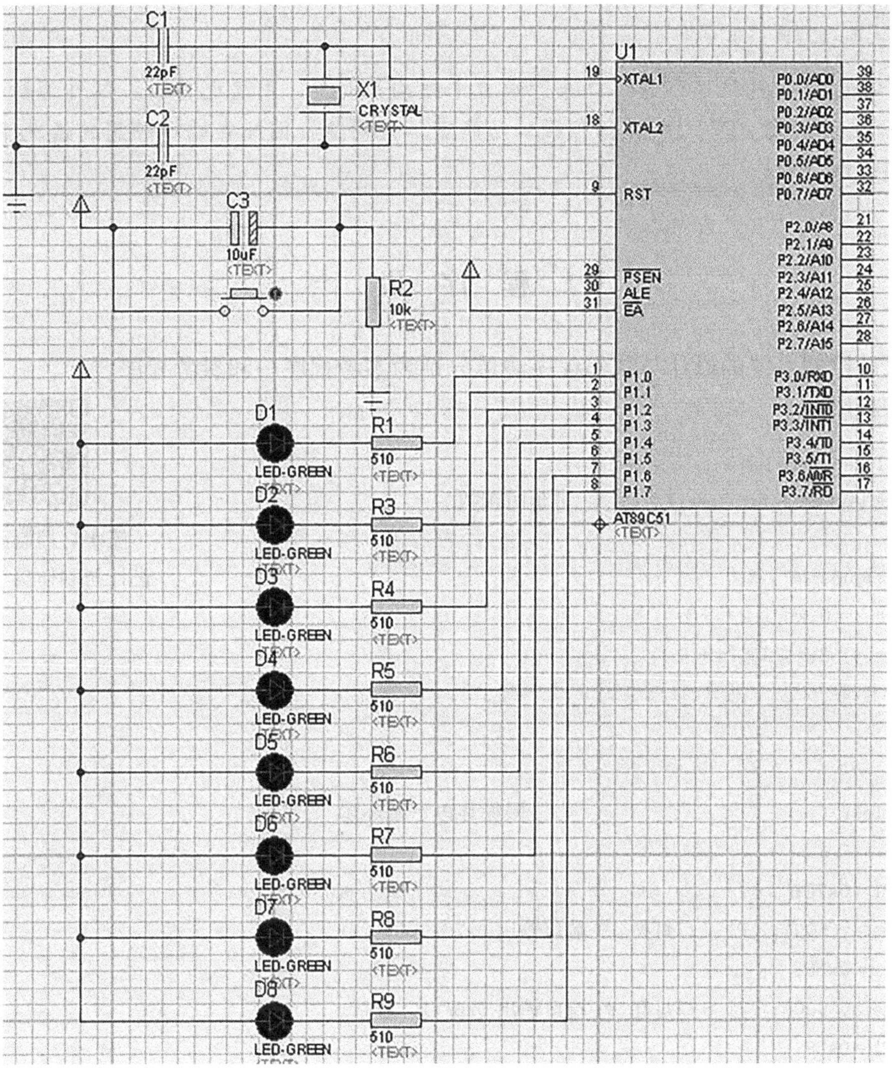

图 3.1　8 个 LED 闪烁控制系统

sbit P1 _ 0=P1^0；//定义 P1.0 引脚位名称为 P1 _ 0

P1 _ 0=0；//在 P1.0 引脚输出低电平

P1 _ 0=1；//在 P1.0 引脚输出高电平

P1 口作为输入口使用时，采用字节操作，例如：

unsigned char a；

a=P1；//把 P1 口读取的值送到变量 a 中

P1 口作为输入口使用时，采用位操作，例如：

bit left，right；

left=P1.0；

right=P1.1；

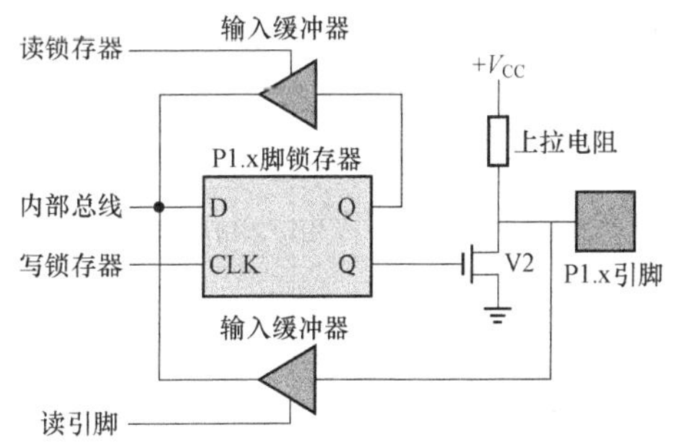


图 3.2　P1 口的内部结构

P1口是51单片机4个I/O口并行端口中结构最简单，用途也单一，仅作为数据输入/输出端口使用。P0、P2、P3口具有第二功能有其他用途，因此在端口够用的情况下，尽可能选用P1口。

## 3.2 程 序 设 计

流水灯控制系统的设计与制作程序清单分别为参考程序一和参考程序二。

参考程序一：

流水灯控制系统的设计与制作参考程序一

```
#include<reg51.h>
void delay(unsigned int i)          //延时函数
{
  unsignedint j,k;
  for(k=0;k<i;k++)
  for(j=0;j<255;j++);
}
main()
{
 while(1)                           //无限循环以下循环体
 {
   P1=0x7F;
   delay(500);//P1.7口灯亮,P1端口输出0x7F,01111111
   P1=0xBF;
   delay(500);//P1.6口灯亮,P1端口输出0xBF,10111111
   P1=0xDF;
   delay(500);//P1.5口灯亮,P1端口输出0xDF,11011111
   P1=0xEF;
   delay(500);//P1.4口灯亮,P1端口输出0xEF,11101111
   P1=0xF7;
   delay(500);//P1.3口灯亮,P1端口输出0xF7,11110111
   P1=0xFB;
   delay(500);//P1.2口灯亮,P1端口输出0xFB,11111011
   P1=0xFD;
   delay(500);//P1.1口灯亮,P1端口输出0xFD,11111101
   P1=0xFE;
   delay(500);//P1.0口灯亮,P1端口输出0xFE,11111110
 }
}
```

参考程序二：

流水灯控制系统的设计与制作循环右移指令

```
#include<reg51.h>
#include<intrins.h>
void delay(unsignedint i)          //延时函数
{
   unsignedint j,k;
   for(k=0;k<i;k++)
   for(j=0;j<255;j++);
}
main()
{
   P1=0x7F;
  while(1)                        //无限循环以下循环体
  {
    delay(500);
    P1=_cror_(P1,1);              //循环右移指令
  }
}
```

参考程序一使用的赋值语句，依次点亮 P1.7～P1.0 这 8 个 LED 灯，使其实现流水灯的效果。观察参考程序一的赋值发现，实际上控制 LED 出现流水灯效果的原因是 P1 口的值最高位旁边的“0”循环右移了，因此可以使用循环右移函数 _ cror _ （P1，1），如参考程序二中所示 P1＝ _ cror _ （P1，1）；实现流水灯效果。

_ cror _ （）是 Keil C51 提供的循环右移函数，把低位移出去的部分补到高位去。如果 P1 端口当前的状态为“01111111”，执行 P1＝ _ cror _ （P1，1）；后，P1 端口状态变为“10111111”，并将被移出的最低位 1 补到最高位。_ cror _ （P1，1）循环右移函数包括了两个参数，第一参数 P1 指的是存放的数据，第二个参数 1 是常数，用说明移位 1 次。

_ crol _ （）是 Keil C51 提供的循环左移函数，用法与循环右移函数相似，只是左移数据。

**小提示**

使用 _ cror _ （）循环右移、_ crol _ （）循环左移函数时，记得添加#include<intrins.h>头文件。

输入以下参考程序三，观察效果与上述两个程序运行效果有什么区别？运行后发现效果与上述两个程序所运行的效果不同，为什么呢？参考程序三中使用的是右移运算“≫”，运算的结果是把二进制操作数右移若干位，对无符号右移后，低位移出去的数丢掉，对高位补“0”，这是与 _ cror _ （）循环右移函数的区别之处。P1＝P1≫1；语句的功能是 P1 端口的数据右移 1 位后赋值给 P1 口输出。“≪”左移指令与“≫”指令用法相同。

参考程序三：

流水灯控制系统的设计与制作右移指令

```
#include<reg51.h>
 void delay(unsignedint i)        //延时函数
 {
     unsignedint j,k;
        for(k=0;k<i;k++)
          for(j=0;j<255;j++);
 }
 main()
  {
 unsigned char z;
    P1=0x7F;
   while(1)                       //无限循环以下循环体
   {
    for(z=0;z<8;z++)
      {
       delay(500);
       P1=P1>>1;
      }
    P1=0x7F;
    }
   }
```

## 3.3 系统制作与调试

按照表 3.1 清单准备元器件，然后按照仿真电路图 3.1 连接电路。

**表 3.1　流水灯控制系统元件清单**

| 序号 | 元件名称 | 型号与规格 | 单位 | 数量 |
|---|---|---|---|---|
| 1 | 单片机最小系统 | 单片机开发板（STC89C52RC） | 只 | 1 |
| 2 | 发光二极管 | LED | 只 | 8 |
| 3 | 电阻 | $R_1$　510 Ω<br>（可以使用 1 kΩ 以下的电阻替代） | 只 | 8 |
| 4 | 导线 | 杜邦线 | 条 | 若干 |

## 3.4 知识综述

### 一、单片机并行 I/O 端口

MCS-51 系列单片机有 4 个 8 位并行 I/O 端口：P0～P3 口，共计 32 根输入/输出线，作为与外部电路联络的脚。这 4 个端口可以并行输入或输出 8 位数据，也可以按位使用，即每 1 位均能独立作为输入或输出用。每个端口除可作一般的输入/输出外，还具有不同的第二功能。

单片机的 4 个 I/O 端口在结构上由锁存器、输出驱动器和输入缓冲器组成。其结构和特性基本上相同，但又各具有特点，4 个并行 I/O 端口的口线逻辑电路如图 3.3 所示。

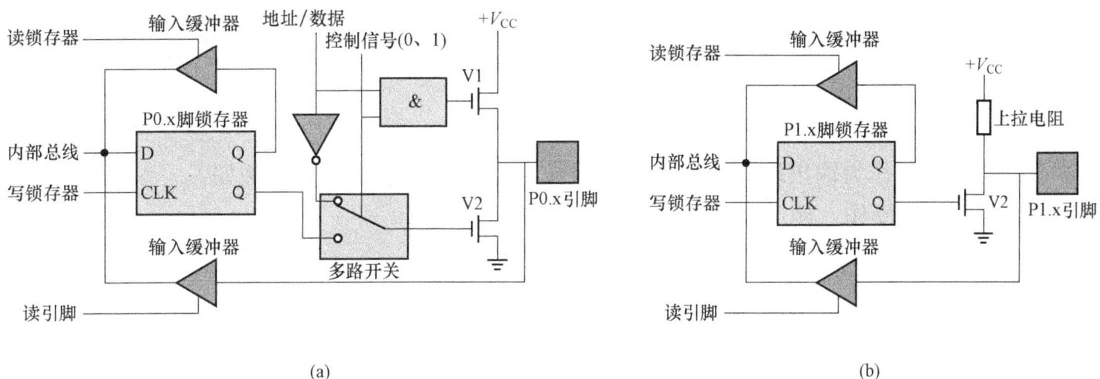


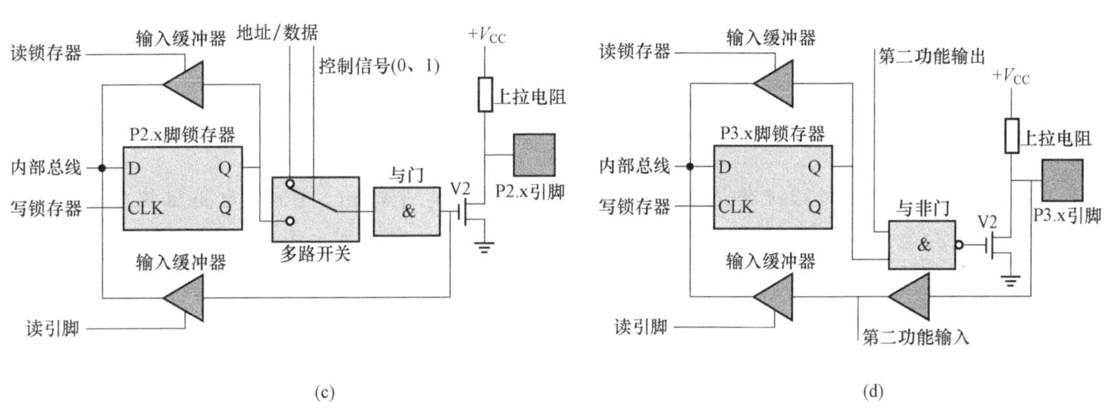


图 3.3 并行 I/O 端口逻辑电路

(a) P0 口线逻辑电路；(b) P1 口线逻辑电路；(c) P2 口线逻辑电路；(d) P3 口线逻辑电路

1. 作为输入端口使用

P0～P3 端口作为输入端口使用时，有两种情况，一种是读引脚，一种是读端口。

所谓的读引脚，就是读芯片引脚的状态，把端口引脚上的数据从缓冲器通过内部总线读进来，读引脚时，必须先向电路中的锁存器写入“1”。读引脚可以是按位操作，也可以按字节操作。例如：

读引脚采用字节操作：

```
unsigned char a;
a = P1;//把 P1 口读取的值送到变量 a 中
```

读引脚采用位操作：

```
bit left,right;
left = P1.0;
```

```
right = P1.1;
```

所谓读端口是指读锁存器的状态，读端口是为了适应对I/O端口进行“读—修改—写”操作语句需要的，例如：

```
P1 = P1|0xF0;
```

读端口分为3个步骤，首先读入P1口锁存器的数据，然后与“0xF0”按位做或运算，最后把运算的结果送回P1口。

2. 作为输出端口使用

P0～P3端口作为输出端口，以是按位操作，也可以按字节操作。例如：

P1口采用位操作，例如：

```
sbit P1_0 = P1^0;     //定义P1.0引脚位名称为P1_0
P1_0 = 0;             //在P1.0引脚输出低电平
P1_0 = 1;             //在P1.0引脚输出高电平
```

P1口采用字节操作：

```
P1 = 0x01;//P1口的P1.0引脚为高电平,其余7个引脚均为低电平。
```

**小提示**

单片机上电时的初始状态是，P1、P2、P3口为高电平输出，P0口为高阻状态，既不是高电平也不是低电平。P0口在作输出口时与其他端口有区别，具体分析见举一反三中的任务一。

3. I/O端口第二功能

在进行单片机系统扩展时，P0口作为单片机系统的低8位地址/数据位使用，P2口作为单片机系统高8位地址，与P0口共同组成16位地址总线。

P3口的8个引脚具有第二功能，如表3.2所列。需要注意的是，如果作为第二功能使用就不能同时当成I/O端口使用了，但其他未被使用的端口线仍可作为通用I/O端口使用。

**表3.2　　P3口的特殊功能**

| 口线 | 第二功能 | 信号名称 |
| --- | --- | --- |
| P3.0 | RXD | 串行数据接收 |
| P3.1 | TXD | 串行数据发送 |
| P3.2 | INT0 | 外部中断0申请 |
| P3.3 | INT1 | 外部中断1申请 |
| P3.4 | T0 | 定时器/计数器0计数输入 |
| P3.5 | T1 | 定时器/计数器1计数输入 |
| P3.6 | WR | 外部RAM写选通 |
| P3.7 | RD | 外部RAM读选通 |

## 二、循环语句

C 语言的循环语句包括三种：for 循环语句、while 循环语句和 do - while 循环语句。

### 1. for 循环语句

for 循环语句的一般形式为：

```
for(表达式 1;表达式 2;表达式 3)
{
  循环语句组;//循环体
}
```

关键字 for 后面的圆括号内通常包括三个表达式：循环变量赋初值、循环条件和修改循环变量，三个表达式之间用“;”隔开，花括号内使循环体“语句组”。

for 语句的执行过程如下，流程图如图 3.4 所示。

① 先执行第一个表达式，给循环变量赋初值。

② 利用第二个表达式判断循环条件是否满足关系表达式或逻辑表达式，若其值为“真”（非 0），则执行循环体“语句组”一次，再执行下面第③步；若其值“假”（0），则转到第⑤步循环结束。

③ 求解表达式 3，修改循环变量。

④ 跳到第②步重复执行。

⑤ 循环结束，执行 for 语句下面的一个语句。

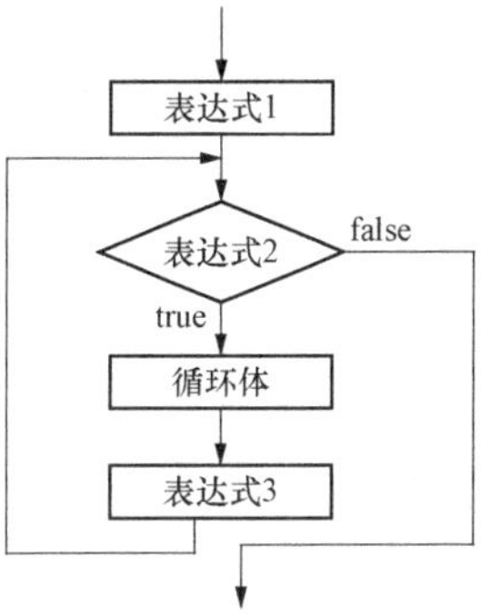

图 3.4　for 语句执行流程

在使用 C 语言编写单片机程序时，for 一般有三类用法：正常循环如例 1，延时如例 2，死循环如例 3。

例 1：正常循环

```
for(z = 0;z<8;z + + )
  {
   delay(5000);
   P1 = P1>>1;
  }
```

例 2：延时，这个 for 循环语句的循环体语句比较特殊，仅仅是一个分号，这是一条空语句，即循环体不执行任何操作。这个循环就是让变量 j 从 0 开始，反复加 1，一直加到 j>255 时为止。单片机执行任何运算或操作时是需要时间的，因此单片机执行反复加 1 运算时，同样需要时间，从元器件及设备的角度来看，单片机忙于做低级加 1 运算，这些状态保持一段时间称为延时。

```
for(j = 0;j<255;j + + );
```

例 3：死循环即程序一旦进行该循环，就再无法从该循环跳出和停止，循环体将被一遍又一遍地永远执行下去。死循环的格式仅留下两个分号，把表达式全去了，表示无条件执行循环体。

```
for(;;)
```

2. while 循环语句

while 循环语句的一般形式：

```
while(表达式)
{
    循环体语句
}
```

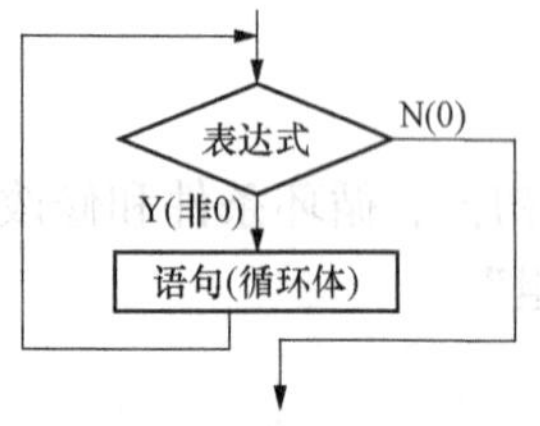

图 3.5　while 语句执行流程

while 语句实现“当型”循环结构，while 语句的执行过程是先判断是否为“真”。当表达式为“真”时，执行循环体执行一次完成后，再次回到 while 语句进行循环条件判断，如果仍为“真”，则重复执行循环体；若为“假”，则执行 while 语句的下一个语句，退出循环，流程图如图 3.5 所示。

①在 C 语言中，一般将“0”认为是“假”，非“0”认为是“真”。

②在单片机程序中常用到“while（1）；”进行程序调试，其表示永远让程序执行空语句“；”，让单片机控制元器件及设备保持当前状态。

3. do - while 循环语句

do - while 循环语句的一般形式：

```
do
    {
     语句组;//循环体
    }while(表达式);
```

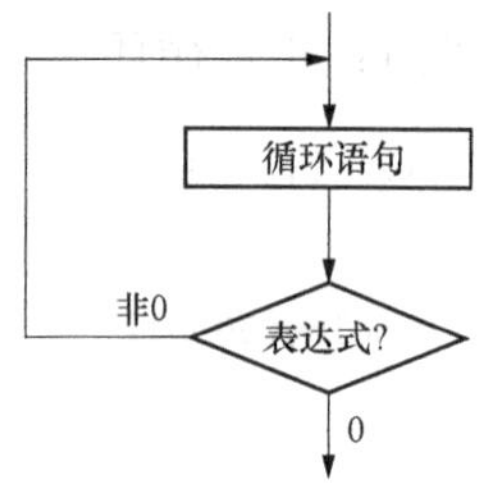

图 3.6　do - while 循环语句

do - while 语句是先执行后判断型循环结构，执行过程是：先执行循环体“语句组”一次，再计算“表达式”的值，如果“表达式”的值为“真”（非 0），继续执行循环体“语句组”，直到表达式为“假”（0）时为止，流程如图 3.6 所示。

①do - while 语句表达式括号后面必须要加分号，这是与其他语句的区别之处。② do - while 语句更适合处理不论条件是否成立，都需要先执行循环体的程序。

4. 循环嵌套

循环嵌套是指一个循环（称为“外循环”）的循环体内包含另一个循环（称为“内循环”）。内循环的循环体内还可以包含循环，形成多层循环。例如：

```
for (k=0; k<i; k++)
for (j=0; j<255; j++);
```

该程序执行的空语句的次数是 i * 255 次。

上述程序与以下程序不同，请注意区分

```
for(k = 0;k<i;k + +);
for(j = 0;j<255;j + +);
```

此程序执行空语句的次数是 i+255 次。该程序不属于循环嵌套。

5. break 语句

break 语句常用于循环语句中，不论循环条件是否满足，都可以使程序立即终止整个循环而执行循环语句后面的语句。通常 break 语句总是与 if 语句一起使用，即满足 if 语句中给出的条件时便跳出循环。

```
sum = 0;
for(i = 1;i< = 10;i + +)              //死循环
{
    if(i % 5 = = 0)break;             //当 i>10,退出循环
    sum = sum + i;
}
程序执行的结果:sum = 1 + 2 + 3 + 4 = 10
```

小提示

① 在循环结构中，可以通过循环表达式控制循环次数，也可以通过 break 强制退出循环。② 一般情况下，break 语句与 if 语句配合使用。③ 在循环嵌套中，break 语句只能跳出当前循环结构。

6. continue 语句

continue 语句常用于循环语句中，通常 continue 语句总是与 if 语句一起使用，即满足 if 语句中给出的条件时便跳过循环体剩余的语句，结束本次循环，强行执行下一次循环。

```
sum = 0;
for(i = 1;i< = 10;i + +)              //死循环
{
    if(i % 5 = = 0)continue;          //当 i>10,退出循环
    sum = sum + i;
}
程序执行的结果:sum = 1 + 2 + 3 + 4 + 6 + 7 + 8 + 9 = 40
```

小提示

break 和 continue 的区别：

break 语句是直接结束整个循环语句，而 continue 则是停止当前循环体的执行，跳过循环体中余下的语句，再次进入循环条件判断，准备继续开始下一次循环体的执行。

# 3.5 举 一 反 三

## 3.5.1 任务一

一、任务要求

在P0端口上接8个发光二极管VD1～VD8（采用共阳极的连接方式），使VD1～VD8实现流水灯的效果。通过Proteus仿真软件对8个LED流水灯控制系统进行电路仿真设计，使用Keil C软件对该系统进行程序设计及编译。仿真结果正常后，用实际硬件搭接电路，通过STC单片机烧录软件将.HEX文件下载到51单片机中，通电后看实际效果。

二、任务实施

该系统硬件电路如图3.7所示。

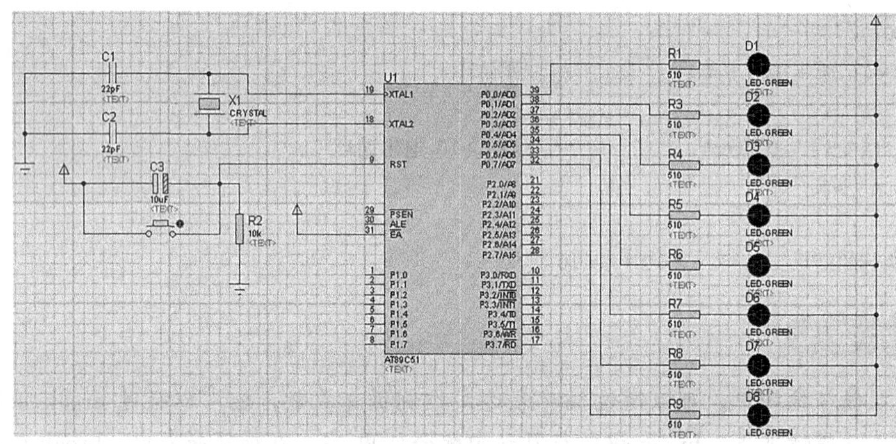


图3.7 流水灯控制系统硬件电路，P0口采用共阳极连接方式

采用共阳极连接方式，在P0端口接8个流水灯控制系统的程序设计语言如下：

```
#include<reg51.h>
#include<intrins.h>
void delay(unsignedint i)          //延时函数
{
    unsignedint j,k;
    for(k=0;k<i;k++)
    for(j=0;j<255;j++);
}
main()
{
  P0=0x7F;
  while(1)                          //无限循环以下循环体
  {
    delay(5000);
    P0=_cror_(P0,1);                //循环右移指令
```

```
    }
}
```

### 3.5.2　任务二

一、任务要求

在 P0 端口上接 8 个发光二极管 VD1～VD8（采用共阴极的连接方式），使 VD1～VD8 实现流水灯的效果。通过 Proteus 仿真软件对 8 个 LED 流水灯控制系统进行电路仿真设计，使用 Keil C 软件对该系统进行程序设计及编译。仿真结果正常后，用实际硬件搭接电路，通过 STC 单片机烧录软件将 .HEX 文件下载到 51 单片机中，通电后看实际效果。

P0 口实现流水灯效果

二、任务实施

如果按照图 3.8 连接电路，然后输入程序，观察运行效果。

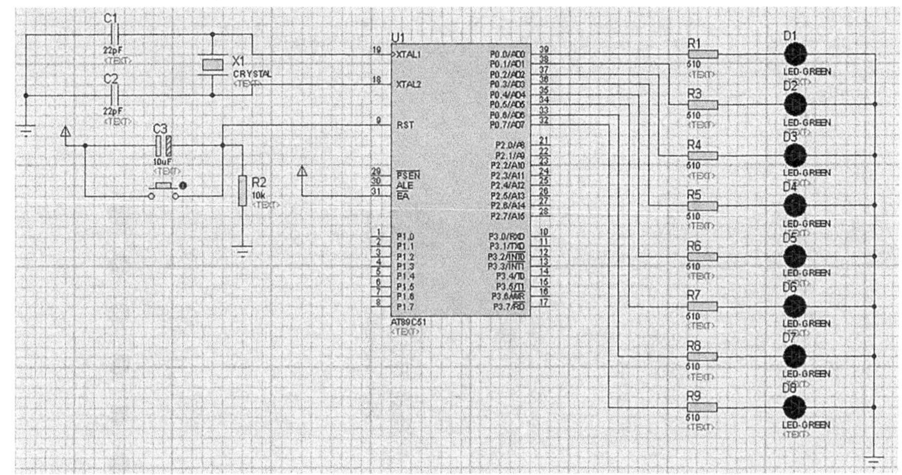


图 3.8　流水灯控制系统硬件电路，P0 口共阴极连接方式

采用共阴极连接方式，在 P0 端口上接 8 个流水灯控制系统的程序设计语言如下：

```
# include<reg51.h>
# include<intrins.h>
 void delay(unsignedint i)        //延时函数
 {
    unsignedint j,k;
    for(k = 0;k<i;k + + )
    for(j = 0;j<255;j + + );
 }
main()
{
  P0 = 0x80;
 while(1)                         //无限循环以下循环体
 {
   delay(500);
```

```
        P0 = _cror_(P0,1);              //循环右移指令
    }
}
```

**原 因**

对比任务一和任务二得知 P0 口能输出低电平，但由于输出电路是漏极开路电路，必须外接上拉电阻（一般为 1 kΩ）才能有高电平输出。为了方便并防止学生混淆，建议一旦使用 P0 口都应增加上拉电阻电路。

因此需要将图 3.8 更改为图 3.9，图中的上拉电阻电路可以使用排阻连接，这样电路更加简洁。

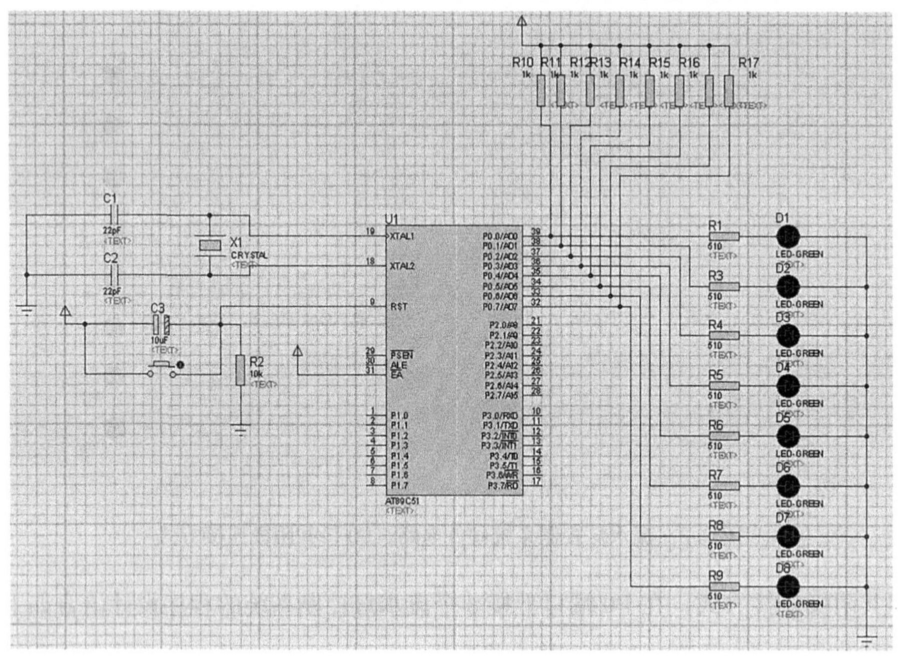


图 3.9 上拉电阻电路

## 项目小结

本项目通过流水灯控制系统的设计与制作介绍单片机 P0～P3 这 4 个 8 位 I/O 端口的操作。通过 P0 口共阳极流水灯电路及共阴极流水灯电路的对比说明 P0 口使用过程中需要增加上拉电阻，P1 口是唯一一个只有输入/输出功能的 I/O 口，P0，P2 口是当有外部扩展存储器时，作为数据/地址的复用口，P3 口的每一位都具有第二功能。同时介绍了 C 语言中 for，while，do - while 循环语句的使用方法，并且分析了 break 语句与 continue 语句的区别。

## 思考与训练

### 一、知识思考

① P1 口与 P0 口在结构上有何区别？P0 口作为输出口使用时需要注意什么问题？

② P3 口的第二功能是什么？

### 二、项目训练

在 P1 端口上接 8 个发光二极管 VD1～VD8，实现以下效果：控制从 P1.0 到 P1.7 连接的 8 只 LED 依次全部点亮，然后依次熄灭；接下来控制从 P1.7 到 P1.0 连接的 8 只 LED 依次全部点亮，再依次熄灭，最后 8 只 LED 全亮后再全灭。通过 Proteus 仿真软件对 8 个 LED 流水灯控制系统进行电路仿真设计，使用 Keil C 软件对该系统进行程序设计及编译，通过仿真软件观察运行结果。

# 项目四　电子漏斗控制系统的设计与制作

① 51 单片机 I/O 输入口的使用方法。
② C 语言的基本语句——选择语句。
③ 按键控制系统的硬件设计方法以及软件设计方法。

通过漏斗控制系统的设计与制作理解开关电路在单片机中的使用方法，掌握选择语句的使用方法，理解按键识别、求解键值、执行键值操作的软件设计方法。

使用单片机设计一款电子漏斗。漏斗分上下两层，不论竖放还是倒放，漏斗均从上往下流动。使用 LED 实现漏斗流动的效果，使用 3 个按键分别控制漏斗流动时间。

## 任务一　汽车转向灯系统的设计与制作

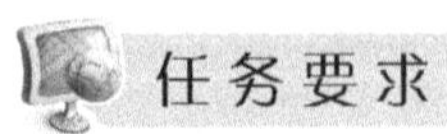

安装在汽车不同位置的信号灯是汽车驾驶员之间及驾驶员向行人传递汽车驾驶状况的语言工具。一般包括转向灯、倒车灯、雾灯等，其中汽车转向灯包括左转灯和右转灯，其显示状态如表 4.1 所列。

汽车转向灯系统的设计与制作任务要求

**表 4.1　　汽车转向灯显示状态**

| 开关状态 | | 显示状态 | | 驾驶员命令 |
|---|---|---|---|---|
| K1 | K2 | 左转向灯 D1 | 右转向灯 D2 | |
| 断开 | 断开 | 灭 | 灭 | 驾驶员未发出命令 |
| 断开 | 闭合 | 灭 | 亮 | 驾驶员发出右转显示命令 |
| 闭合 | 断开 | 亮 | 灭 | 驾驶员发出左转显示命令 |
| 闭合 | 闭合 | 亮 | 亮 | 驾驶员发出汽车故障显示命令 |

## 4.1　硬　件　电　路

汽车转向灯系统的设计与制作硬件电路设计

·

汽车转向灯控制系统硬件电路设计如图 4.1 所示。

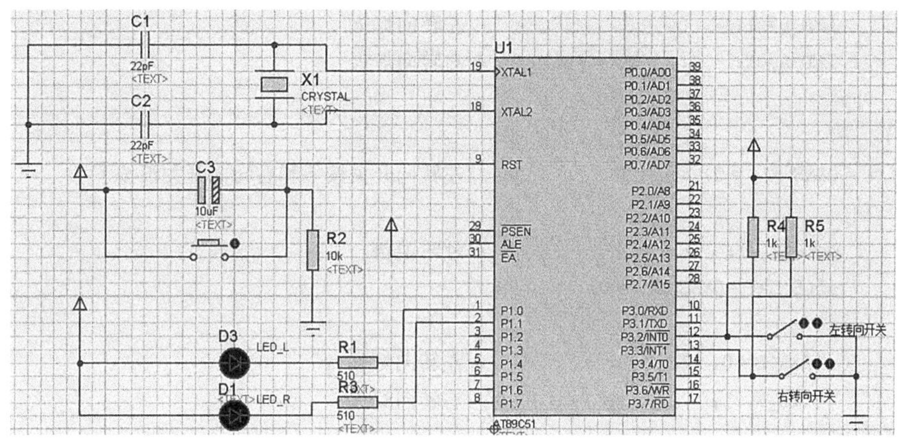


图 4.1　汽车转向灯控制系统硬件电路

独立按键是指每个按键占用一根 I/O 口线，左转向开关按键和右转向开关按键分别占用了 2 根 I/O 口的 P3.2，P3.3。每个按键连接一个上拉电阻，用来保证在无按键按下时，单片机 I/O 口引脚处于可靠的高电平状态，以防止各种干扰可能引起的误操作。根据连接电路，当按键按下时 I/O 口采集到低电平，按键断开时 I/O 口采集到高电平。程序通过读取 I/O 口状态判断开关状态。

## 4.2　程　序　设　计

汽车转向灯系统的设计与制作软件设计

汽车转向灯控制系统的参考程序如下：

```
#include<reg51.h>
sbit LED_L = P1^0;
sbit LED_R = P1^1;
sbit S_L = P3^2;
sbit S_R = P3^3;
void delay(unsigned int i)                    //延时函数
{
   unsigned int j,k;
   for(k = 0;k<i;k++)
   for(j = 0;j<110;j++);
}
main()
{
  while(1)
```

```
    {
      if(S_L! =0&&S_R! =0)              //左转向开关和右转向开关都没按下
      {
        delay(10);                       //延时消抖
        if(S_L! =0&&S_R! =0)
        {
          LED_L=1;                       //左转向灯灭
          LED_R=1;                       //右转向灯灭
        }
      }
  if(S_L= =0&&S_R! =0)                   //左转向开关按下和右转向开关没按下
        {
          delay(10);                     //延时消抖
          if(S_L= =0&&S_R! =0)
          {
            LED_L=0;                     //左转向灯亮
            LED_R=1;                     //右转向灯灭
          }
        }
        if(S_L! =0&&S_R= =0)             //左转向开关没按下和右转向开关按下
        {
          delay(10);
          if(S_L! =0&&S_R= =0)
          {
           LED_L=1;                      //左转向灯灭
           LED_R=0;                      //右转向灯亮
          }
        }
        if(S_L= =0&&S_R= =0)             //左转向开关按下和右转向开关按下
        {
           delay(10);
           {
             if(S_L= =0&&S_R= =0)
             {
              LED_L=0;                   //左转向灯亮
              LED_R=0;                   //右转向灯亮
             }
           }
        }
    }
  }
```

独立键盘程序设计可以采用查询和中断两种方法实现，中断方式待下一个项目将详细介绍，此处仅介绍查询方式。

查询方式即逐位查询每根 I/O 口的输入状态，如果某一根 I/O 口的输入为低电平，则认为该 I/O 口所对应的按键被按下，然后转到该按键所对应的功能处理程序。上述程序中 while (1) {} 死循环语句中，就是键盘扫描程序，单片机一上电就会不停地扫描查询两个开关的状态，符合 if () 语句表达式中的条件，则执行相应的子程序。例如当符合 S_L==0&&S_R==0 表达式条件，则执行让左转向灯和右转向灯亮的程序。其中符号"&&"是逻辑运算符，其运算规则是当且仅当左右两边 S_L==0，S_R==0 的值都为"真"时，运算结果为"真"，否则为"假"。期间还增加了 delay (10)；延时消抖程序。

汽车转向灯系统的设计与制作技术准备

因为按键一般是由机械式触点构成的，在按键按下或释放时，由于机械弹力问题经常会存在抖动现象，抖动的时间一般为 5～10 ms（见图 4.2），抖动期间单片机检测按键的接通与断开状态，可能会导致判断出错。按键消抖有硬件消抖和软件消抖。硬件消抖有专门的去抖芯片，但在按键数较少时使用。软件消抖采用软件的方法进行消抖，当检测到有按键按下时，先延时 5～10 ms，越过抖动时间再对按键进行识别。

上述程序中采用了软件延时消抖的方式，判断有按键按下时，延时 10 ms 然后再次检测按键是否真的被按下，如果此时按键仍然按下，可以确定是有按键按下。按键释放的处理方法相同。软件延时消抖的流程如图 4.3 所示。

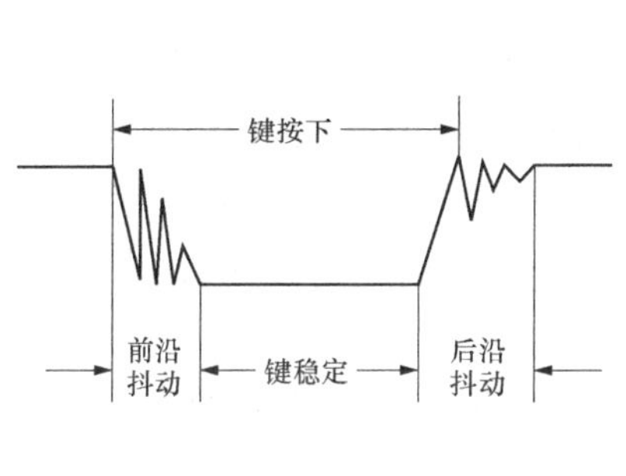


图 4.2　按键抖动波形

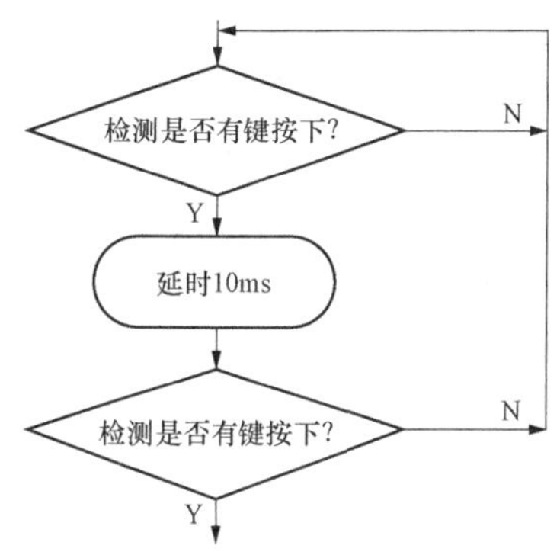


图 4.3　软件延时消抖流程

## 4.3　系统制作与调试

按照表 4.2 清单准备元器件，然后按照仿真电路图 4.1 连接电路。

**表 4.2**　　**汽车转向灯系统元件清单**

| 序号 | 元件名称 | 型号与规格 | 单位 | 数量 |
|---|---|---|---|---|
| 1 | 单片机最小系统 | 单片机开发板（STC89C52RC） | 只 | 1 |
| 2 | 发光二极管 | LED | 只 | 2 |
| 3 | 电阻 | $R_1$　510 Ω<br>（可以使用 1 kΩ 以下的电阻替代） | 只 | 2 |
| 4 | 按键 | 自锁开关 | 只 | 2 |
| 5 | 导线 | 杜邦线 | 条 | 若干 |

## 4.4 知识综述

一、独立式键盘介绍

单片机外围电路系统中，常用到的按键如图4.4所示。

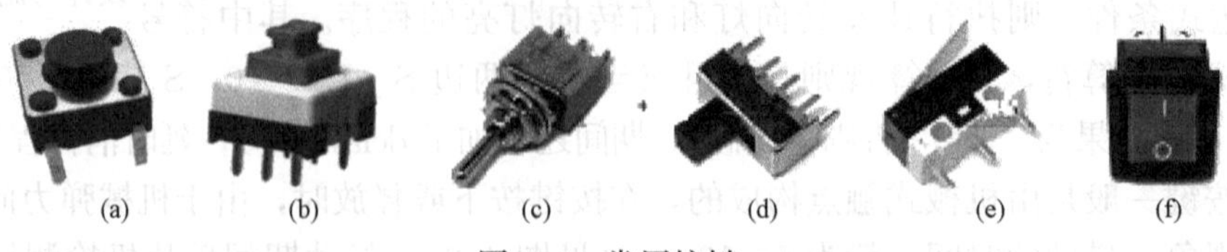


图4.4　常用按键

图（a）、图（e）为弹跳开关，在按下按键时两个触点闭合导通，放开时触点自动弹起断开连接；图（b）为自锁开关，按键按下后触点闭合导通后会自动锁定在闭合状态，只有再一次按下按键开关才会弹起断开；图（c）为拨动开关，通过拨动金属开关的接通和断开来实现功能；图（d）和图（f）一般用于电源开关。

本书常用的开关如图（a）与图（b）所示，此处仅介绍这两种开关的使用方法。弹跳开关在仿真电路中只有两根引脚，但实物中却有4根引脚，这4根引脚中的每两根引脚是内部导通的，可以通过万用表判断哪两根引脚是内部导通的。但简单起见一般情况下使用对角的两根引脚作为开关的两端。自锁开关同样在仿真电路中只有两根引脚，但实物中有6根引脚，6引脚自锁开关是一个双刀双掷开关，每一排是一个单独的单刀双掷开关，中间的引脚是公共脚，一边为按下闭合弹开阻断，另一边则按下阻断弹开闭合，建议用万用表测试后连接。

二、选择结构

选择结构也称为分支结构。选择结构程序可根据给定的条件进行判断，根据判断结果选择应执行的操作程序。选择结构程序一般用条件语句if或开关语句switch来实现。if语句又分为if、if-else和if-else-if三种不同形式。

① if语句的第一种形式为if语句：

```
if(表达式)
{
    语句组;
}
```

执行过程：当“表达式”结果为“真”时，执行后面的“语句组”，否则跳过该语句组，继续执行下面的语句。

**小提示**

① if语句中的“表达式”通常为逻辑表达式或关系表达式，也可以是任何其他的表达式或数据类型，只要表达式的值非0即为“真”。

② 在if语句中，“表达式”必须用括号括起来。

③ 在if语句中，花括号“{}”里面的语句组如果只有一句语句可以省略花括号，但为了可读性以及防止程序书写的错误，建议在任何情况下都加上花括号。

② if 语句的第二种形式为 if - else 语句：

```
if(表达式)
{
    语句组 1;
}
else
{
    语句组 2;
}
```

执行过程：当“表达式”结果为“真”时，执行后面的“语句组 1”，否则执行“语句组 2”。

③ if 语句的第三种形式为 if - else - if 语句，if - else - if 语句是由 if - else 语句组的嵌套，用于实现多个条件分支的选择。

```
if(表达式 1)
{
    语句组 1;
}
else if(表达式 2)
{
    语句组 2;
}
…
else if(表达式 n)
{
    语句组 n;
}
else
{
    语句组 n + 1;
}
```

执行过程：依次判断“表达式 $i$”的值，当“表达式 $i$”的值为“真”时，执行其对应的“语句组 $i$”，跳过剩余的 if 语句组，继续执行该语句下面的语句。如果所有表达式的值为“假”，则执行最后一个 else 后面的“语句组 $n+1$”，然后再继续执行其下面的一个语句。

**小提示**

① else 语句是 if 语句的子句，它是 if 语句的一部分，不能单独使用。

② else 语句总是与它上面跟它最近的 if 语句相匹配。

④ switch语句

if语句一般用于单一条件或分支数目较少的场合，如果使用if语句用来编超过3个以上分支的程序，就会降低程序的可读性。C语言提供了一种用于多分支选择的switch语句。switch语句的一般形式如下：

```
switch(表达式)
{
    case 常量表达式 1:语句组 1;break;
    case 常量表达式 2:语句组 2;break;
    …
    case 常量表达式 3:语句组 3;break;
    default:语句组 n+1;
}
```

执行过程：首先计算表达式的值，并逐个与case后的“常量表达式”的值相比较，当“表达式”的值与某个“常量表达式”的值相等时，则执行对应该常量表达式后“语句组”，再执行“break”语句，跳出switch语句的执行，继续执行下一条语句。如果表达式的值与所有case后的常量表达式均不相同，则执行default后的语句组。

**小提示**

① 在case后的各常量表达式的值不能相同，否则会出现同一个条件下有多种执行方案的矛盾。

② 在case语句后，允许有多个语句，可以不用{}括起来。

③“case常量表达式”只相当于一个语句标号，表达式的值和某个语句标号相等则转向该标号执行，但在执行完该标号后面的语句后，不会自动跳出整个switch语句，而是继续执行后面的case语句，因此，使用switch语句时，要在每一个case语句后面加break语句，使得执行完该case语句后可以跳出整个switch语句的执行。

④ case和default语句的先后顺序可以改变，不会影响程序的执行结果。

⑤ default语句是在不满足case语句情况下的一个默认执行语句，如果default语句后面是空语句，表示不做任何处理，可以省略。

⑥ 在switch语句中，多个case可以共用一条执行语句。

## 4.5 举一反三：电子漏斗控制系统的设计与制作

一、任务要求

使用单片机设计一款电子漏斗，漏斗分上下两层，不论竖放还是倒放，漏斗均从上往下流动。使用LED实现漏斗流动的效果，使用3个按键分别控制漏斗流动时间。

二、任务实施

电子漏斗控制系统的硬件电路如图4.5所示，电子漏斗的单片机部分如图4.6所示，漏斗电路部分如图4.7所示。

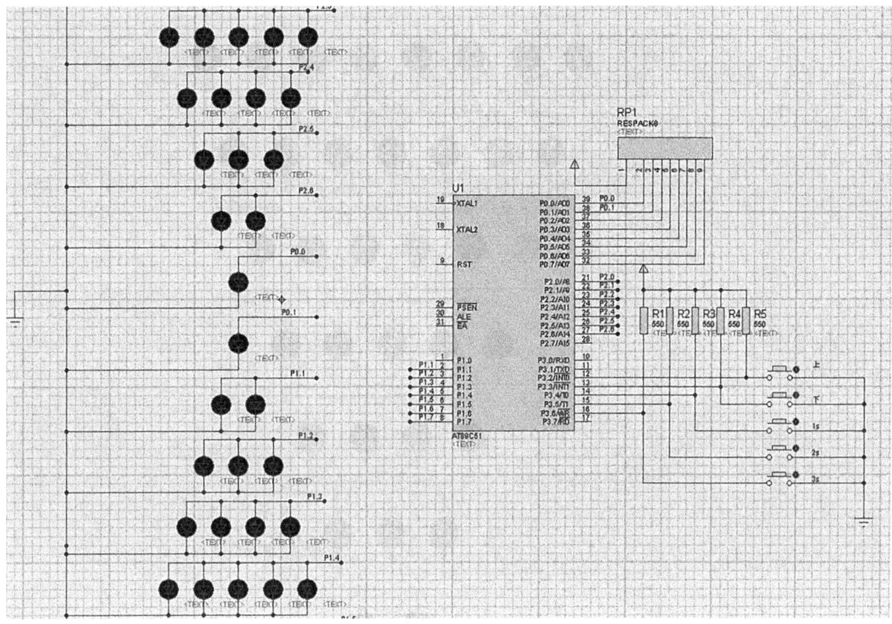


图 4.5　电子漏斗控制系统

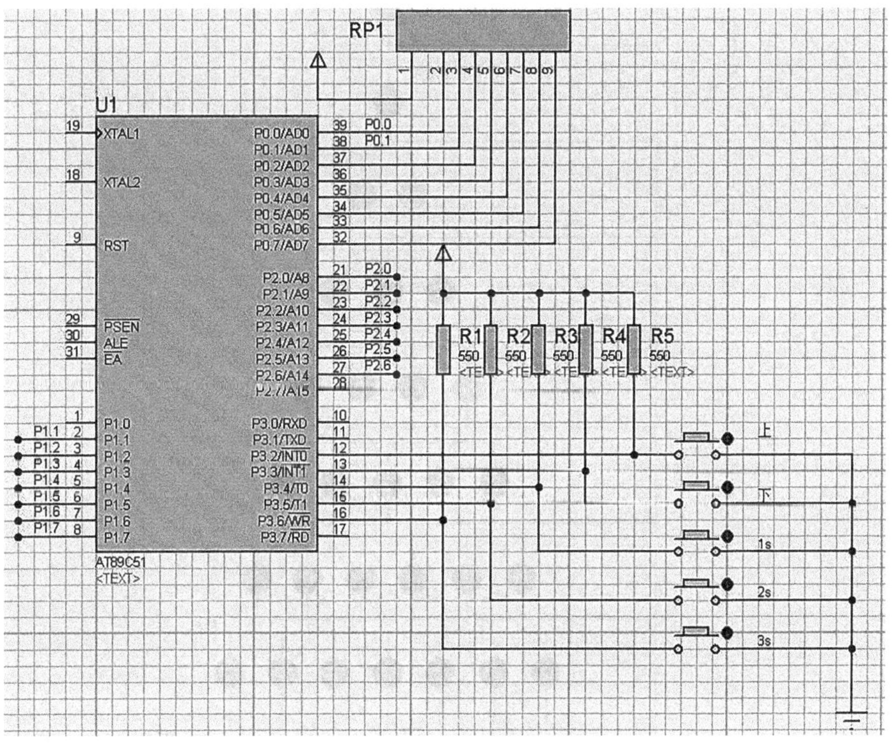


图 4.6　电子漏斗单片机部分

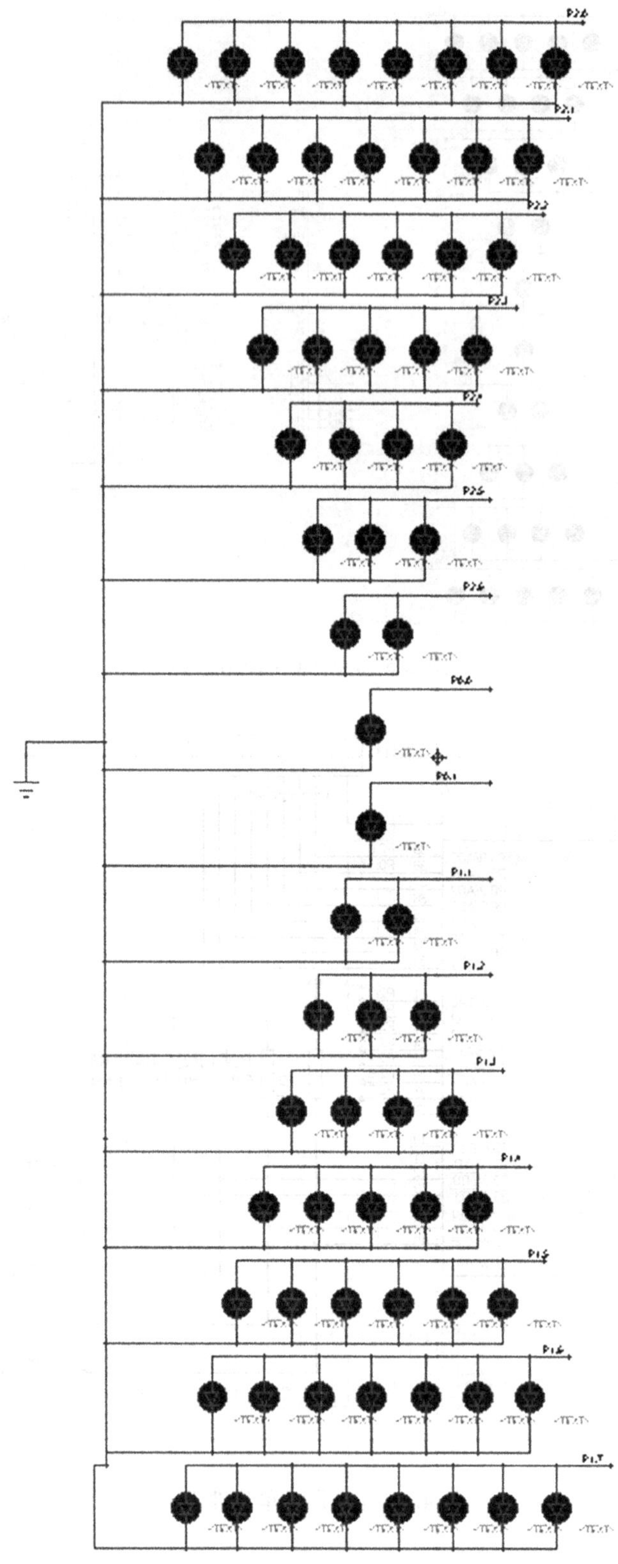

图 4.7　漏斗电路部分

## 三、程序设计

电子漏斗控制系统的设计与制作程序语言如下：

```
#include <reg51.h>
#define uint unsigned int
#define uchar unsigned char

unsigned int time;          //秒填写数值改变沙漏时间

sbit  K1 = P3^2;            //漏斗从上往下,可更换水银开关
sbit  K2 = P3^3;            //漏斗从下往上,可更换水银开关
sbit  K3 = P3^4;            //沙漏时间 1s
sbit  K4 = P3^5;            //沙漏时间 3s
sbit  K5 = P3^6;            // 沙漏时间 5s
uchar a[8] = {0Xfe,0Xfc,0Xf8,0Xf0,0Xe0,0Xc0,0X80}; //漏斗从上往下流动,上部分 LED
uchar b[8] = {0X80,0xC0,0xe0,0xF0,0xF8,0Xfc,0XFe}; //漏斗从上往下流动,下部分 LED
uchar a1[8] = {0X7f,0X3f,0X1f,0X0f,0X07,0X03,0X01};//漏斗从下往上流动,上部分 LED
uchar b1[8] = {0X01,0x03,0x07,0x0f,0x1f,0X3f,0X7f};//漏斗从下往上流动,下部分 LED
uchar c[8] = {0x02,0x01,0x02,0x01,0x02,0x01,0x02};//漏斗 8~9 行漏斗效果
void delay(unsigned int i) //1m 延时函数
{
unsigned int j,k;
for(k = 0;k<i;k + + )
for(j = 0;j<110;j + + );
}
void flowdown()             //沙漏从上往下流动
{    uint i;

     P2 = 0xFF;
     P1 = 0x00;
     while(1)
    {
     if(K3 = = 0)           //K3 闭合,漏斗流动时间 1s
     {
     time = 1000;
     break;
     }
     if(K4 = = 0)           //K4 闭合,漏斗流动时间 3s
     {
     time = 3000;
     break;
     }
     if(K5 = = 0)           //K5 闭合,漏斗流动时间 5s
     {
```

```
        time = 5000;
        break;
        }
        }
            for(i = 0;i<7;i + + )
        {   P2 = a[i];
            P1 = b[i];
            P0 = c[i];
            delay(time);
        }
}
void flowup()                       //沙漏从下往上流动
{    uint i;
     P2 = 0x00;
     P1 = 0xFF;
     while(1)
     {
     if(K3 = = 0)                   //K3 闭合,漏斗流动时间 1s
     {
     time = 1000;
     break;
     }
     if(K4 = = 0)                   //K4 闭合,漏斗流动时间 3s
     {
     time = 3000;
     break;
     }
     if(K5 = = 0)                   //K5 闭合,漏斗流动时间 5s
     {
     time = 5000;
     break;
     }
     }
       for(i = 0;i<7;i + + )
     {     P2 = b1[i];
           P1 = a1[i];
           P0 = c[i];
           delay(time);}
}
void main()
{


    while(1)
```

```
    {
      if(K1 = = 0)              //K1 开关闭合,漏斗从上往下流
      {
        flowdown();
      }
        if(K2 = = 0)            //K2 开关闭合,漏斗从下网上流
      {
        flowup();
       }
    }
}
```

四、任务分析

电子漏斗整张电路图过大，电路图中未将时钟电路和复位电路部分画出，实物焊接过程中参照时钟、复位电路图需要焊接出此部分电路。该系统分两部分构成了如图 4.6 所示的单片机部分和如图 4.7 所示的漏斗电路部分。将 72 个 LED 排列成漏斗的形状，上部分 36 个，8 行；下部分 36 个，8 行，上下部分成对称分布。72 个 LED 采用共阴极的连接方式，每行的阳极连接在一起分别连到单片机的 P0，P1，P2 口。漏斗的上部分 1～7 行分别连接到单片机的 P2.0～P2.6 口。漏斗的下部分 10～16 行连到单片机的 P1.1～P1.7 口，中间的第 8～9 行连接到单片机的 P0.0，P0.1 口。有 5 个开关控制，P3.2 口控制上开关，控制漏斗从上往下流；P3.3 口控制漏斗从下往上流。在实际作品制作过程中，可以连接水银开关，这样不论漏斗如何摆放，沙漏一定从上往下流。P3.3～P3.5 是控制沙漏流动时间的，控制时间分别为 1s、3s 和 5s。

电子漏斗系统的设计与制作

程序设计思路如下：如果按下 K1 键则漏斗从上往下流，调用 flowdown ()；函数，该函数首先让上部分 LED 全亮，下部分 LED 全灭。然后判断 K3～K5 哪一个按键按下，不同按键按下则通过设定变量 time 的值实现漏斗计时时间的不同。漏斗流动效果通过数组实现，漏斗流动的效果为漏斗上部分灭，则表示沙子往下流，漏斗的下部分相应点亮。如果按下 K2 键漏斗从下往上流，调用 flowup ()；函数，该函数与 flowdown ()；函数与 flowup ()；函数功能相同，只需要改变数组的值即可。

制作实物时，K1，K2 换成水银开关，但是水银开关要装对，一个向上一个向下，才能使摆动漏斗时保持沙漏始终从上往下流的效果。

# 任务二 按 键 计 数

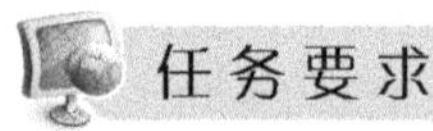

## 任务要求

两个独立按键 K1 和 K2，K1 每按一次，数码管上显示的数值就加 1；K2 每按下一次，数码管上显示值就减 1。数码管显示的数值范围是 0～9。当数码管当前显示数值为 9 时，再按下 K1 键，数码管显示数值为 0；当数码管当前显示数值为 0 时，再按下 K2 键，数码管显示数值为 9。

按键计数的任务要求

## 任务实施

按键计数的硬件设计

按键计数系统硬件电路如图 4.8 所示。

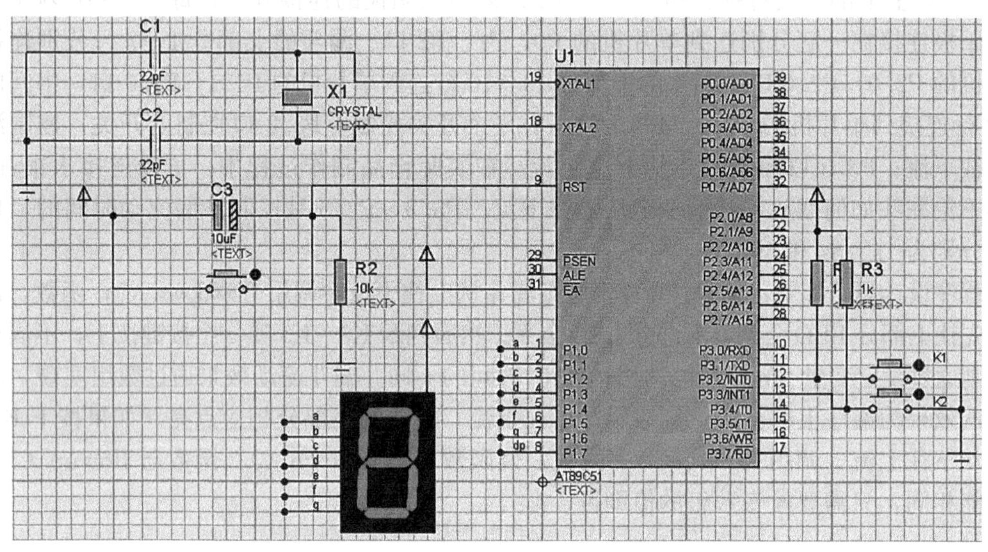


图 4.8 按键计数硬件电路

## 4.6 程 序 设 计

按键计数的软件设计

按键计数的程序语言如下：

```
#include<reg51.h>
#define uint unsigned int
#define uchar unsigned char
sbit K1 = P3^2;
```

```
sbit K2 = P3^3;
unsigned code table[] = {0xC0,0xF9,0xA4,0xB0,0x99,0x92,0x82,0xF8,0x80,0x90};
uchar num = 0;
void delay(unsigned int i)//延时函数
{
   unsigned int j,k;
   for(k = 0;k<i;k + + )
   for(j = 0;j<110;j + + );
}
main()
{
while(1)
  {
    if(K1 = = 0)              //判断开关 K1 是否按下
    {
      delay(10);              //消抖延时
      if(K1 = = 0)            //判断开关 K1 是否真的按下
      {
         num + + ;            //如果 K1 按下,则 num 加 1
         if(num = = 10)       //如果 num> = 10,则恢复 0
      {
         num = 0;
      }
   while(K1 = = 0);           //等待开关释放
   P1 = table[num];           //将段选码送 P1 口给数码管显示
}
  }
if(K2 = = 0)                  //判断开关 K2 是否按下
{
  delay(10);                  //消抖延时
  if(K2 = = 0)                //判断开关 K2 是否真的按下
  {
   num  - - ;                 //如果 K1 按下则 num 减 1
   if(num = = - 1)            //如果 num> = 10 则恢复 0
   {
   num = 9;
   }
   while(K2 = = 0);           //等待开关释放
   P1 = table[num];           //将段选码送 P1 口给数码管显示
   }
}
  }
}
```

通常在检测单片机的按键时，要等待确认按键释放后才去执行相应的代码。若不加按键释放的检测，由于单片机执行代码的速度非常快，而且是在不停地循环检测，因此当按下一个按键时，单片机会在程序循环中多次检测到该键被按下，从而造成错误的结果。

**程序说明**

通过编写判断按键 K1 和 K2 是否按下，如 K1 按下则 num 加 1，如 K2 按下则 num 减 1。数组 table［num］下标的改变，则数码管段选码会输出相应的数值。

## 任务分析

本任务涉及外围器件中的显示器件中的共阳极八段数码管，该显示器在产品设计中经常用于数字显示，在学习单片机的过程中必须要掌握数码管的使用方法。共阳八段显示器有一个共同连接点连接到 5 V，其余的八只引脚分别如图 4.9 所示。

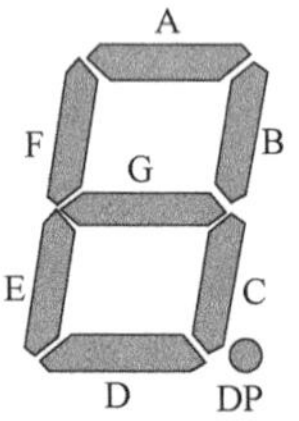

图 4.9 七段显示器示意

因若要让指定的 LED 发光时，单片机的 P1 端口相对应的位输出必须为 0，反之则输出 1，所以可用表 4.3 排列出所要显示字符和必须输出的信号。单片机每接收一次 K1 按键信号，给 P1 端口的值依此表依次改变即可实现数值从 0～9 的变化。每接收一次 K2 按键信号，给 P1 端口的值依此表依次改变即可实现数值从 9～0 的变化。

**表 4.3 共阳八段显示器的数字编码**

| 实现的数字 | DP | G | F | E | D | C | B | A | 16 进制码 |
|---|---|---|---|---|---|---|---|---|---|
| 0 | 1 | 1 | 0 | 0 | 0 | 0 | 0 | 0 | 0XC0 |
| 1 | 1 | 1 | 1 | 1 | 1 | 0 | 0 | 1 | 0XF9 |
| 2 | 1 | 0 | 1 | 0 | 0 | 1 | 0 | 0 | 0XA4 |
| 3 | 1 | 0 | 1 | 1 | 0 | 0 | 0 | 0 | 0XB0 |
| 4 | 1 | 0 | 0 | 1 | 1 | 0 | 0 | 1 | 0X99 |
| 5 | 1 | 0 | 0 | 1 | 0 | 0 | 1 | 0 | 0X92 |
| 6 | 1 | 0 | 0 | 0 | 0 | 0 | 1 | 0 | 0X82 |
| 7 | 1 | 1 | 1 | 1 | 1 | 0 | 0 | 0 | 0XF8 |
| 8 | 1 | 0 | 0 | 0 | 0 | 0 | 0 | 0 | 0X80 |
| 9 | 1 | 0 | 0 | 1 | 0 | 0 | 0 | 0 | 0X90 |

# 4.7 知 识 综 述

1. 数码管

数码管是一种广泛应用在仪表、时钟、车站、家电等场合的半导体发光器件。LED数码管是由多个发光二极管封装在一起组成“8”字型的器件，这些发光二极管在数码管中称为“段”，引线已在内部连接完成，只须引出它们的各个笔画和公共电极。数码管按段数可分为七段数码管和八段数码管，八段数码管比七段数码管多一个发光二极管（多一个小数点显示）。按能显示多少个（8段数码管）可分为1～8位，如图4.10所示。

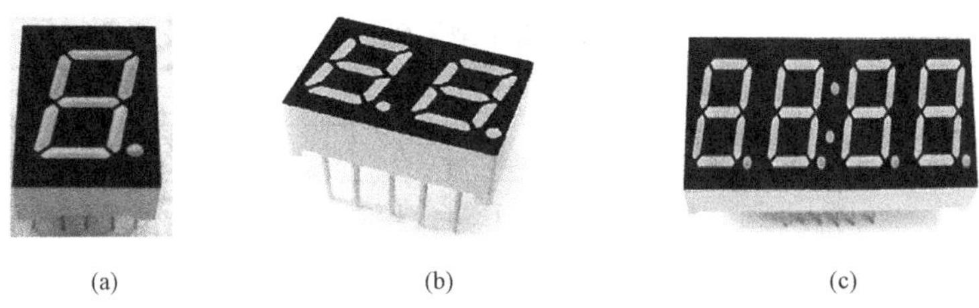

(a)　(b)　(c)

图4.10　数码管实物

(a) 1位数码管；(b) 2位数码管；(c) 4位数码管

根据图4.10所示，无论是将几位数码管连在一起，数码管的显示原理都是一样的，本书分两部分介绍，本项目介绍单位数码管静态显示，下一个项目介绍数码管的动态显示。一位数码管的引脚共有10个，内部有8个LED发光二极管，最后还有一个公共端。制造商为了封装统一，将2个VT连接一起，称为公共端（com），如图4.11所示。通过不同的发光字段组合可显示数字0～9和字符A～F。

按发光二极管单元连接方式可分为共阳极数码管和共阴极数码管。共阳极数码管是指将所有发光二极管的阳极接到一起形成公共阳极（COM）的数码管，共阳极数码管在应用时应将公共极COM接到+5 V，当某一字段发光二极管的阴极为低电平时，相应字段点亮，当某一字段的阴极为高电平时，相应字段就不亮。共阴极数码管是指将所有发光二极管的阴极接到一起形成公共阴极（COM）的数码管，共阴极数码管在应用时应将公共极COM接到地线GND上，当某一字段发光二极管的阳极为高电平时，相应字段就点亮，当某一字段的阳极为低电平时，相应字段就不亮。

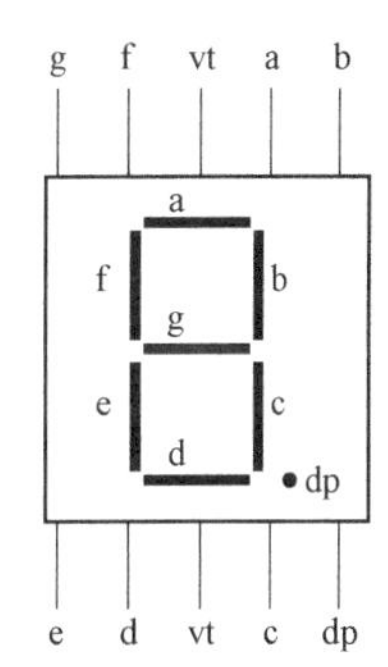


图4.11　LED数码管引脚

共阳极LED数码管的内部结构原理如图4.12所示。

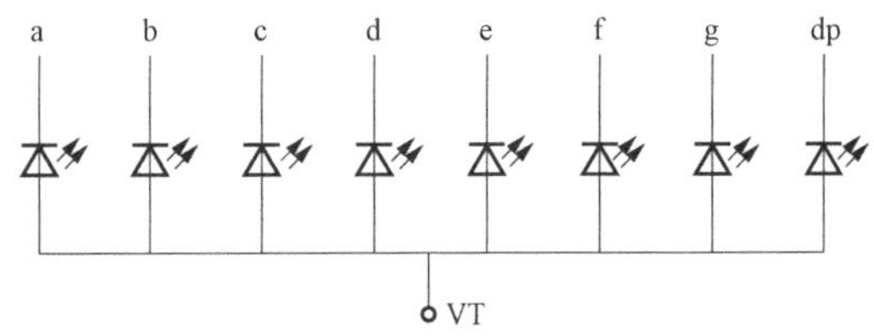


图4.12　共阳极LED数码管的内部结构原理

数码管的工作原理

共阴极LED数码管的内部结构原理如图4.13所示。

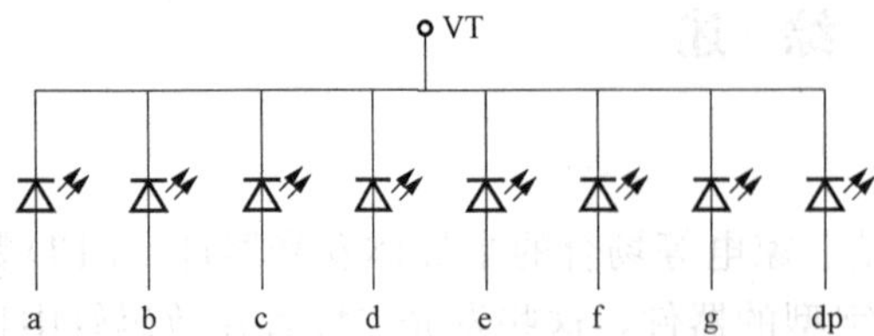


图4.13 共阴极LED数码管的内部结构原理

静态显示是指使用数码管显示字符时，数码管的公共端接+5 V（共阳极）或接地（共阴极）。将每个数码管的8个段控制引脚分别与单片机的一个8位I/O端口相连接。只要I/O端口有显示字符编码输出，数码管就显示给定字符，并保持不变，直到I/O端口输出新的段码。数码管字型编码如表4.4所列，说明表中“段符号”是以共阴极数码管为例的电平，共阴极数码管的“段符号”与共阳极电平相反。

**表4.4 数码管字型编码**

| 显示字符 | 段符号 | | | | | | | | 十六进制 | | BCD码 | | | |
|---|---|---|---|---|---|---|---|---|---|---|---|---|---|---|
| | H | G | F | E | D | C | B | A | 共阴极 | 共阳极 | D | C | B | A |
| 0 | 0 | 0 | 1 | 1 | 1 | 1 | 1 | 1 | 3F | C0 | 0 | 0 | 0 | 0 |
| 1 | 0 | 0 | 0 | 0 | 0 | 1 | 1 | 0 | 06 | F9 | 0 | 0 | 0 | 1 |
| 2 | 0 | 1 | 0 | 1 | 1 | 0 | 1 | 1 | 5B | A4 | 0 | 0 | 1 | 0 |
| 3 | 0 | 1 | 0 | 0 | 1 | 1 | 1 | 1 | 4F | B0 | 0 | 0 | 1 | 1 |
| 4 | 0 | 1 | 1 | 0 | 1 | 1 | 1 | 0 | 6E | 91 | 0 | 1 | 0 | 0 |
| 5 | 0 | 1 | 1 | 0 | 1 | 1 | 0 | 1 | 6D | A2 | 0 | 1 | 0 | 1 |
| 6 | 0 | 1 | 1 | 1 | 1 | 1 | 0 | 1 | 7D | 82 | 0 | 1 | 1 | 0 |
| 7 | 0 | 0 | 0 | 0 | 0 | 1 | 1 | 1 | 07 | F8 | 0 | 1 | 1 | 1 |
| 8 | 0 | 1 | 1 | 1 | 1 | 1 | 1 | 1 | 7F | 80 | 1 | 0 | 0 | 0 |
| 9 | 0 | 1 | 1 | 0 | 1 | 1 | 1 | 1 | 6F | 90 | 1 | 0 | 0 | 1 |
| A | 0 | 1 | 1 | 1 | 0 | 1 | 1 | 1 | 77 | 88 | 1 | 0 | 1 | 0 |
| B | 0 | 1 | 1 | 1 | 1 | 1 | 0 | 0 | 7C | 83 | 1 | 0 | 1 | 1 |
| C | 0 | 1 | 0 | 1 | 1 | 0 | 0 | 1 | 59 | A6 | 1 | 1 | 0 | 0 |
| D | 0 | 0 | 1 | 1 | 1 | 1 | 1 | 0 | 3E | C1 | 1 | 1 | 0 | 1 |
| E | 0 | 1 | 1 | 1 | 1 | 0 | 0 | 1 | 79 | 86 | 1 | 1 | 1 | 0 |
| F | 0 | 1 | 1 | 1 | 0 | 0 | 0 | 1 | 71 | 8E | 1 | 1 | 1 | 1 |
| G | 0 | 1 | 1 | 0 | 1 | 1 | 1 | 1 | 6F | 90 | NONE | | | |
| H | 0 | 1 | 1 | 1 | 0 | 1 | 1 | 0 | 76 | 89 | NONE | | | |
| P | 0 | 1 | 1 | 1 | 0 | 0 | 1 | 1 | 73 | 8C | NONE | | | |
| U | 0 | 1 | 0 | 1 | 1 | 1 | 1 | 0 | 5E | A1 | NONE | | | |
| 灭 | 0 | 0 | 0 | 0 | 0 | 0 | 0 | 0 | 00 | FF | NONE | | | |

2. 独立1位数码管驱动电路

数码管在实际应用中，除了按段码数据加载引脚电平，为了考虑数码管的亮度问题还需要考虑数码管的驱动问题，从单片机 I/O 口直接输出的电流很小，不能同时点亮数码管或亮度很暗。因此实际设计电路过程需要解决此问题，解决的方法有以下四种：第一种是使用共阳极数码管，因为共阳极数码管的电流由电源提供，因此单片机 I/O 口输出达到电流大小不重要；当使用共阴极数码管时需要考虑电流驱动问题，因此使用共阴极数码管时第二种方法是给每一位 I/O 口加上拉电阻；第三种方法使用接口扩流芯片，如 74LS244；第四种方法需增加三极管驱动电路，驱动方法可以参考项目一中三极管驱动蜂鸣器的电路连接方式。

3. 数组

前面的项目中介绍了 C 语言的基本数据类型，如整型、实型、字符型，但在这些基本数据类型变量中，1 个变量中只能存储单一数据，如果需要处理多个数据该怎么办呢？

在 C 语言中，通常采用复杂数据类型（也称组合数据类型）来解决这类问题，数组是 C 语言中的其中一种典型的复杂数据类型，数组可根据需要 1 次存储多个同类型数据，并可分别单独访问数组中的每个数据。

数组实际上就是数量固定、类型相同的 1 组变量的有序集合。单片机 C 语言常用的数组有一维数组、二维数组、字符数组。

（1）一维数组

① 一维数组定义：在 C 语言中，数组必须先定义后使用。一维数组的定义格式如下：

数组类型数　组名[数组长度]；

类型是指数据类型，即每一个数组元素的数据类型，包括整数型、浮点型、字符型、指针型等；数组名也称变量名，是指用户定义的数组标识符；方括号中的数组长度表示数组元素的个数。例如：

unsigned code table[]；

**注 意**

① 对于同一个数组而言，数组的所有元素的数据类型都是相同的。

② 数组名命名规则要符合标识符的命名规则。

③ 数组名不能与其他变量名相同。

④ 方括号中的数组长度表示数组的个数，标号从 0 开始计算。

⑤ 方括号中的数组长度可以注明也可以不注明，编译器在编译时能自动计算，通常情况下不注明。

⑥ 方括号中的数据长度不可以是变量，但可以是符号常量或常量表达式。

⑦ 允许在同一个类型说明中，说明多个数组和多个变量。

② 一维数组的初始化：对数组的初始化类似于给变量赋初值。可以在定义数组时对数组元素赋初值，即将数组元素的初值，依次放在一对大括号（花括号）内，各初值之间用逗号分开，最后一个值后无逗号，从此完成对数组的初始化。例如：

unsigned code table[] = {0xC0,0xF9,0xA4,0xB0,0x99,0x92,0x82,0xF8,0x80,0x90}；相当于

table[0] = 0xC0; table[1] = 0xF9;……table[9] = 0x90;

注意

① 数组初始化，可以对数组的一部分元素赋初值，其余未赋值的元素，一般自动赋值为 0。

② 在对数组全部元素赋初值时，由于数组元素的个数已经确定，所以可以不指定数组的长度。

③ 一维数组引用：在数组定义之后，就可以使用数组名和下标，对数组元素进行引用。数组元素的表示形式：

数组名[下标]

例如：

num=0；

P1=table[num]；

（2）二维数组

定义二维数组的一般形式为

数组类型　数组名[数组长度 1][数组长度 2]；

其中，数组长度 1 表示第一维下标的长度，数组长度 2 表示第二维下标的长度。例如：

int num[2][3]；

表明是一个 2 行 3 列的数组，数组名为 num，该数组共包括 2×3 个数组元素，即：num[0][0]，num[0][1]，num[0][2]，num[1][0]，num[1][1]，num[1][2]。

二维数组的存放方式是按行排列，放完一行后顺序放入第二行。对于上面定义的二维数组，先存放 num[0]行，再存放 num[1]行，每行中的 3 个元素也是依次存放。例如，对数组 num[2][3]可按下列方式进行赋值。

① 按行分段赋值可写为：

```
int num[2][3] = {{1,2,3},{4,5,6}};
```

② 按行连续赋值可写为：

```
int num[2][3] = {1,2,3,4,5,6};
```

（3）字符数组

用来存放字符变量的数组称为字符数组，每一个数组元素就是一个字符。

字符数组的使用说明与整型数组相同，如“char LED_Data[10];”语句，说明 LED_Data 为字符数组，包含 10 个字符元素。

字符数组的初始化赋值是直接将各字符赋给数组中的各个元素。例如：

```
char LED_Data[6] = {‘h’,‘e’,‘l’,‘l’,‘o’};
```

以上定义说明了一个包含 6 个数组元素的字符数组 LED_Data，并且将 5 个字符分别赋值给 char LED_Data[0]～char LED_Data[4]，而 char LED_Data[5] 系统将自动赋予空格字符‘\0’。

C 语言允许用字符串的方式对数组做初始化赋值。例如：

```
char LED_Data[6] = {"hello"};
```

一个字符串可以用一维数组来装入，当数组的元素数目一定要比字符串多一个，即字符串结束“\0”，由 C 编译自动加上。

## 4.8 举 一 反 三

### 4.8.1 多个按键的识别

一、任务要求

实现 8 个独立按键 K0～K7 的识别，并用一位数码管显示被按下按键对应的键号。

二、任务实施

如果按照图 4.14 连接电路，然后输入程序，观察运行效果。

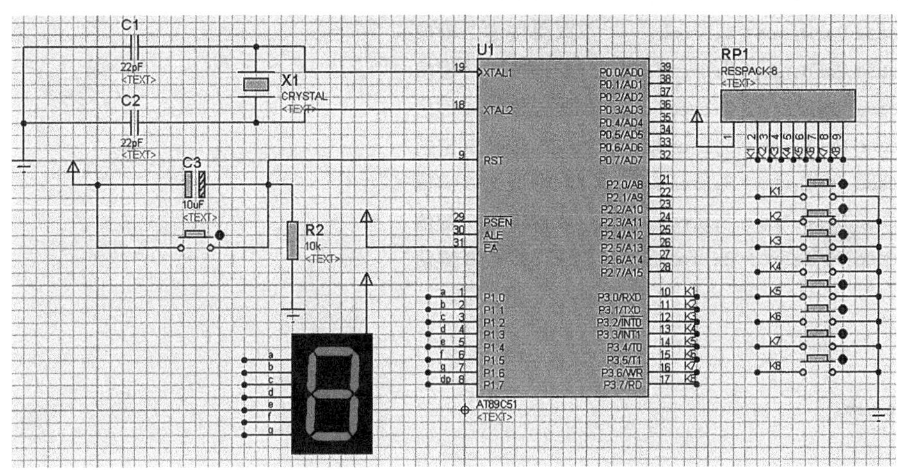


图 4.14　多个按键识别的硬件电路

三、程序设计

多个按键的识别程序语言如下：

多个按键的识别

```
#include<reg51.h>
#define unit unsigned int
#define uchar unsigned char
uchar code table[] = {0xC0,0xF9,0xA4,0xB0,0x99,0x92,0x82,0xF8,0x80,0x90};
uchar num;

void delay(unsigned int i)//延时函数
{
   unsigned int j,k;
   for(k = 0;k<i;k + + )
   for(j = 0;j<110;j + + );
}
uchar keyscan(void)
```

```
{
  uchar b;
  P3 = 0xFF;//P3 口作为输入口
  b = P3;
if(b! = 0xFF)
  {
delay(10);
   if(b ! = 0xFF)
   {
      b = P3;
        switch(b)
   {
     case 0xFE:num = 1;break;      //取得按键 1 键值
     case 0xFD:num = 2;break;      //取得按键 2 键值
     case 0xFB:num = 3;break;      //取得按键 3 键值
     case 0xF7:num = 4;break;      //取得按键 4 键值
     case 0xEF:num = 5;break;      //取得按键 5 键值
     case 0xDF:num = 6;break;      //取得按键 6 键值
     case 0xBF:num = 7;break;      //取得按键 7 键值
     case 0x7F:num = 8;break;      //取得按键 8 键值
  }
   }
}
return num;
  }
main()
 {
     while(1)
        {
      P1 = table[keyscan()];
        }
 }
```

**程序说明**

该程序采用查询方式，即逐位查询每根I/O口引脚线的电平状态。软件延时消抖后，检测到某根I/O口线引脚仍然有高电平，则确认有按键按下，那到底是8个按键中的哪一个呢？利用分支结构查询P3口的值与swtich（b）中b的值相一致则转入该键对应的处理程序。

### 4.8.2 一键多功能控制数码管

一、任务要求

用一个按键实现多个按键的功能。具体要求：按键按一次数码管显示1，按两次数码管显示 2，以此类推按 9 次显示 9，如果再次按下开关 K，即开关 K 已累计 10，则数码管显示 1，以此类推。

## 二、任务实施

如果按照图 4.15 连接电路，然后输入程序，观察运行效果。

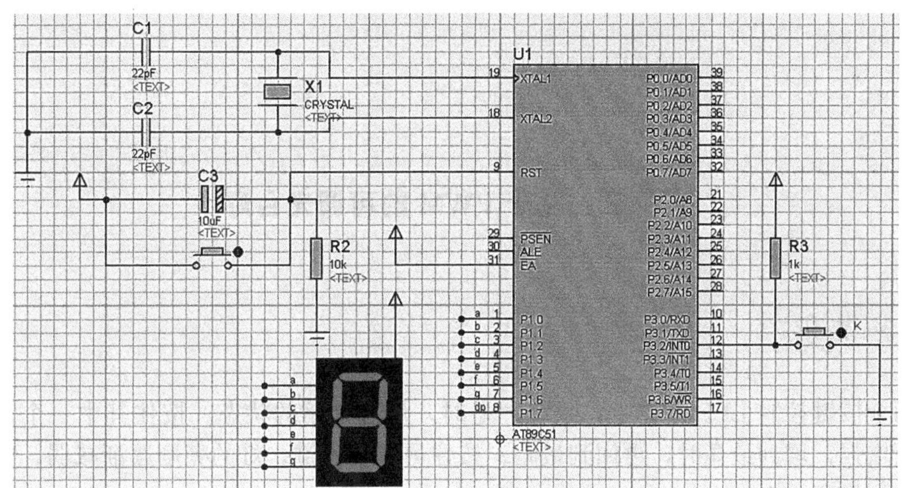


图 4.15　一键多功能控制数码管

## 三、程序设计

一键多功能控制数码管的程序设计语言如下：

```
#include<reg51.h>
#define unit unsigned int
#define uchar unsigned char
uchar code table[] = {0xC0,0xF9,0xA4,0xB0,0x99,0x92,0x82,0xF8,0x80,0x90};
uchar num;

void delay(unsigned int i)//延时函数
{
    unsigned int j,k;
    for(k = 0;k<i;k++)
    for(j = 0;j<110;j++);
}
main()
{
while(1)
  {
     if(K==0)
   {
     delay(10);
     if(K==0)
     {
```

```
            num++;
            num = num % 10;
            P1 = table[num];
            while(K==0);
        }
    }
  }
}
```

## 任务三　基于 PWM 的可调光台灯

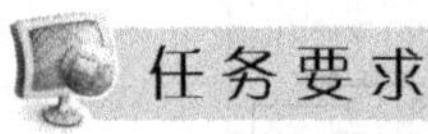

### 任务要求

用两个按键控制 LED 的亮度，系统上电时，灯在最暗的状态，按住其中一个键，灯的亮度逐渐增强，增到最亮时，再回到最暗；按住另一个按键，灯的亮度逐渐减弱，减到最暗时，再回到最亮。

### 任务实施

如果按照图 4.16 连接电路，然后输入程序，观察台灯的可调光运行效果。

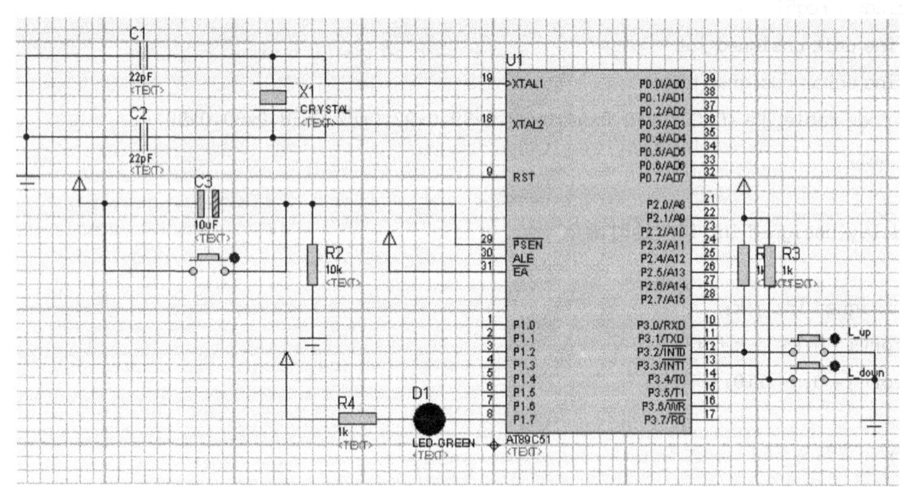


图 4.16　PWM 的可调光台灯的硬件电路

## 4.9　程　序　设　计

PWM 可调光台灯的程序设计语言如下：

```
#include<reg51.h>
#define uint unsigned int
#define uchar unsigned char
sbit K1 = P3^2;
sbit K2 = P3^3;
sbit LED = P1^7;

void delay(unsigned int i)              //1ms 延时函数
unsigned int j,k;
for(k = 0;k<i;k + + )
for(j = 0;j<110;j + + );
}
main()
{
    uint i = 0;
    uint j = 500;                       //i = 0,j = 500 是灯最暗时的延时参数初值
    while(1)
  {
    LED = 0;
    delay(i);
    LED = 1;
    delay(j);
    if(K1 = = 0)                        //判断亮度加强按键是否按下
{
    delay(10);                          //延时抖动
    if(K1 = = 0)                        //判断亮度加强按键是否真的按下
{
    i + + ;
    j - - ;                             //调整延时参数,使灯逐渐变亮
if(j = = 0)
{
    j = 500;i = 0;                      //调到最亮,再返回最暗
}
    }
}
    if(K2 = = 0)                        //判断亮度减弱按键是否按下
{
  delay(10);                            //延时消抖
  if(K2 = = 0)                          //判断亮度减弱按键是否真的按下
  {
  j + + ;
  i - - ;                               //调整参数,使灯逐渐变暗
  if(i = = 0)
```

```
    {
      j = 0;
      i = 500;
}
    }
   }
  }
  }
```

## 4.10 知 识 综 述

本任务是采用 PWM 脉宽调制信号来控制二极管的亮度，模拟台灯的调光控制。PWM 技术是一种周期 $T$ 一定，而高低电平（$t_1$，$t_2$）时间可调的方波信号，如图 4.17 所示。当输出脉冲频率一定时，其高电平持续的时间越长则输出脉冲的占空比越大。本任务中方波信号的周期为 500 ms，高电平的时间为 $i$ ms，低电平的时间为 $j$ ms。通过单片机 P3.2，P3.3 端口读取亮度调节开关 L _ up，L _ down 的状态，通过改变 $i$ 和 $j$ 的值即可改变方波信号的占空比，通过单片机 P1.7 口输出不同占空比的高低电平给 LED 提供一个具有一定频率的脉冲宽度可调的脉冲信号。脉冲宽度越大即占空比越大，提供给 LED 的平均电压越大，LED 越亮。反之，脉冲宽度越小，则占空比越小。提供给 LED 的平均电压越小，LED 越暗。所以，通过逐渐改变变量 $i$ 的值达到逐渐点亮 LED 的效果，通过逐渐改变变量 $j$ 的值达到逐渐熄灭 LED 的效果。

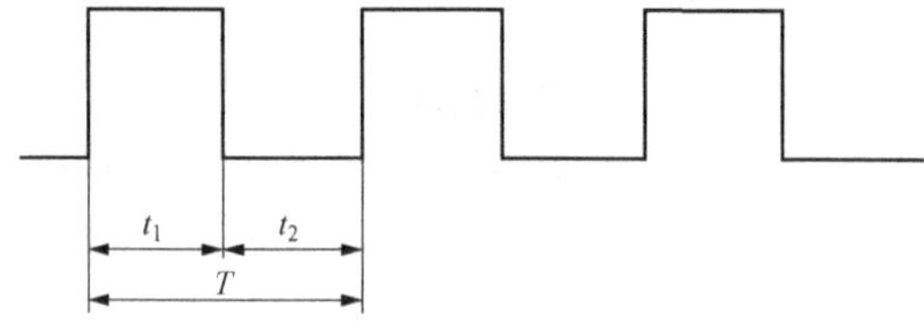


图 4.17　PWM 脉宽调制原理

在使用单片机控制电机的过程中，通常使用 PWM 技术来改变电机的转速。很多单片机都有内置的 PWM 模块，如果使用没有 PWM 模块的单片机例如 STC89C51，则可参考本任务中的软件模拟法，此方法简单实用，但较为占用 CPU 资源。后面的项目中会详细介绍基于 PWM 技术的电机的使用方法。

本项目通过汽车转向灯控制系统的设计与制作介绍人与机器对话所使用的键盘的工作原

理和应用方法。对于键盘的应用最重要的就是对按键的识别。独立按键的识别比较简单，通过判断按键端口的电位即可识别按键操作，通过C语言程序的选择语句即可根据按键的识别对按键进行相应的操作。按键应用时一定要去消抖，一般有硬件去抖动和软件去抖动两种方法。常用方法是软件去抖动的方法，在识别按键后延时10 ms后再次进行识别。通过三个任务分别介绍常用的三种按键控制的方法，按键计数、多个按键识别、用一键实现多功能按键，以及数码管的结构和静态显示原理。

## 思考与训练

一、知识思考

① 简述LED共阳极数码管和共阴极数码管的工作原理。

② 独立按键如何识别?

③ 按键去抖有几种方式? 单片机常用哪一种?

④ 如何进行软件去抖?

二、项目训练

① 在P1端口上接8个发光二极管VD1～VD8，P3端口连接4个按键K1～K4分别控制8只LED灯，按K1键轮流点亮VD1～VD8；按K2键点亮VD1、VD3、VD5、VD7；按K3键点亮VD2、VD4、VD6、VD8；按K4键熄灭VD1～VD8。

② 利用单片机控制共阳极单位数码管从0～9重复显示。

# 项目五 按钮式人行道交通灯控制系统的设计与制作

## 知识目标

① 单片机外部中断的工作原理。
② 单片机中断寄存器的功能。
③ 单片机中断程序的编写。

## 能力目标

通过交通灯模拟控制系统的设计与制作理解单片机外部中断的工作原理，掌握单片机外部中断设置及应用，会利用中断程序实现单片机控制。

## 项目要求

智能交通灯控制系统除了传统的十字路口控制车流外，还在很多场合引入智能交通的控制理念使车流量顺利通行。本项目实现某些特殊的路口例如学校，在正常情况下是车行道绿灯亮，人行道红灯亮。当行人需要过马路时按下人行道红绿灯柱上的按钮，则按下按钮，车行道从绿灯变成黄灯（3 s），人行道保持红灯（3 s），3 s后车行道从黄灯变红灯，人行道红灯变绿灯，此状态保持 20 s 后回到车行道绿灯人行道红灯的状态。

按钮式人行道
交通控制系统的
设计与制作项目要求

## 项目实施

## 5.1 硬 件 电 路

按钮式人行道
交通控制系统的
设计与制作硬件电路设计

按钮式人行道交通灯控制系统电路设计如图 5.1 所示。

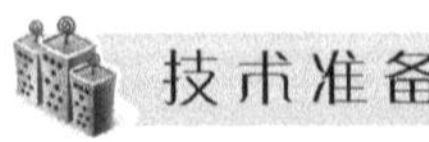

## 技术准备

本项目的硬件电路设计，如果使用查询方式实现则按键可以接在 P3.2 口，也可以接

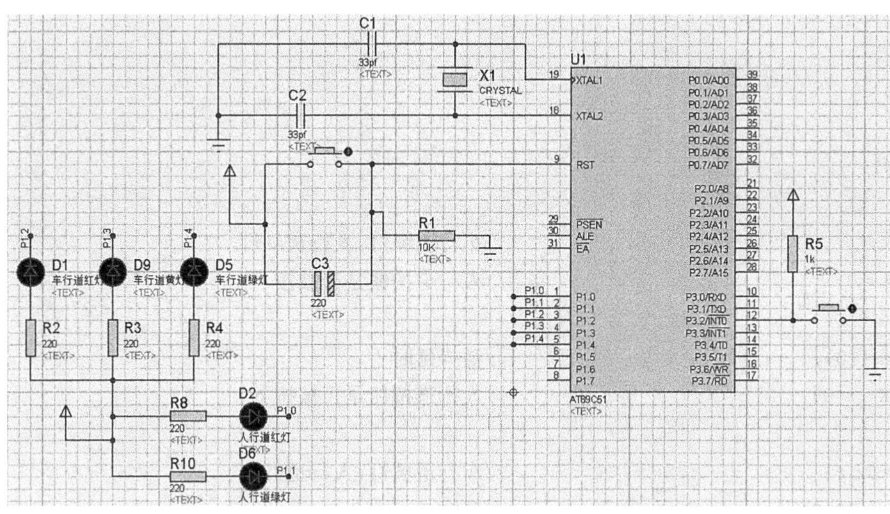

图 5.1　按钮式人行道交通灯系统硬件电路

在任意一个 I/O 口。但如果使用外部中断方式实现，则按键必须接在 P3.2 口或 P3.3 口。表 5.1 为 P3 口的第二功能引脚说明。

**表 5.1　　P3 口的第二功能说明**

| 口线 | 第二功能 | 信号名称 |
|---|---|---|
| P3.0 | RXD | 串行数据接收 |
| P3.1 | TXD | 串行数据发送 |
| P3.2 | INT0 | 外部中断 0 申请 |
| P3.3 | INT1 | 外部中断 1 申请 |
| P3.4 | T0 | 定时器/计数器 0 计数输入 |
| P3.5 | T1 | 定时器/计数器 1 计数输入 |
| P3.6 | WR | 外部 RAM 写选通 |
| P3.7 | RD | 外部 RAM 读选通 |

## 5.2　程　序　设　计

本项目可以采用两种方式来实现，一种是查询方式，另一种是中断方式。

按钮式人行道交通控制系统的设计与制作查询方式

查询方式参考程序如下：

```
#include<reg51.h>
sbit K = P3^2;
  void delay(unsigned int i)             //1ms 延时函数
  {
     unsigned int j,k;
     for(k = 0;k<i;k + + )
```

```
        for(j = 0;j<110;j + +);
    }
  main()
  {
  while(1)
    {
P1 = 0x0E;                                  //车行道绿灯,人行道红灯
  if(K = = 0)                               //人行道按钮是否被按下
  {
    delay(10);                              //消抖延时
    if(K = = 0)                             //人行道按钮是否被按下
  {
    P1 = 0x16;                              //车行道黄灯,人行道红灯
    delay(3000);                            //延时 3s
  P1 = 0x19;                                //车行道红灯,人行道绿灯
  delay(20000);                             //延时 20s
    }
    }
    }
  }
```

中断方式参考程序如下：

```
#include<reg51.h>
sbit K = P3^2;
  void delay(unsigned int i)            //1ms 延时函数
  {
     unsigned int j,k;
     for(k = 0;k<i;k + + )
     for(j = 0;j<110;j + +);
  }
void Inti()
 {
   EA = 1;                              //总中断开关
   EX0 = 1;                             //外部中断 0 允许
   IT0 = 1;                             //外部中断 0 的工作方式为下降沿触发方式
}
void int_0() interrupt 0                //外部中断 0 的中断子函数
{
  delay(10);                            //消抖延时
  if(K = = 0)                           //人行道按钮是否被按下
  {
    P1 = 0x16;                          //车行道黄灯,人行道红灯
    delay(3000);                        //延时 3s
```

```
        P1 = 0x19;                    //车行道红灯,人行道绿灯
        delay(20000);                 //延时 20s
    }
}
main()
{
Inti();
while(1)
    {
        P1 = 0x0E;                    //车行道绿灯,人行道红灯
    }
}
```

按钮式人行道交通灯控制系统的程序设计可以采用查询和中断两种方法实现。查询方式的编程思想：首先通过 P1 口输出控制车行道绿灯，人行道红灯，反复查询 P3.2 口的输入状态，如果该口的输入为低电平，说明该 I/O 口所对应的按键被按下，然后转到按键按下需要执行的程序车行道黄灯，人行道红灯延时 3 s，车行道红灯，人行道绿灯 20 s，执行该按键功能处理程序结束后保持车行道绿灯、人行道红灯的状态。查询方式的流程图如图 5.2 所示。

中断与查询的区别

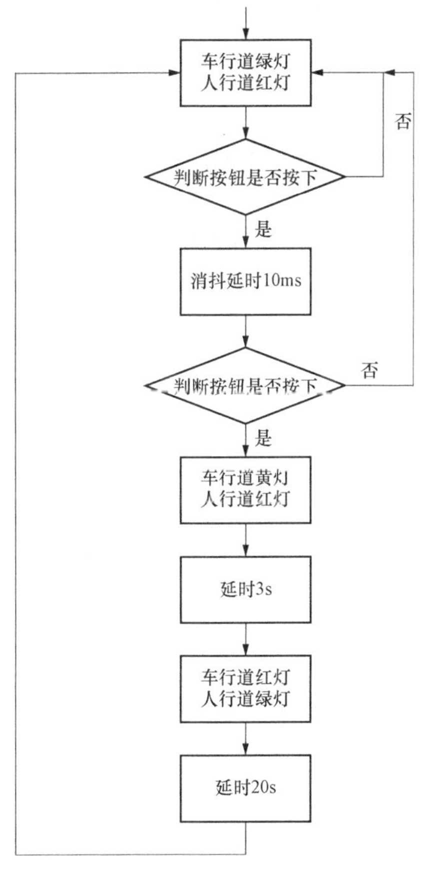


图 5.2　查询式按钮人行道交通灯控制系统流程图

从上述查询方式可以看出，程序运行后CPU便不断地查询按键，有按键按下时进行消抖处理，再判断是否真的有按键按下，CPU在按键查询期间不能做任何其他操作。在主程序执行任务太多或执行时间太长时，按键的响应速度会明显变慢。因此，可以利用中断方式来解决此问题。在中断方式中，当键盘上无按键按下时，CPU处理自己的工作，当有按键按下时，产生中断申请，CPU响应中断后，在中断服务程序中完成按键扫描、识别键号并进行按键功能处理，充分体现了中断处理的实时处理功能。

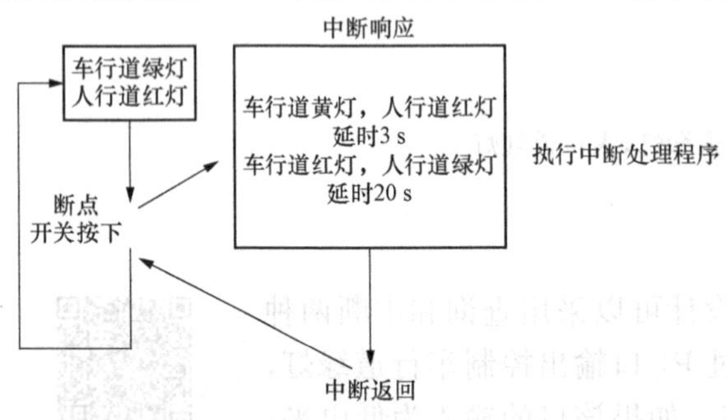


图5.3 中断式按钮人行道交通灯控制系统流程图

中断的编程思想是：主程序循环执行车行道绿灯、人行道红灯亮的程序。当外部中断0即P3.2口按键K按下后中断响应，转去执行中断处理程序，车行道黄灯，人行道红灯亮3 s，车行道红灯，人行道绿灯亮20 s。中断处理程序执行结束后中断返回主程序断点处往下执行，循环执行车行道绿灯、人行道红灯程序。中断方式的流程图如图5.3所示。

**小提示**

查询方式可以实现的项目要求可以使用中断方式替换，但由于外部中断仅有两个I/O口，所以在实际项目中根据实际情况要求选择使用查询方式或中断方式实现项目功能。

## 5.3 系统制作与调试

按照表5.2清单准备元器件，然后按照仿真电路图5.1连接电路。

**表5.2　　流水灯控制系统元件清单**

| 序号 | 元件名称 | 型号与规格 | 单位 | 数量 |
| --- | --- | --- | --- | --- |
| 1 | 单片机最小系统 | 单片机开发板（STC89C52RC） | 只 | 1 |
| 2 | 发光二极管 | 红色、黄色、绿色LED | 只 | 5 |
| 3 | 电阻 | $R_1$　510 Ω<br>（可以使用1 kΩ以下的电阻替代） | 只 | 5 |
| 4 | 按键 | 弹跳开关 | 只 | 1 |
| 5 | 导线 | 杜邦线 | 条 | 若干 |

## 5.4 知识综述

中断概念

### 一、中断的概念

在CPU与外设交换信息时，存在一个快速的CPU与慢速的外设间的矛盾。为解决这个问题，采用了中断技术。良好的中断系统能提高计算机实时处理的能力，实现 CPU 与外设分时操作和自动处理故障，从而扩大了计算机的应用范围。

当 CPU 正在处理某项进程时，若外界或内部发生了紧急事件，要求 CPU 暂停正在处理的工作转而去处理这个紧急事件，待处理完以后再回到原来被中断的地方，继续执行原来被中断的程序，这个过程称为中断，中断流程图如图 5.4 所示。向 CPU 提出中断请求的源称为中断源。微型计算机一般允许有多个中断源。当几个中断源同时向 CPU 发出中断请求时，CPU 应优先响应最需紧急处理的中断请求。为此，需要规定各个中断源的优先级，使 CPU 在多个中断源同时发出中断请求时能找到优先级最高的中断源，响应它的中断请求。在优先级高的中断请求处理完了以后，再响应优先级低的中断请求。若 CPU 正在处理一个优先级低的中断请求时，发生另一个优先级比它高的中断请求，CPU 能暂停正在处理的中断源的处理程序，转去处理优先级高的中断请求，待处理完以后，再回到原来正在处理的低级中断程序，这种高级中断源能中断低级中断源的中断处理称为中断嵌套，如图 5.5 所示。

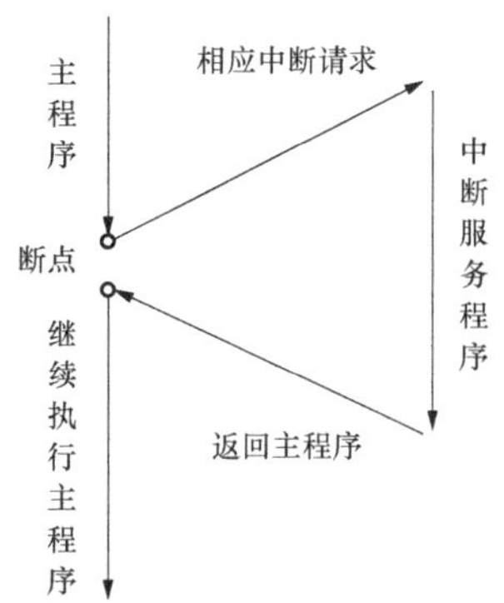


图 5.4　单片机中断流程图

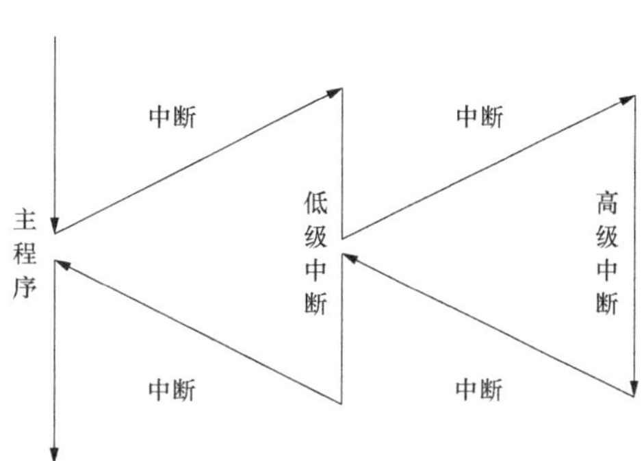


图 5.5　单片机中断嵌套

MCS-51 系列单片机允许有五个中断源，提供两个中断优先级（能实现二级中断嵌套）。每一个中断源的优先级高低都可以通过编程来设定。中断源的中断请求是否能得到响应，受中断允许寄存器 IE 的控制；各个中断源的优先级可以由中断优先级寄存器 IP 中的各位来确定；同一优先级中的各中断源同时请求中断时，由内部的查询逻辑来确定响应的次序。

中断嵌套

## 二、MCS-51 单片机的中断系统

MCS-51 的中断系统由 5 个中断源组成，分别是：

◆ $\overline{\text{INT0}}$：由 P3.2 引脚引起的外部中断请求（外部中断 0）。

◆ $\overline{\text{INT1}}$：由 P3.3 引脚引起的外部中断请求（外部中断 1）。

◆ T0：片内定时器/计数器 0 溢出（TF0）中断请求。

◆ T1：片内定时器/计数器 1 溢出（TF1）中断请求。

◆ 串行口：片内串行口完成一帧发送或接收中断请求源 TI 或 RI。

每一个中断源都对应一个中断请求标志位，它们设置在特殊功能寄存器 TCON 和 SCON 中。当这些中断源请求中断时，分别由 TCON 和 SCON 中的相应位来锁存。具体的中断系统的示意图如图 5.6 所示。

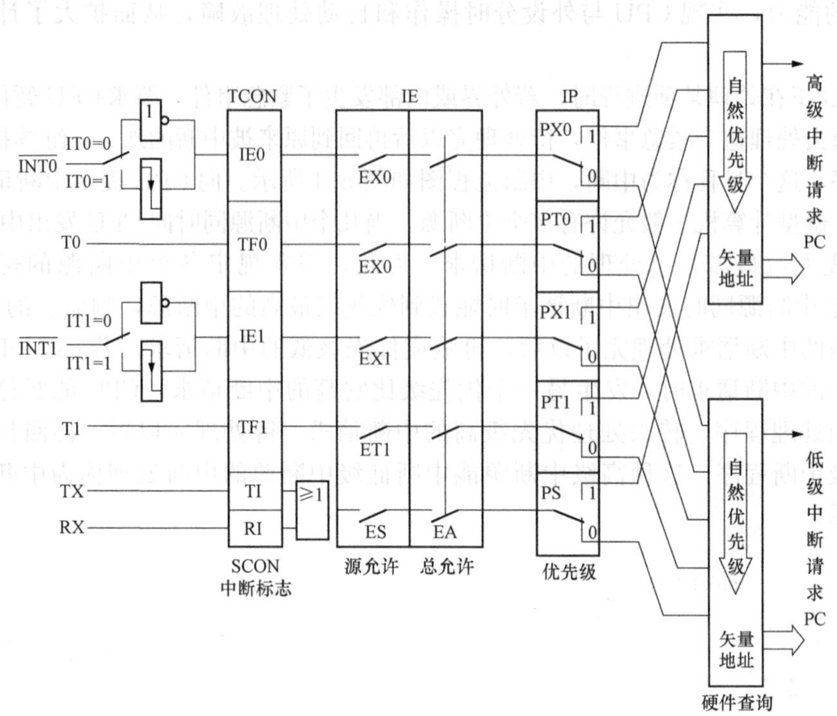


图 5.6 MCS-51 的中断系统

三、MCS-51 单片机的特殊用途寄存器

由图 5.6 可知，MCS-51 系列单片机的中断控制系统由中断允许寄存器 IE、中断优先级控制器 IP、定时器控制寄存器 TCON、串行口控制寄存器 SCON 组成。MCS-51 单片机为用户提供了四个专用寄存器，来控制单片机的中断系统，本项目将详细介绍这四个寄存器以及与其密切相关的一些其他寄存器。

控制器的设置 1

1. 中断允许寄存器 IE

**表 5.3　　中断允许寄存器 IE 的内容**

| 位 | D7 | D6 | D5 | D4 | D3 | D2 | D1 | D0 |
|---|---|---|---|---|---|---|---|---|
| 位地址 | 0AFH | 0AEH | 0ADH | 0ACH | 0ABH | 0AAH | 0A9H | 0A8H |
| 位符号 | EA | — | ET2 | ES | ET1 | EX1 | ET0 | EX0 |

在 MCS-51 中断系统中，中断允许或禁止是由片内的中断允许寄存器 IE（IE 为特殊功能寄存器）控制的，进行字节操作时，寄存器地址为 0A8H。按位操作时寄存器内容及地址如表 5.3 所列。中断允许寄存器中各相应位的状态，可根据要求用指令置位或清零，从而实现该中断源允许中断或禁止中断，复位时 IE 寄存器被清零。中断允许寄存器 IE 的内容以及详细说明详见表 5.4。

中断允许寄存器 IE 中 D5 的 ET2 只有 AT89S52 才有，因为 AT89S52 有定时/计数器 T2，而 AT89S51 没有定时器/计数器 T2，所有对于 AT89S51 而言，此位保留。

**表 5.4　中断允许寄存器的内容与说明**

| 位符号 | 功　能 | 说　明 |
|---|---|---|
| EA | 设置整体中断的启动或关闭 | EA=0 设置系统不接受所有中断<br>EA=1 设置系统可以接受中断 |
| ES | 设置是否接受 UART 的中断 | ES=0 设置不接受 UART 的中断<br>ES=1 设置可以接受 UART 的中断 |
| ET0 | 设置是否接受 Timer0 的中断 | ET0=0 设置不接受 Timer0 的中断<br>ET0=1 设置接受 Timer0 的中断 |
| ET1 | 设置是否接受 Timer1 的中断 | ET1=0 设置不接受 Timer1 的中断<br>ET1=1 设置接受 Timer1 的中断 |
| ET2 | 设置是否接受 Timer2 的中断 | ET2=0 设置不接受 Timer2 的中断<br>ET2=1 设置接受 Timer2 的中断 |
| EX0 | 设置是否接受 INT0 引脚的中断 | EX0=0 设置不接受 INT0 引脚的中断<br>EX0=1 设置接受 INT0 引脚的中断 |
| EX1 | 设置是否接受 INT1 引脚的中断 | EX1=0 设置不接受 INT1 引脚的中断<br>EX1=1 设置接受 INT1 引脚的中断 |

2. 中断优先级控制寄存器 IP

**表 5.5　中断优先级控制寄存器 IP 的内容**

| 位 | D7 | D6 | D5 | D4 | D3 | D2 | D1 | D0 |
|---|---|---|---|---|---|---|---|---|
| 位地址 | 0BFH | 0BEH | 0BDH | 0BCH | 0BBH | 0BAH | 0B9H | 0B8H |
| 位符号 | — | — | — | PS | PT1 | PX1 | PT0 | PX0 |

单片机的中断系统通常允许多个中断源，当几个中断源同时向 CPU 发出中断请求时，就存在 CPU 优先响应哪个中断请求的问题，MCS-51 单片机有两个中断优先级，即高优先级和低优先级，各中断源的优先级由中断优先级寄存器（IP）进行设定。IP 寄存器地址 0B8H，位地址为 0BFH～0B8H。寄存器的内容及位地址详见表 5.5，各位功能说明详见表 5.6。

**表 5.6　中断优先级控制寄存器的内容与说明**

| 位符号 | 功　能 | 同级内的中断优先级 |
|---|---|---|
| PX0 | 外部中断 0 优先级设定位 | 最高 |
| PT0 | 定时中断 0 优先级设定位 | ↓ |
| PX1 | 外部中断 1 优先级设定位 | ↓ |
| PT1 | 定时中断 1 优先级设定位 | ↓ |
| PS | 串行中断优先级设定位 | 最低 |

以上各位设置为“0”时，则相应的中断源为低优先级；设置为“1”时，则相应的中断

源为高优先级。当系统复位后，IP 的低 5 位全部清 0，所有中断源均设定为低优先级中断。MCS-51 中断系统具有两级优先级（由 IP 寄存器把各个中断源的优先级分为高优先级和低优先级），它们遵循下列两条基本规则：

① 低优先级中断源可被高优先级中断源所中断，而高优先级中断源不能被任何中断源所中断。

② 一种中断源（不管是高优先级或低优先级）一旦得到响应，与它同级的中断源不能再中断它。

小提示

在几个同级别的中断同时向 CPU 提出中断请求，在没有设置中断优先级的情况下，当 CPU 同时收到多个同一优先级的中断请求，则 CPU 按照自然优先级的顺序进行响应，自然优先级别次序如表 4.6 所列。

3. 定时器控制寄存器 TCON

TCON 用于保存外部中断请求以及定时器计数溢出中断请求的。当进行字节操作时，寄存器地址为 88H；按位操作时，各位的地址为 88H～8FH。寄存器的内容及位地址如表 5.7 所列，各个位上的功能以及说明如表 5.8 所列。

表 5.7 定时/计数控制寄存器 TCON 的内容

| 位 | D7 | D6 | D5 | D4 | D3 | D2 | D1 | D0 |
|---|---|---|---|---|---|---|---|---|
| 位地址 | 8FH | 8EH | 8DH | 8CH | 8BH | 8AH | 89H | 88H |
| 位符号 | TF1 | TR1 | TF0 | TR0 | IE1 | IT1 | IE0 | IT0 |

表 5.8 定时/计数寄存器的内容与说明

| 位符号 | 功　　能 | 说　　明 |
|---|---|---|
| TF1 | TF1 位指示计时/计数器 1 是否已经发生溢出中断 | TF1=0 表示 Timer1 没有发生溢出<br>TF1=1 表示 Timer1 发生溢出<br>当 CPU 进入 Timer1 的中断子程序执行时，TF1 位会自动被清除为 0 |
| TR1 | 设置 Timer1 是否开始计数 | TR1=0 停止 Timer1 的计数<br>TR1=1 开始 Timer1 的计数 |
| TF0 | TF0 位指示计时/计数器 1 是否已经发生溢出中断 | TF0=0 表示 Timer1 没有发生溢出<br>TF0=1 表示 Timer1 发生溢出<br>当 CPU 进入 Timer1 的中断子程序执行时，TF0 位会自动被清除为 0 |
| TR0 | 设置 Timer0 是否开始计数 | TR0=0 停止 Timer0 的计数<br>TR0=1 开始 Timer0 的计数 |
| IE1 | 指示外部中断引脚 INT1 是否已经发生中断 | IE1=0 表示 INT1 引脚没有发生中断<br>IE1=1 表示 INT1 引脚发生中断 |
| IT1 | 设置外部中断引脚 INT1 是低电平或下降沿触发 | IT1=0 设置 INT1 引脚是低电平触发<br>IT1=1 设置 INT1 引脚是下降沿触发 |

续表

| 位符号 | 功　　能 | 说　　明 |
| --- | --- | --- |
| IE0 | 指示外部中断引脚 INT0 是否已经发生中断 | IE0=0 表示 INT0 引脚没有发生中断<br>IE0=1 表示 INT0 引脚发生中断 |
| IT0 | 设置外部中断引脚 INT0 是低电平或下降沿触发 | IT0=0 设置 INT0 引脚是低电平触发<br>IT0=1 设置 INT0 引脚是下降沿触发 |

### 四、MCS-51 单片机的中断处理过程

MCS-51 单片机的中断响应过程为：中断源发出中断请求→对中断请求进行响应→执行中断服务程序→返回主程序。这个过程可分为三个阶段来完成。

#### 1. 中断采样

对于外部中断请求，中断请求信号来自单片机外部，单片机要想知道有没有中断请求发生，必须对 8051 单片机的 P3.2 及 P3.3 引脚信号进行采样。MCS-51 外部中断$\overline{\mathrm{INT}x}$（$\overline{\mathrm{INT0}}$和$\overline{\mathrm{INT1}}$）可以用程序控制为电平触发或负边沿触发（通过编程对定时器/计数器控制寄存器 TCON 中的 IT0 和 IT1 位进行清“0”或置“1”）。

① 若 IT0/IT1 为 0，则外部中断$\overline{\mathrm{INT}x}$为电平触发，若电平触发方式的外中断请求（IT0/IT1=0）采样到高电平时，表明没有中断请求，IE0 或 IE1 继续为“0”。采样到低电平时，IE0/IE1 由硬件自动置“1”，表明有外中断请求发生。

② 若 IT0/IT1 为 1，则外部中断$\overline{\mathrm{INT}x}$由负边沿触发。脉冲触发式的外中断请求（IT0/IT1=1）在相邻的机器周期采样到$\overline{\mathrm{INT}x}$引脚上的电平由高电平变为低电平时，则 IE0/IE1 由硬件自动置“1”，否则为“0”。

由于外部中断引脚在每个机器周期内被采样一次，所以中断引脚上的电平应至少保持 12 个振荡周期，以保证电平信号能被采样到。对于负边沿触发方式的外部中断，要求输入的负脉冲宽度至少保持 12 个振荡周期（若晶振频率为 6 MHz，则宽度为 2 μs），以确保检测到引脚上的电平跳变，而使中断请求标志 IEX 置位，CPU 在中断响应后 IE0、IE1、TF0、TF1 由硬件自动复位无须采用其他措施。

对于电平触发的外部中断源，要求在中断返回前撤销中断请求（使引脚上的电平变高）是为了避免在中断返回后又再次响应该中断而出错。电平触发方式适用于外部中断输入为低电平，而且能在中断服务程序中撤销外部中断请求源的情况。电平触发方式一般采用硬件和软件相结合的方式。

#### 2. 中断查询

由 CPU 测试 TCON 和 SCON 中的各个中断标志位的状态，确定有哪个中断源发生请求，查询时按优先级顺序进行查询，即先查询高优先级再查询低优先级。如果同级，按以下顺序查询：

$$\overline{\mathrm{INT0}} \rightarrow \mathrm{T0} \rightarrow \overline{\mathrm{INT1}} \rightarrow \mathrm{T1} \rightarrow \mathrm{S}$$

如果查询到有标志位为“1”，表明有中断请求发生，接着就从相邻的下一机器周期开始进行中断响应。

#### 3. 中断响应

中断响应的过程就是自动调用并执行中断函数的过程。KeilC51 编译器支持在 C 语言程

序中直接以函数形式编写中断服务程序。并规定，在中断服务程序中，必须指定对应的中断号，用中断号确定该中断服务程序是哪个中断所对应的中断服务程序。

常用中断函数格式如下：

```
void 函数名() interrupt n
{
中断服务程序内容;
}
```

中断函数格式

说明：interrupt 后面的 n 是中断号，对于不同的中断源中断号不同，入口地址不同，如表 5.1 所列。

入口地址已由系统设定，如表 5.9 所列。

**表 5.9　单片机的中断源对应的中断号**

| 中断源 | 中断号 | 入口地址 |
|---|---|---|
| 外部中断$\overline{INT0}$ | 0 | 0003H |
| 定时器/计数器 T0 | 1 | 000BH |
| 外部中断$\overline{INT1}$ | 2 | 0013H |
| 定时器/计数器 T1 | 3 | 001BH |
| 串口中断 S | 4 | 0023H |

**小提示**

并不是所有的请求都被响应，当遇到下列情况之一时不响应这些中断请求：

① CPU 正在处理一个同级或者高级的中断服务。

② 当前指令还没有执行完毕。

③ 正在执行中断返回或者访问 IP、IE 的寄存器，执行完这些指令后，还必须再执行一条指令，才响应中断请求。

④ MCS-51 单片机对中断查询结果不作记忆，当有新的查询结果出现时，因为以上原因而被拖延的查询结果将不复存在，其中断请求也就不能再被响应了。

五、外部中断 INTX 设置的步骤

以外部中断 INT0 为例介绍外部中断设置了外部中断的相关寄存器以及编写程序的 5 个步骤编写：

① 初始化函数，根据实际项目需要对 IE 寄存器、IP 寄存器以及 TCON 寄存器进行设置。可以使用位操作也可以进行以下字节操作：

字节操作如下：

```
void Inti()
{
IE = 0x81;                    //总中断开关允许,外部中断 0 允许
TCON = 0x01;                  //外部中断 0 的工作方式为下降沿触发方式
}
```

位操作如下：

```
void Inti()
{
        EA = 1;                //总中断开关
        EX0 = 1;               //外部中断 0 允许
        IT0 = 1;               //外部中断 0 的工作方式为下降沿触发方式
}
```

② 中断服务程序，例如：

```
void int_0() interrupt 0       //外部中断 0 的中断子函数
{
        delay(10);             //消抖延时
        if(K= =0)              //人行道按钮是否被按下
        {
          P1 = 0x16;           //车行道黄灯,人行道红灯
          delay(3000);         //延时 3 s
          P1 = 0x19;           // 车行道红灯,人行道绿灯
          delay(20000);        //延时 20 s
          }
}
```

③ 主程序，例如：

```
main()
{
   Inti();
   while(1)
   {
          P1 = 0x0E;           //车行道绿灯,人行道红灯
   }
}
```

**小提示**

在使用中断函数时需要注意以下问题：

① 在设计中断时，要注意哪些功能应放在中断程序中，哪些功能应放在主程序中。一般来说，中断服务程序应该做少量的工作。首先，系统对中断的反应面更宽泛，系统如果丢失中断或对中断反应太慢将会产生十分严重的后果，这时有足够的时间等待中断是十分重要的。其次，它可以使中断服务程序的结构简单，不容易出错。中断服务程序中放入的程序代码越多，它们之间越容易产生冲突。简化中断服务程序意味着软件中将会有更多的代码段，但可把这些都放入主程序中。中断服务程序的设计对系统的成败有至关重要的作用，要仔细考虑各中断之间的关系和每个中断执行的时间，特别要注意那些对同一数据进行操作的中断服务程序。

② 中断函数不能进行参数传递。
③ 中断函数无返回值。
④ 在任何情况下不能直接调用中断服务函数，否则编译器会产生错误。
⑤ 中断函数调用其他函数时，要保证使用相同的寄存器组，否则会出错。

## 5.5 举 一 反 三

### 5.5.1 任务一：外部中断控制彩灯系统的设计

一、任务要求

外部中断控制彩灯系统的设计任务要求

利用独立按键（采用外部中断方式）控制彩灯的运行。通过按动按键，使得彩灯在3种闪亮方式（左移、右移、自定义花样）之间切换。

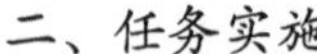

二、任务实施

该系统硬件电路如图5.7所示。

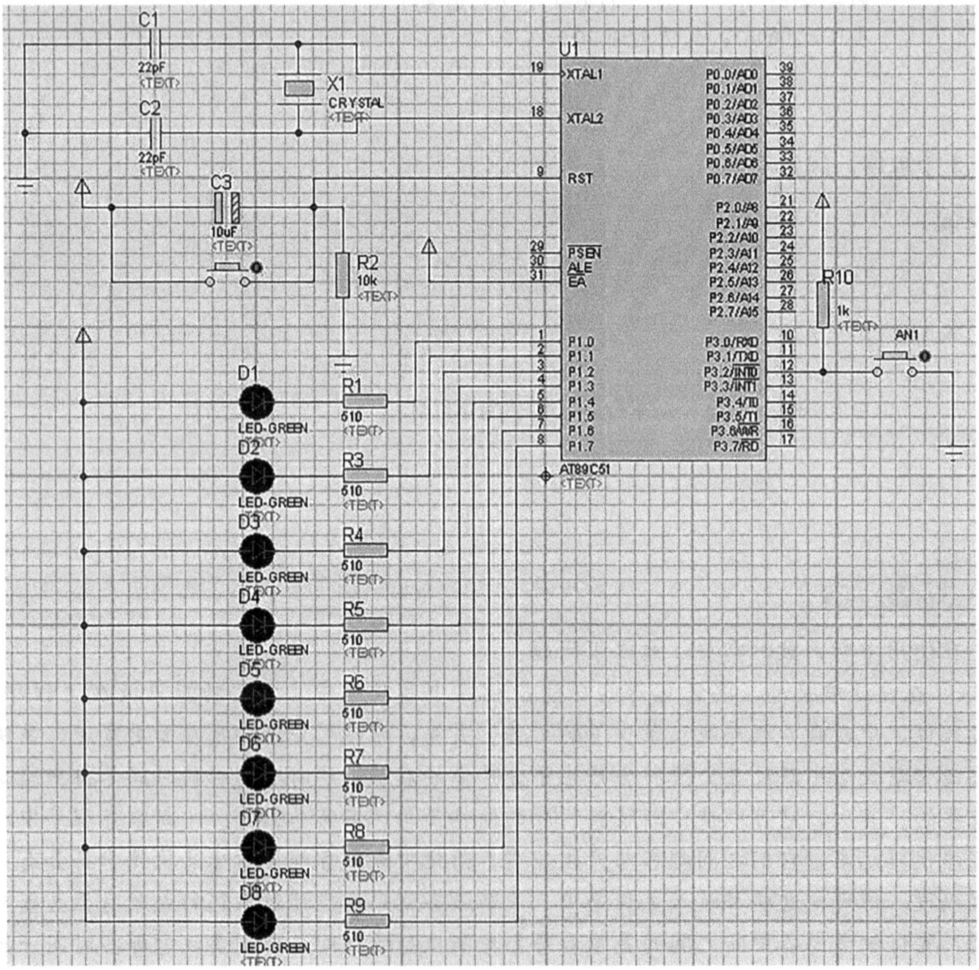

图5.7 外部中断控制彩灯系统硬件电路

## 三、程序设计

```
#include <reg51.h>
#include<intrins.h>
sbit AN1 = P3^2;
unsigned a = 0;
  void delay(unsigned int i)                    //1ms 延时函数
{
unsigned int j,k;
for(k = 0;k<i;k + + )
for(j = 0;j<110;j + + );
   }
void Inti()
 {
     EA = 1;                                    //总中断开关
     EX0 = 1;                                   //外部中断 0 允许
     EX1 = 1;                                   //外部中断 1 允许
     IT0 = 1;                                   //外部中断 0 的工作方式为下降沿触发方式
     IT1 = 1;                                   //外部中断 1 的工作方式为下降沿触发方式
     PX1 = 1;                                   //外部中断 1 为高优先级
}

     void int_0() interrupt 0                   //中断服务程序 0
{
           delay(10);
           if(AN1 = = 0)
           {
           a + + ;                              //计算按键按下的次数
           if(a>3)                              //如果按键大于 3 回到 0
           a = 0;
           }
}
void left()                                     //流水灯向左移动
 {
     unsigned i;
     while(AN1 = = 0)
     {
         P1 = 0xFE;
         for(i = 0;i<7;i + + )
   {
                delay(1000);
                P1 = _crol_(P1,1);
    }
    }
```

```
}
void right()                                    //流水灯向右移动
{
unsigned i;
while(AN1 = = 0)
  {
    P1 = 0x7F;
for(i = 0;i<7;i + +)
  {
    delay(1000);
    P1 = _cror_(P1,1);
  }
  }
}

  void assum()                                  //自定义花样
{
unsigned i;
while(AN1 = = 0)
  {
for(i = 0;i<4;i + +)
   {
    P1 = 0xF0;
    delay(1000);
    P1 = 0x0F;
    delay(1000);
  }
  }
}
main()
{
  Inti();                                       //初始化函数
while(1)
{
   switch(a)                                    //根据按键按下的次数选择左移、右移或自定义花样
   {
    case 1:left();break;
    case 2:right();break;
    case 3:assum();break;
   }
 }
}
```

## 5.5.2　任务二：中断嵌套

### 一、任务要求

当按键 AN1 或 AN2 按下时，会产生中断。试编写程序将外部中断 0 设为低优先级，外部中断 1 设为高优先级，主程序执行时依次点亮 LED，当外部中断 0 产生中断后，执行中断子程序 1，此时 8 只 LED 全亮然后全暗，如此 16 次，返回主程序；当外部中断 1 产生中断后，执行子程序 2，此时 8 只 LED 为一次亮 4 只，然后亮另外 4 只，如此 16 次后返回主程序。

中断嵌套
任务实施

### 二、任务实施

该系统硬件电路如图 5.8 所示。

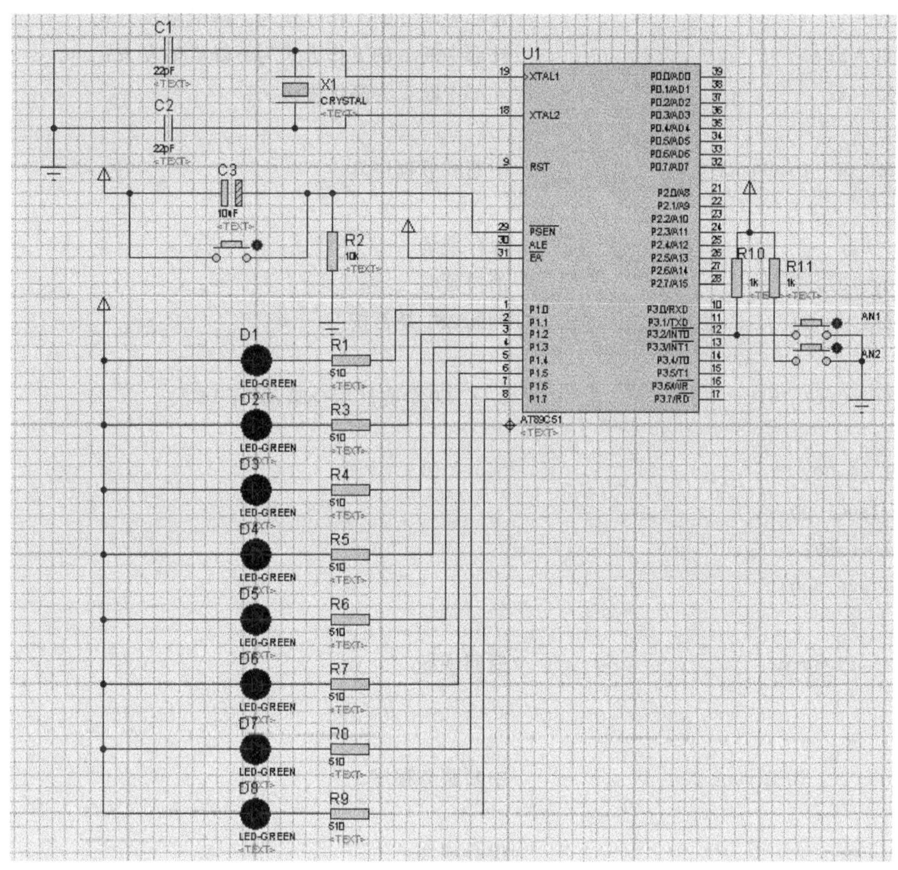


图 5.8　中断嵌套电路

### 三、程序设计

```
#include <reg51.h>
sbit AN1 = P3^2;
sbit AN2 = P3^3;
unsigned int t,z,e;
unsigned int reg;
  void delay(unsigned int i)          //1 ms 延时函数
```

```
{
unsigned int j,k;
for(k=0;k<i;k++)
for(j=0;j<110;j++);
  }
void Inti()
  {
    EA=1;                          //总中断开关
    EX0=1;                         //外部中断 0 允许
    EX1=1;                         //外部中断 1 允许
    IT0=1;                         //外部中断 0 的工作方式为下降沿触发方式
    IT1=1;                         //外部中断 1 的工作方式为下降沿触发方式
    PX1=1;                         //外部中断 1 为高优先级
}
void int_0() interrupt 0           //中断服务程序 0
{
  reg=P1;                          //保存现场
  delay(10);                       //消抖延时
  if(AN1==0)                       //判断 AN1 是否按下
{
  for(t=0;t<16;t++)                //8 只 LED 全亮然后全暗,循环 16 次
  {
    P1=0x00;
    delay(1000);
    P1=0xFF;
    delay(1000);
  }
        P1=reg;                    //返回现场
  }
}
void int_1() interrupt 2           //中断服务程序 1
{
   reg=P1;                         //保存现场
   delay(10);                      //消抖延时
   if(AN2==0)                      //判断 AN2 是否按下
{
   for(z=0;z<16;z++)               //8 只 LED 为一次亮 4 只,然后亮另外 4 只,循环 16 次
   {
     P1=0xF0;
     delay(1000);
     P1=0x0F;
     delay(1000);
   }
```

```
    P1 = reg;                           //返回现场
   }
  }
 main()
 {
   Inti();                              //初始化函数
   P1 = 0XFE;                           //流水灯
   while(1)
   {
   delay(1000);
    P1 = _crol_(P1,1);
   }
 }
```

四、知识综述

中断的优先级有两个：查询优先级和执行优先级。从以上内容可知，MCS-51 单片机的查询优先级即自然优先级，外部中断 0 的优先级别高于外部中断 1 的优先级别。首先查询优先级是不可以更改和设置的。这是一个中断优先权排队的问题，是指多个中断源同时产生中断信号时，中断仲裁器选择对哪个中断源优先处理的顺序。而这与是否发生中断服务程序的嵌套毫不相干。当 CPU 查询各个中断标志位的时候，会依照上述 5 个查询优先级顺序依次查询。当数个中断同时请求的时候，会优先查询到高查询优先级的中断标志位，但并不代表高查询优先级的中断可以打断已经并且正在执行的低查询优先级的中断服务。例如：当计数器 0 中断和外部中断 1（按查询优先级，计数器 0 中断＞外部中断 1）同时到达时，会进入计时器 0 的中断服务函数；但是在外部中断 1 的中断服务函数正在服务的情况下，这时候任何中断都是打断不了它的，包括逻辑优先级比它高的外部中断 0 和计数器 0 中断，此时无法实现中断嵌套。

没有设置 IP 时，单片机会按照查询优先级（自然优先级）来排队进入服务。如果要想让某个中断优先响应，则要设置 IP，更改执行优先级（或者说物理优先级）。要注意的是，当设置了 IP 后（某位为 1，则相应的中断源为高优先级；为 0，则为低优先级）；当低执行优先级中断在运行时，如果有高执行优先级的中断产生，则会嵌套调用进入高执行优先级的中断。例如：设置 IP = 0x10，即设置串口中断为最高优先级，则串口中断可以打断任何其他的中断服务函数实现嵌套，且只有串口中断能打断其他中断的服务函数。若串口中断没有触发，则其他几个中断之间还是保持自然优先级，相互之间无法嵌套。

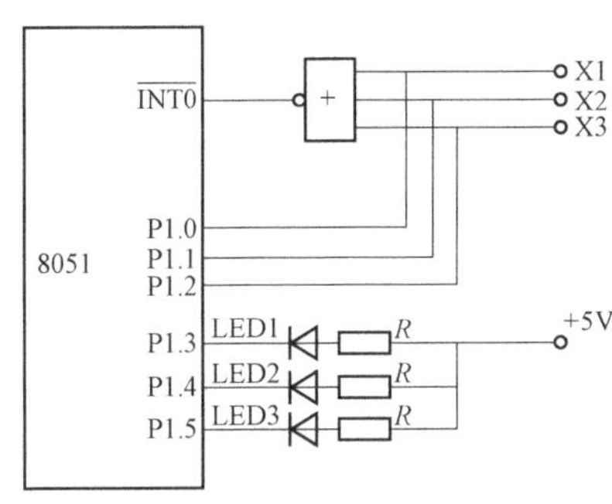


图 5.9　采用中断对 3 个故障显示电路

### 5.5.3　任务三：多个外部中断源系统设计

一、任务要求

多个外部中断源系统设计任务实施

图 5.9 为 3 个故障源显示电路，当系统无故障时，3 个故障源输入端 X1～X3 全为低电平，对应的 3 个显示灯全灭；当某部分出现故障时，其对应的输入端由低电平变为高电

平，从而引起 MCS-51 单片机中断，中断服务程序的任务是判定故障，并点亮对应的发光二极管。其中，发光二极管 LED1～LED3 对应 3 个输入端 X1～X3。

二、任务实施

如果按照图 5.10 连接电路，然后输入程序，观察运行效果。

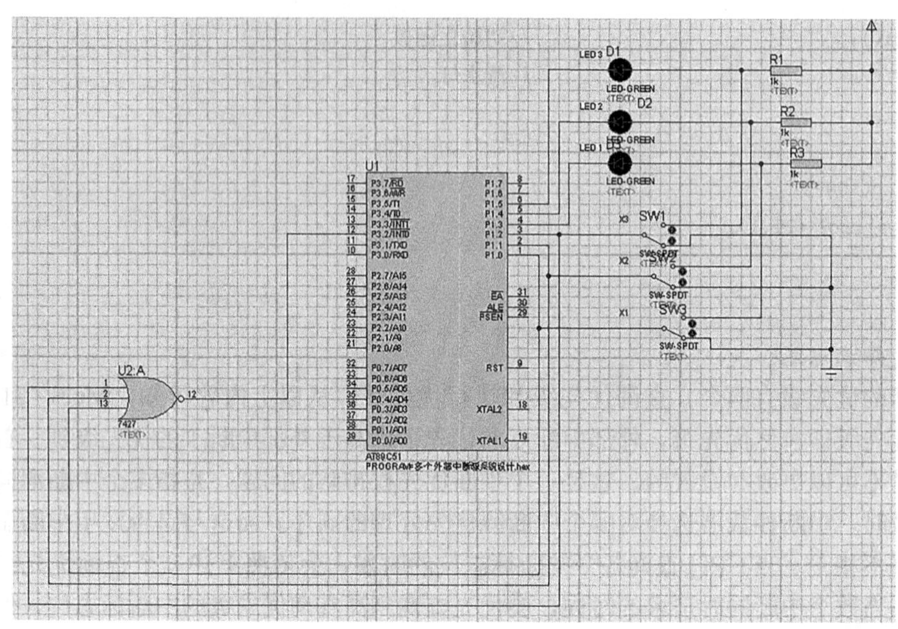

图 5.10　多个外部中断源系统设计硬件电路

三、程序设计

多个外部中断源系统设计硬件电路设计程序语言如下：

```
#include <reg51.h>
sbit X1 = P1^0;
sbit X2 = P1^1;
sbit X3 = P1^2;
sbit X = P3^2;
sbit LED1 = P1^3;
sbit LED2 = P1^4;
sbit LED3 = P1^5;
  void delay(unsigned int i)        //1 ms 延时函数
  {
     unsigned int j,k;
     for(k = 0;k<i;k + + )
     for(j = 0;j<110;j + + );
  }
     void Inti()
  {
          EA = 1;                   //总中断开关
```

```
      EX0 = 1;                          //外部中断 0 允许
      IT0 = 1;                          //外部中断 0 的工作方式为下降沿触发方式
   }
   void int_0() interrupt 0             //外部中断 0 的中断子函数
   {
        delay(10);                      //消抖延时
        if(X1 = = 1)                    //X1 故障源由低电平变高电平
     {
       LED1 = 0;                        //点亮 LED1
       LED2 = 1;
       LED3 = 1;
     }
     if(X2 = = 1)                       //X2 故障源由低电平变高电平
     {
       LED1 = 1;
       LED2 = 0;                        //点亮 LED2
       LED3 = 1;
     }
   main()
   {

        Inti();
        while(1)
      {
             if(X = = 1)                //无故障时 3 个指示灯全灭
       {
             LED1 = 1;
             LED2 = 1;
             LED3 = 1;
      }
   }
}
```

四、知识综述

MCS - 51 有两个外部中断源$\overline{INT0}$和$\overline{INT1}$，但在实际的应用系统中，外部中断请求源往往比较多。下面讨论两种多中断源系统的设计方法。

1. 中断和查询结合的方式

本项目使用的是中断和查询结合的方式进行多个外部中断源系统设计，这种方法是把系统中多个外部中断源用“或非”的方法连接到一个外部中断输入端（$\overline{INT0}$），并同时还接到 3 个 I/O 口，图 5.10 中接到 P1 口（P1.0，P1.1，P1.2）。中断请求由硬件电路产生，而中断源的识别由程序查询来处理，查询顺序由中断源的优先级决定。图 5.11 为三个外部中断源的连接电路，其中设备 X1，X2，X3 经或非门与$\overline{INT0}$连接。

当 X1，X2，X3 任意一个故障源由低电平变为高电平时，则或非门的输出端由高电平

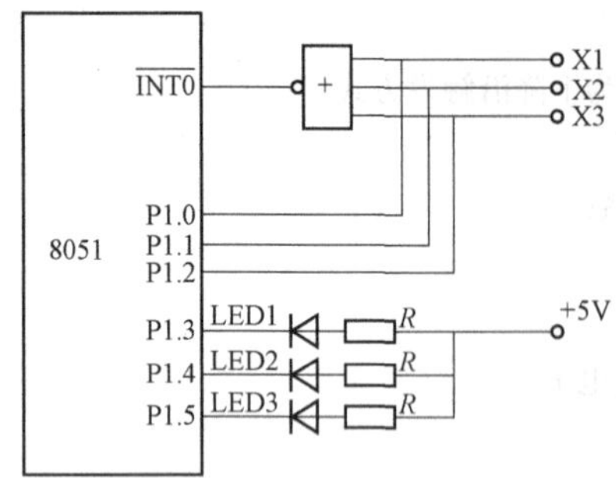


图 5.11　多个外部中断源系统设计

变为低电平，下降沿触发，此时外部中断 0 引脚 P3.2 采样到下降沿，产生外部中断，CPU 响应外部中断 0，进入外部中断 0 中断服务程序。进入中断服务程序后通过查询 X1，X2，X3 所对应的 I/O 口的值为高电平，说明所对应故障源出现故障，点亮响应的 LED。在中断服务程序中查询 I/O 口电平值的顺序即这 3 个故障源的优先级别顺序。

2. 定时器中断与外部中断相结合的方式

此处仅介绍定时器中断与外部中断相结合解决多个外部中断源的方法，读者可以学习定时器中断后再回来研究此内容。

把 MCS - 51 的两个定时器/计数器（T0 和 T1）选择为计数器方式，每当 P3.4（T0）或 P3.5（T1）引脚上发生负跳变时，T0 和 T1 的计数器加 1。利用这个特性，可以把 P3.4 或 P3.5 引脚作为外部中断请求输入线，而定时器的溢出中断作为外部中断请求标志。应用举例如下：

设 T0 为方式 2（自动装入常数）外部计数方式，时间常数为 0FFH，允许中断，使 CPU 开放中断。当接在 P3.4 引脚上的外部中断请求输入线发生负跳变时，TL0 加 1 溢出，TF0 被置“1”向 CPU 发出中断请求。同时 TH0 的内容自动送入 TL0，使 TL0 恢复初始值 0FFH。这样，每当 P3.4 引脚上有一次负跳变时都置“1”于 TF0，向 CPU 发中断请求，P3.4 引脚就相当于边沿触发的外部中断请求源输入线。同理，也可以把 P3.5 引脚做类似的处理。

本项目通过按钮式人行道交通灯控制系统的设计与制作介绍了 MSC - 51 单片机的中断系统。在单片机的应用中，中断系统使其功能更强大、应用更方便。51 单片机的中断系统包括 5 个中断源、4 个中断寄存器和查询硬件等。5 个中断源按照自然优先级由高到低分别是外部中断 0、定时/计数器 0、外部中断 1、定时/计数器 1 和串口中断。4 个中断寄存器分别是 TCON、SCON、IE 和 IP，单片机对中断的应用就是对寄存器的设置。通过中断嵌套系统的设计介绍中断嵌套的原理及应用，单片机对中断源的响应顺序是按 IP 中的设置和自然优先级结合考虑。当同时有多个外部中断源时可以考虑使用外部中断与查询结合的方式或外部中断与定时器结合的方式解决该问题。

## 思考与训练

一、知识思考

① MCS - 51 单片机有哪几个中断源？它们的优先级如何设定？

② MCS - 51 单片机外部中断有哪两种触发方式？对脉冲触发以及电平触发有什么要求？如何选择与设定？

③ MCS-51 单片机应用系统中，如果有多个外部中断源申请中断，如何处理?

④ 能实现中断嵌套的条件?

二、项目训练

8051 的 P1 接共阳七段显示器上，P3.2、P3.3 分别接两个弹跳按键，接 P3.2 的按键称 A 按键，接 P3.3 的按键为 B 按键。编写一个程序实现以下功能：当按下按键 A 时，数码管按 0～9 循环计数，当按下按键 B 时，数码管按 9～0 循环倒数。

# 项目六　数字电子时钟的设计与制作

① 单片机定时器/计数器中断的工作原理。
② 单片机定时器/计数器的应用。
③ 单片机对数码管的静态、动态显示控制方式。

通过数字电子时钟的设计与制作理解单片机定时器/计数器的工作原理，掌握单片机定时器/计数器的设置及应用，会利用程序对数字电子时钟的控制原理。

数字电子时钟利用 8 位一体的数码管显示小时、分、秒。小时采用 24 进制，分钟和秒钟采用 60 进制。将本项目分解成 3 个任务，从简易秒表数码管静态显示和动态显示入手，最终达到设计简易数字电子时钟的目的。

## 任务一　简易秒表（静态显示）设计与制作

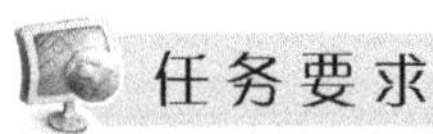

单片机与两个共阳极的数码管采用静态连接方式，数码管的段码分别由 P1 口和 P2 口控制，公共端接高电平，实现从 00～59，时间间隔为 1 s，显示到 59 后再从 00 开始循环。

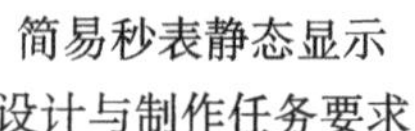
简易秒表静态显示设计与制作任务要求

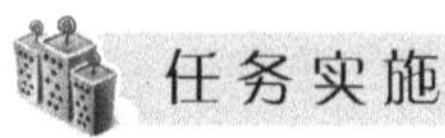

### 6.1　硬　件　电　路

简易秒表（静态显示）电路设计如图 6.1 所示。

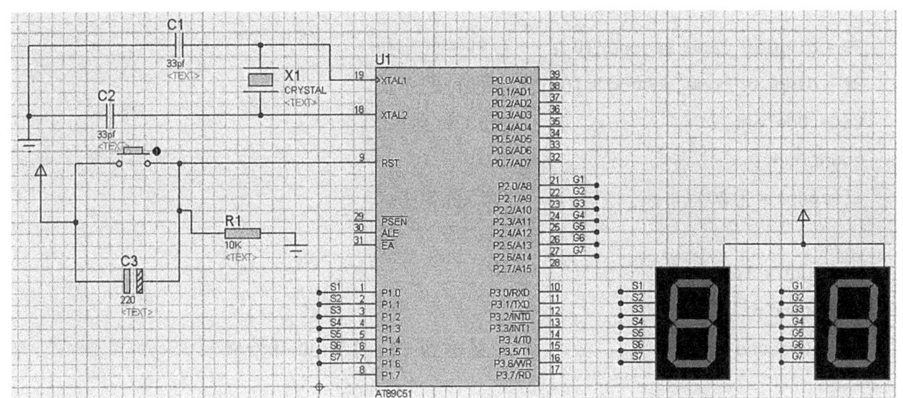

图 6.1　简易秒表（静态显示）硬件电路

## 6.2　程　序　设　计

本项目可以采用两种方式来实现，一种是查询方式，一种是中断方式。

简易秒表（静态显示）设计与制作软件设计——查询

查询方式参考程序如下：

```
#include<reg51.h>
unsigned char display_code[10] = {0xc0,0xf9,0xa4,0xb0,0x99,0x92,0x82,
0xf8,0x80,0x90};
unsigned int second = 0;
unsigned int count = 0;
void time_0inti()
{
    TMOD = 0x01;                        //设置定时器0的工作方式
    TH0 = (65536 - 50000)/256;          //设置定时器0的高8位
    TL0 = (65536 - 50000) % 256;        //设置定时器0的低8位
    TR0 = 1;                            //启动定时器0
}
void time_0delay()                      //50 ms 延时
{
    TH0 = (65536 - 50000)/256;          //设置定时器0的高8位
    TL0 = (65536 - 50000) % 256;        //设置定时器0的低8位
    while(TF0 = = 0);
    TF0 = 0;
}
main()
{
  time_0inti();
  while(1)
```

```
    {
        P1 = display_code[second/10];      //秒钟的十位
        P2 = display_code[second % 10];    //秒钟的个位
        time_0delay();                     //50 ms 延时
        count + + ;
        if(count = = 20)                   //是否为 1s
      {
          count = 0;
          second + + ;
          if(second = = 60)                //显示到 60s 再从 00 开始显示
     {
          second = 0;
        }
      }
   }
}
```

中断方式参考程序如下：

简易秒表静态显示设计与制作软件设计——中断

```
#include<reg51.h>
unsigned char display_code[10] = {0xc0,0xf9,0xa4,0xb0,0x99,0x92,0x82,0xf8,
0x80,0x90};
unsigned int second = 0;
unsigned int count = 0;
void time_0inti()
{
   TMOD = 0x01;                         //设置定时器 0 的工作方式
   TH0 = (65536 - 50000)/256;           //设置定时器 0 的高 8 位
   TL0 = (65536 - 50000) % 256;         //设置定时器 0 的低 8 位
   ET0 = 1;                             //开放定时器 0 中断允许
   EA = 1;                              //开放总中断允许
   TR0 = 1;                             //启动定时器 0
}
void time_0() interrupt 1
{
    TH0 = (65536 - 50000)/256;          //设置定时器 0 的高 8 位
    TL0 = (65536 - 50000) % 256;        //设置定时器 0 的低 8 位
    count + + ;
          if(count = = 20)              //判断是否 1s
          {
             count = 0;
             second + + ;
             if(second = = 60)          //计数到 60 再从 00 开始显示
             {
```

```
            second = 0;
        }
    }
  }
  main()
  {
    time_0inti();                        //定时器 0 初始化
    while(1)
    {
      P1 = display_code[second/10];      //显示秒钟的十位
      P2 = display_code[second % 10];    //显示秒钟的个位
    }
  }
```

根据数码管静态显示的工作原理，程序设计可以采用赋值法，即将要显示的数字编码依次直接赋值给 I/O 口。利用查表法，将共阳极数码管的段选码存放在数组中，P1 口显示秒钟的十位，P2 口显示秒钟的个位，用变量 second 进行计数，一秒钟到则 second 加 1，用 C 语言中的整除 10 和求余 10 的运算就可以算出秒钟的十位和个位，使用程序根据秒表的数值读出数组中的元素送到 P1 口和 P2 口，控制数码管显示，就可以得到想显示内容。

整个任务的实现思想是：程序开始，对定时器进行初始化，判断一秒时间到否？如果一秒钟到了，则变量 second 加 1，将秒表的十位与各位相对应的数组元素送 P1、P2 口显示，判断 60s 到否，如果到了则变量 second 重新赋值为 0，程序流程图如图 6.2 所示。

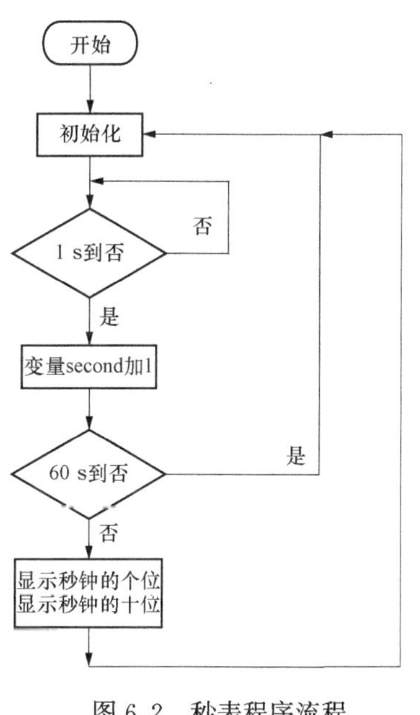

图 6.2　秒表程序流程

简易秒表

整个任务的重点在于如何进行 1 s 的定时？本任务中的查询和中断的方式都是利用单片机内部定时器 T0 实现计时。首先在初始化函数中给定时器工作方式寄存器 TMOD 赋值 0x01，选定定时器 T0 工作方式 1；接着确定定时初值，通过计算可得，当 TH0 ＝（65536－50000）/256，TL0＝（65536－50000）%256 时，实现 50 ms 的定时，然后循环 20 次可实现 1 s 的定时。查询与中断方式的不同在于是否开启中断允许，以及 50 ms 到时是通过查询标志位 TF0 还是自动进入中断服务程序。

**小提示**

查询方式可以实现的项目可以使用定时器中断方式替换，在实际项目中根据实际情况要求选择使用查询方式或中断方式实现项目功能。

## 6.3 系统制作与调试

按照表 6.1 清单准备元器件，然后按照仿真电路图 6.1 连接电路。

**表 6.1** **秒表元件清单**

| 序号 | 元件名称 | 型号与规格 | 单位 | 数量 |
|---|---|---|---|---|
| 1 | 单片机最小系统 | 单片机开发板（STC89C52RC） | 只 | 1 |
| 2 | 数码管 | 共阳极 | 只 | 2 |
| 3 | 导线 | 杜邦线 | 条 | 若干 |

## 6.4 知 识 综 述

### 一、定时器/计数器工作原理

在单片机控制系统中，经常需要 CPU 向 I/O 设备提供实时时钟，以实现定时检测、定时中断、定时扫描、定时显示或定时或延时的控制，或者对外部事件进行计数并将计数结果提供给 CPU。与软件循环延时的方法相比，使用定时器/计数器为程序提供定时或延时时间是由硬件完成的，一方面定时准确，另外在定时时间内不影响其他工作的进行。

8051 单片机内部有两个 16 位的可编程定时器/计数器，称为定时器 0（T0）和定时器 1（T1），其都具有计数方式和定时方式两种工作方式，都可以通过特殊功能寄存器 TMOD 中的一控制位－$C/\overline{T}$ 选择 T0 或 T1 为定时器还是计数器。定时器/计数器的核心部件是一个加法的计数器，其本质是对脉冲进行计数。只是计数脉冲来源不同：如果计数脉冲来自系统时钟，则为定时方式，此时定时器/计数器每 12 个时钟得到一个计数脉冲，计数值加 1；如果计数脉冲来自单片机外部引脚（T0 为 P3.4，T1 为 P3.5），则为计数方式，每来一个下降沿脉冲加 1，定时器/计数器结构如图 6.3 所示。在计数器允许的计数范围内，计数器可以从任何值开始计数，对于加 1 计数器，当计到最大值时产生溢出。定时器/计数器允许用户编程设定开始计数的数值，称为赋初值。初值不同，则计数器产生溢出时，计数个数也不同。

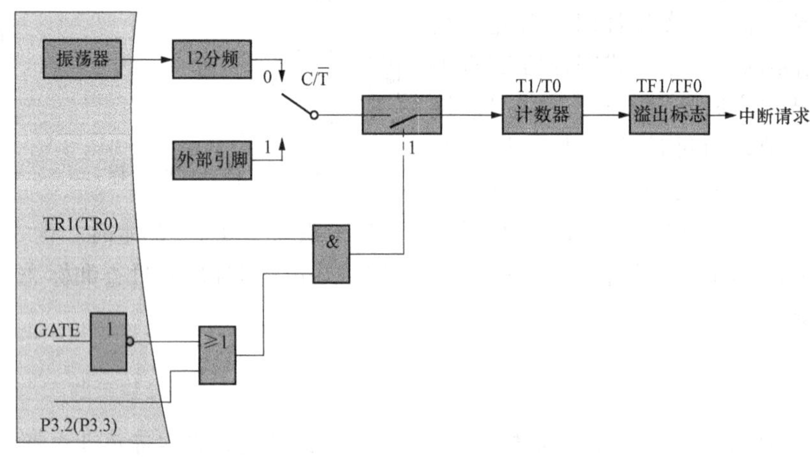


图 6.3 定时器/计数器结构图

二、定时器/计数器的初始化

单片机的定时器/计数器是一种可编程的部件，它的功能、工作方式、计数初值、启动和停止操作均要求在定时器工作之前，由 CPU 写入一些命令字来确定和控制，也就是要进行初始化。

1. 定时器/计数器控制寄存器 TCON

T0 和 T1 的控制寄存器 TCON 也是一种可编程的特殊功能寄存器。TCON 的作用是控制定时器的启动、停止，标志定时器的溢出和中断情况。定时器控制字 TCON 的格式如表 6.2 所列，其字节地址为 88H，可位寻址，各位功能如表 6.3 所列。

**表 6.2　定时器/计数控制寄存器 TCON 的内容**

| 位 | D7 | D6 | D5 | D4 | D3 | D2 | D1 | D0 |
|---|---|---|---|---|---|---|---|---|
| 位地址 | 8FH | 8EH | 8DH | 8CH | 8BH | 8AH | 89H | 88H |
| 位符号 | TF1 | TR1 | TF0 | TR0 | IE1 | IT1 | IE0 | IT0 |

**表 6.3　定时器/计数寄存器的内容与说明**

| 位符号 | 功　能 | 说　明 |
|---|---|---|
| TF1 | TF1 位指示定时器/计数器 1 是否已经发生溢出中断 | TF1＝0 表示 Timer1 没有发生溢出<br>TF1＝1 表示 Timer1 发生溢出<br>当 CPU 进入 Timer1 的中断子程序执行时，TF1 位会自动被清除为 0 |
| TR1 | 设置 Timer1 是否开始计数 | TR1＝0 停止 Timer1 的计数<br>TR1＝1 开始 Timer1 的计数 |
| TF0 | TF0 位指示定时器/计数器 1 是否已经发生溢出中断 | TF0＝0 表示 Timer1 没有发生溢出<br>TF0＝1 表示 Timer1 发生溢出<br>当 CPU 进入 Timer1 的中断子程序执行时，TF0 位会自动被清除为 0 |
| TR0 | 设置 Timer0 是否开始计数 | TR0＝0 停止 Timer0 的计数<br>TR0＝1 开始 Timer0 的计数 |
| IE1 | 指示外部中断引脚 INT1 是否已经发生中断 | IE1－0 表示 INT1 引脚没有发生中断<br>IE1＝1 表示 INT1 引脚发生中断 |
| IT1 | 设置外部中断引脚 INT1 是低电平或下降沿触发 | IT1＝0 设置 INT1 引脚是低电平触发<br>IT1＝1 设置 INT1 引脚是下降沿触发 |
| IE0 | 指示外部中断引脚 INT0 是否已经发生中断 | IE0＝0 表示 INT0 引脚没有发生中断<br>IE0＝1 表示 INT0 引脚发生中断 |
| IT0 | 设置外部中断引脚 INT0 是低电平或下降沿触发 | IT0＝0 设置 INT0 引脚是低电平触发<br>IT0＝1 设置 INT0 引脚是下降沿触发 |

2. 定时器/计数器方式寄存器 TMOD

定时器/计数器方式控制寄存器 TMOD 在特殊功能寄存器中，字节地址为 89H，无位地址。TMOD 的格式如图 6.4 所示。

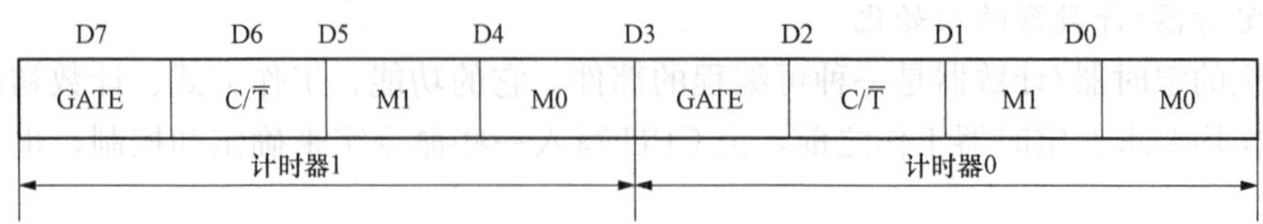


图 6.4 TMOD 寄存器各位定义

特殊功能寄存器 TMOD 为定时器的方式控制寄存器，寄存器中每位的定义如图 6.4 所示。高 4 位用于定时器 1，低 4 位用于定时器 0。

① GATE：定时器/计数器运行控制位。用来确定对应的外部中断请求引脚（$\overline{INT0}$，$\overline{INT1}$）是否参与 T0 或 T1 的操作控制。当 GATE=0 时，只要定时器控制寄存器 TCON 中的 TR0（或 TR1）置 1 时，T0（或 T1）允许开始计数（TCON 各位含义见后面叙述）；当 GATE=1 时，不仅要 TCON 中的 TR0 或 TR1 置位，还需要 P3 口的$\overline{INT0}$或$\overline{INT1}$引脚为高电平，才允许计数。

② C/$\overline{T}$：定时器方式或计数器方式选择位。C/$\overline{T}$=1 时，为计数器方式；C/$\overline{T}$=0 时，为定时器方式。

③ M1 M0：定时器/计数器四种工作方式选择，用来确定所选的工作方式，如表 6.4 所示。

**表 6.4　定时/计数器的工作模式**

| M1 | M0 | 工作模式 | 说　明 |
|---|---|---|---|
| 0 | 0 | 0 | 13 位的定时/计数器 |
| 0 | 1 | 1 | 16 位的定时/计数器 |
| 1 | 0 | 2 | 8 位的定时/计数器，可自动重新载入计数值 |
| 1 | 1 | 3 | 当成两组独立的 8 位计时器 |

A. 工作方式 0

当 M1M0 设置为 00 时，定时器选定为方式 0 工作。在这种方式下，16 位寄存器只用了 13 位，TLX（X 为 0 或 1）的高三位未用。由 THX 的 8 位和 TLX 的低 5 位组成一个 13 位计数器，如图 6.5 所示。

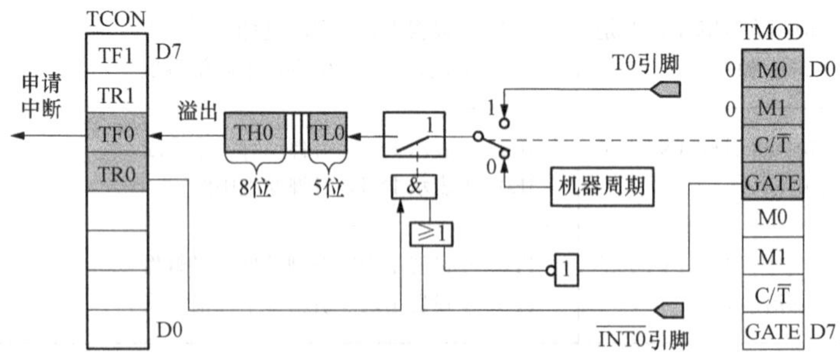


TMOD=0x00

TH0=(8192−m)/32；TL0=(8192−m)/32；

m：根据实际定时所确定的计数次数

图 6.5 工作方式 0 工作原理

B. 工作方式 1

方式 1 和方式 0 的工作相同，唯一的差别是 TH×和 TL×组成一个 16 位计数器，如图 6.6 所示。

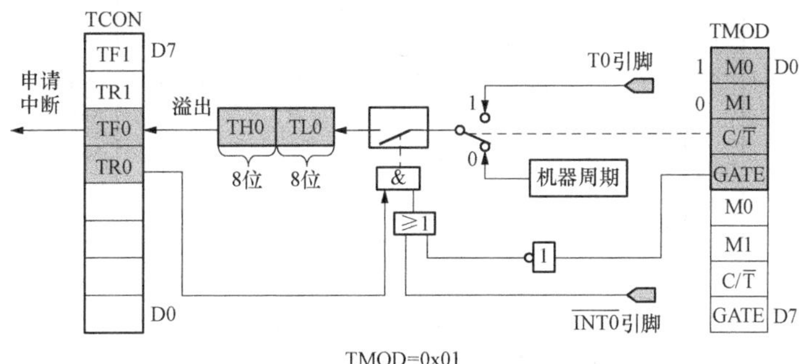


图 6.6 工作方式 1 工作原理图

C. 工作方式 2

方式 2 把 TL×配置成一个可以自动恢复初值（初始常数自动重新装入）的 8 位计数器，TH0 作为常数缓冲器，TH×由软件预置值。当 TL0 产生溢出时，一方面使溢出标志 TF×置 1，同时把 THL 中的 8 位数据重新装入 TL×中，如图 6.7 所示。

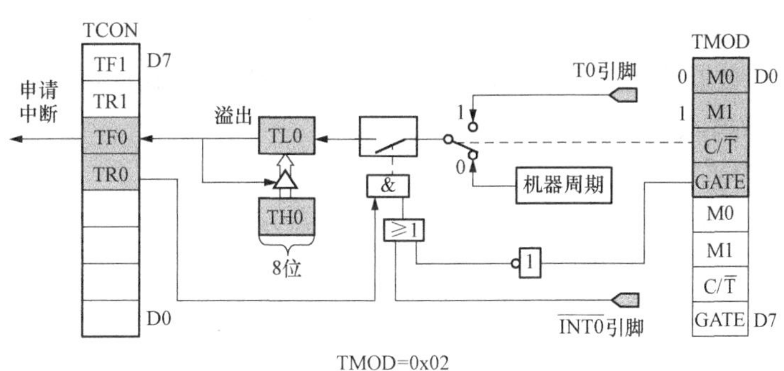


图 6.7 工作方式 2 工作原理

D. 工作方式 3

方式 3 对定时器 T0 和定时器 T1 是不相同的。若 T1 设置为方式 3，则停止工作（其效果与 TR1=0 相同），所以方式 3 只适用于 T0。

方式 3 使 MCS-51 具有三个定时器/计数器（增加了一个附加的 8 位定时器/计数器），如图 6.8 所示。当 T0 设置为方式 3 时，将使 TL0 和 TH0 成为两个相互独立的 8 位计数器，TL0 利用了 T0 本身的一些控制（$C/\overline{T}$，GATE，TR0，$\overline{INT0}$和 TF0）方式，它的操作与方式 0 和方式 1 类似。而 TH0 被规定为用作定时器功能，对机器周期计数，并借用了 T1 的控制位 TR1 和 TF1。在这种情况下 TH0 控制了 T1 的中断，这时 T1 还可以设置为方式 0～2，用于任何不需要中断控制的场合，或用作串行口的波特率发生器。

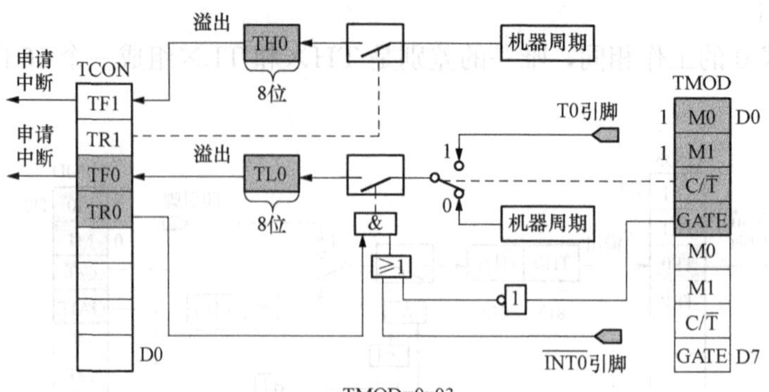


TMOD=0x03

TH0=256−m；TL0=256−m；

m：根据实际定时所确定的计数次数

T0作为两个独立8位定时器，TL0使用T0控制位，TH0使用T1控制位且TH0只能作为定时器。

T1没有方式3

图 6.8　工作方式 3 工作原理

**小提示**

**一般情况下当 T1 用作串行口波特率发生器时，T0 才定义为方式 3，以增加一个 8 位计数器。**

3. 定时器/计数器的初始化

由于定时器/计数器的功能是由软件编程确定的，所以一般在使用定时器/计数器前都要对其进行初始化。初始化步骤如下：

（1）确定工作方式——对 TMOD 赋值

TMOD=0x01，表明 T0 工作方式 0，且为定时器方式。

（2）预置定时或计数的初值

T0 采用方式 1 定时，每 50 ms 溢出一次，采用 12 MHz 晶振，计数周期为 1 μs，计数值为 50 000，所以计数初值为：

```
TH0 = (65536 - 50000)/256;          //设置定时器 0 的高 8 位
TL0 = (65536 - 50000) % 256;        //设置定时器 0 的低 8 位
```

（3）根据需要开启定时器/计数器中断——直接对 IE 寄存器赋值

```
    ET0 = 1;                        //开放定时器 0 中断允许
    EA = 1;                         //开放总中断允许
```

（4）启动定时/计数器工作——将 TR0 或 TR1 置 1

```
TR0 = 1;                            //启动定时器 0
```

# 任务二　简易秒表（动态显示）设计与制作

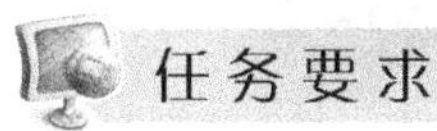


单片机与一个两位一体共阳极的数码管采用动态连接方式，数码管的段码由 P1 口控制和位选口由 P2 口控制，实现从 00～59，时间间隔为 1 s，显示到 59 后再从 00 开始循环。

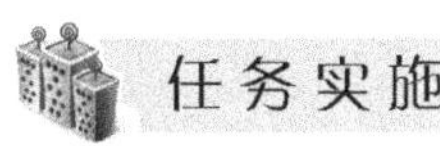


## 6.5　硬　件　电　路

简易秒表动态显示设计与制作硬件设计

简易秒表（动态显示）电路设计如图 6.9 所示。

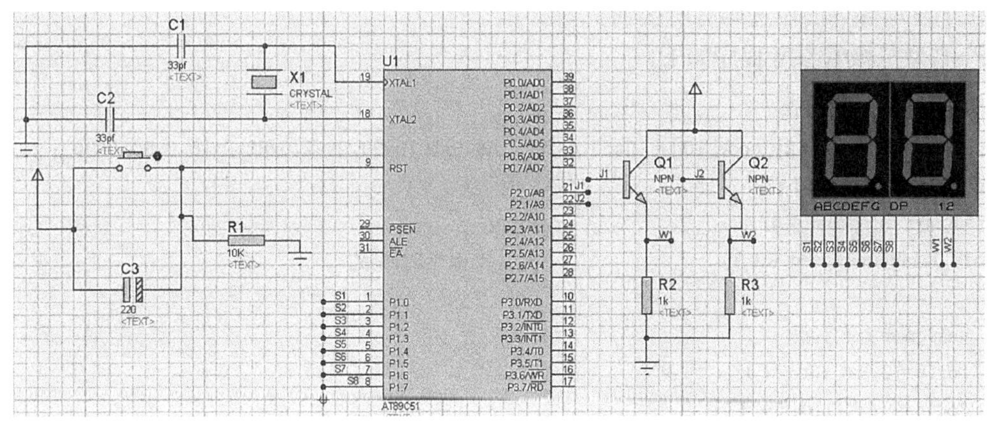


图 6.9　简易秒表（NPN）硬件电路

本任务选用的是两位一体的数码管，P1 口连接数码管的段码控制，P2 口的 P2.0 和 P2.1 分别连接数码管的位码选通，高电平有效。要使 8 位数码管实现 00～59 的动态计数，实际上是通过 P2 口输出控制信号轮流选通数码管，共阳极数码管公共端为高电平方可选通，然后再数码管段码控制端口 P1 按照一定规律送出要显示的数字 0～9。但是需要特别注意的是由于单片机输出电流非常小，因此在单片机 I/O 口与共阳极数码管的位选端增加三极管放大电流。本任务选用 NPN 型三极管，当 I/O 口输出高电平时，集电极 W1/W2 为高电平，位选端 W1/W2 为高电平，三极管选通，P2.0，P2.1 依次输出高电平选通位选端。

本电路也可以选用 PNP 型三极管，电路如图 6.10 所示。原理与 NPN 相同，当 I/O 口输出低电平时，集电极和位选端 W1/W2 为高电平，三极管导通，这在编程的时候需要特别注意，因此要求 P2.0，P2.1 依次输出低电平选通位选端。

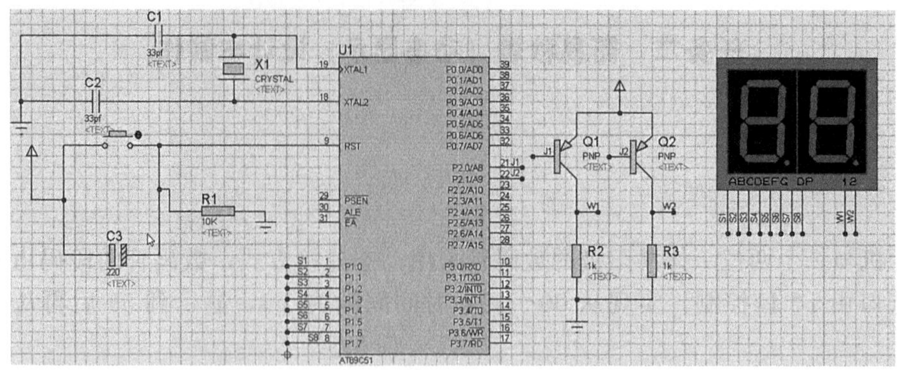


图 6.10　简易秒表（PNP）硬件电路图

实现此任务也可以更换为两位一体的共阴极数码管，但是需要注意的是更换成共阴极数码管时，三极管的驱动要连接在段选端不是位选端，三极管的使用原理与共阳极相同。

## 6.6 程 序 设 计

三极管

本项目的 PNP 型三极管与 NPN 型三极管编后而成的程序，其不同的地方仅在于显示部分的位选码有所区别。

PNP 型三极管参考程序如下：

```
#include<reg51.h>
unsigned char display_code[10] = {0xc0,0xf9,0xa4,0xb0,0x99,0x92,0x82,0xf8,0x80,0x90};
unsigned int second = 0;
unsigned int count = 0;
void delay(unsigned int i)                          //1ms 延时函数
{
  unsigned int j,k;
  for(k = 0;k<i;k++)
  for(j = 0;j<110;j++);
}


void time_0inti()
{
  TMOD = 0x01;                                      //设置定时器 0 的工作方式
  TH0 = (65536 - 50000)/256;                        //设置定时器 0 的高 8 位
  TL0 = (65536 - 50000) % 256;                      //设置定时器 0 的低 8 位
  ET0 = 1;                                          //开放定时器 0 中断允许
  EA = 1;                                           //开放总中断允许
  TR0 = 1;                                          //启动定时器 0
}
```

```
void time_0() interrupt 1
{
   TH0 = (65536 - 50000)/256;              //设置定时器 0 的高 8 位
   TL0 = (65536 - 50000) % 256;            //设置定时器 0 的低 8 位
count + + ;
     if(count = = 20)                      //判断是否 1 s
     {
        count = 0;
        second + + ;
        if(second = = 60)                  //计数到 60 再从 00 开始显示
     {
       second = 0;
    }
   }
}
main()
{
  time_0inti();                            //定时器 0 初始化
  while(1)
      {
         P2 = 0xFE;                        //选通数码管的十位
         P1 = display_code[second/10];     //显示秒表的十位
         delay(5);                         //5 ms 的延时
         P2 = 0xFD;                        //选通数码管的个位
         P1 = display_code[second % 10];   //显示秒表的个位
         delay(5);                         //5 ms 的延时
  }
}
```

NPN 型三极管参考程序如下：

```
# include<reg51. h>
unsigned char display_code[10] = {0xc0,0xf9,0xa4,0xb0,0x99,0x92,0x82,0xf8,0x80,0x90};
unsigned int second = 0;
unsigned int count = 0;
  void delay(unsigned int i)               //1ms 延时函数
  {
    unsigned int j,k;
    for(k = 0;k<i;k + + )
    for(j = 0;j<110;j + + );
  }


void time_0inti()
```

```
{
  TMOD = 0x01;                          //设置定时器 0 的工作方式
  TH0 = (65536 - 50000)/256;            //设置定时器 0 的高 8 位
  TL0 = (65536 - 50000) % 256;          //设置定时器 0 的低 8 位
  ET0 = 1;                              //开放定时器 0 中断允许
  EA = 1;                               //开放总中断允许
  TR0 = 1;                              //启动定时器 0
}

void time_0() interrupt 1
{
   TH0 = (65536 - 50000)/256;           //设置定时器 0 的高 8 位
   TL0 = (65536 - 50000) % 256;         //设置定时器 0 的低 8 位
   count + + ;
     if(count = = 20)                   //判断是否 1 s
     {
       count = 0;
       second + + ;
       if(second = = 60)                //计数到 60 再从 00 开始显示
       {
         second = 0;
     }
   }
}
main()
{
  time_0inti();                         //定时器 0 初始化
  while(1)
      {
          P2 = 0x01;                    //选通数码管的十位
          P1 = display_code[second/10]; //显示秒表的十位
          delay(5);                     //5 ms 的延时
          P2 = 0x02;                    //选通数码管的个位
          P1 = display_code[second % 10]; //显示秒表的个位
          delay(5);                     //5 ms 的延时
  }
}
```

数码管动态显示是单片机应用系统中使用最广泛的一种显示方式。动态驱动是将所有数码管的 8 个段的同名端连接在一起，另外为每个数码管的公共端 com 增加位选通控制电路，位选通由各自独立的 I/O 线控制，当单片机输出字型编码时，所有数码管都接收到相同的字型编码，但究竟是哪个数码管显示字型，取决于单片机对位选通 com 端电路的控制，所以只要将需要显示的数码管的位选通控制打开，该位就显示出字型了，没有选通的数码管就不会亮。通过分时轮流控制各个数码管的 com 端，就可以使各个数码管轮流受控显示，这就是动态显示。

由以上动态显示的概念可知，动态显示实质上是一种按位轮流点亮各位数码管的显示方式，即在某一时段，只让其中一位数码管位选端有效，并送出相应的字型显示编码。此时其他位的数码管因位选端无效而都处于熄灭状态，下一时段按顺序选通另一位数码管，并送出相应的字型显示编码，依此规律循环下去，即可使各位数码管分别间断地显示出相应的字符。

由于人的眼睛存在“视觉驻留效应”，所以当数码管显示间断的时间间隔小于眼睛的驻留时间时，给人一种稳定显示的视觉效果。所以在决定延时时间时，不能把时间延时得太长，各位数码管闪动的频率太慢，就不能产生稳定的显示效果。因此每显示完一位数字后，后面都有一个 5 ms 的延时程序，它的作用是让数码管显示效果更加稳定，不会产生闪烁。

## 6.7　系统制作与调试

按照表 6.5 清单准备元器件，然后按照仿真电路图 6.9 或图 6.10 连接电路。

**表 6.5　　简易秒表元件清单**

| 序号 | 元件名称 | 型号与规格 | 单位 | 数量 |
|---|---|---|---|---|
| 1 | 单片机最小系统 | 单片机开发板（STC89C52RC） | 只 | 1 |
| 2 | 数码管 | 两位一体的共阳极 | 只 | 1 |
| 3 | 三极管 | NPN 或 PNP | 只 | 2 |
| 4 | 导线 | 杜邦线 | 条 | 若干 |

## 6.8　举一反三：简易数字时钟的设计

简易数字时钟的设计任务实施

### 一、任务要求

数字时钟是一个将“时”、“分”、“秒”显示于人的视觉器官的计时装置，计时周期为 24 小时，显示满刻度为 23 时 59 分 59 秒。

### 二、任务实施

该数字时钟硬件电路如图 6.11 所示。

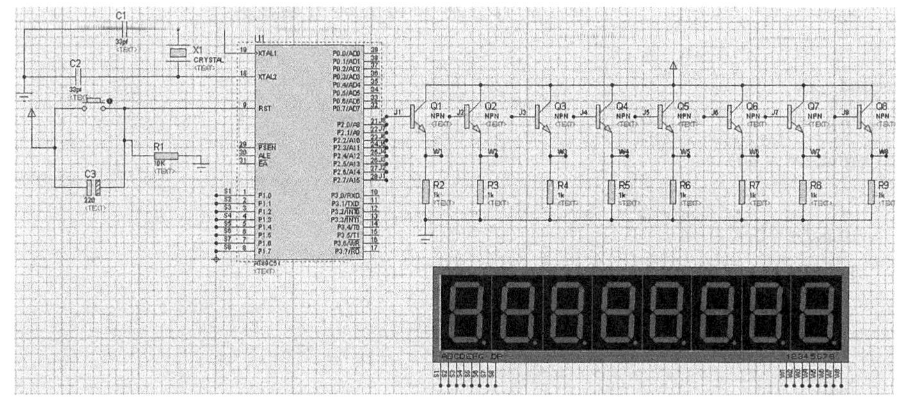


图 6.11　数字时钟硬件电路

## 三、程序设计

```
#include<reg51.h>
unsigned char display_code[10] = {0xc0,0xf9,0xa4,0xb0,0x99,0x92,0x82,0xf8,0x80,0x90};
unsigned int second = 0,minute = 0,hour = 0;
unsigned int count = 0;
void delay(unsigned int i)                    //1 ms 延时函数
  {
     unsigned int j,k;
     for(k = 0;k<i;k + + )
     for(j = 0;j<110;j + + );
  }

void time_0inti()
{
  TMOD = 0x01;                               //设置定时器 0 的工作方式
  TH0 = (65536 - 50000)/256;                 //设置定时器 0 的高 8 位
  TL0 = (65536 - 50000) % 256;               //设置定时器 0 的低 8 位
  ET0 = 1;                                   //开放定时器 0 中断允许
  EA = 1;                                    //开放总中断允许
  TR0 = 1;                                   //启动定时器 0
}

void time_0() interrupt 1
{
    TH0 = (65536 - 50000)/256;               //设置定时器 0 的高 8 位
    TL0 = (65536 - 50000) % 256;             //设置定时器 0 的低 8 位
    count + + ;
    if(count = = 20)                         //判断是否 1 s
    {
       count = 0;
       second + + ;
       if(second = = 60)                     //计数到 60 再从 00 开始显示
   {
     second = 0;
     minute + + ;
     if(minute = = 60)
       {
         minute = 0;
         hour + + ;
         if(hour = = 24)
    {
         hour = 0;
         minute = 0;
```

```
            second = 0;
        }

      }
    }
  }
}
main()
{
  time_0inti();                       //定时器 0 初始化
while(1)
  {
      P2 = 0x80;                      //选通数码管的小时十位
      P1 = display_code[hour/10];     //显示秒表的十位
      delay(5);                       //5 ms 的延时

      P2 = 0x40;                      //选通数码管的小时个位
      P1 = display_code[hour % 10];   //显示秒表的个位
      delay(5);                       //5 ms 的延时

      P2 = 0x20;                      //选通数码管的小时与分钟的间隔位
      P1 = 0xBF;                      //显示"-"
      delay(5);                       //5 ms 的延时

      P2 = 0x10;                      //选通数码管的分钟的十位
      P1 = display_code[minute/10];   //显示分钟的十位
      delay(5);                       //5 ms 的延时

      P2 = 0x08;                      //选通数码管的分钟的个位
      P1 = display_code[minute % 10]; //显示分钟的个位
      delay(5);                       //5 ms 的延时

      P2 = 0x04;                      //选通数码管的分钟与秒钟的间隔位
      P1 = 0xBF;                      //显示"-"
      delay(5);                       //5 ms 的延时

      P2 = 0x02;                      //选通数码管的秒钟的十位
      P1 = display_code[second/10];   //显示秒表的十位
      delay(5);                       //5 ms 的延时

      P2 = 0x01;                      //选通数码管的秒钟个位
      P1 = display_code[second % 10]; //显示秒表的个位
      delay(5);                       //5 ms 的延时
```

```
    }
}
```

## 任务三　脉冲计数器设计与制作

脉冲计数器的设计与制作任务实施

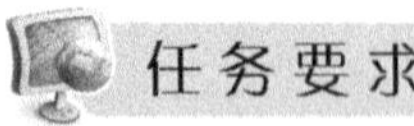

### 任务要求

设计一个计数范围为0～99的脉冲计数器，也就是用单片机的定时器/计数器并采用计数外部按键输送的脉冲信号，并用数码管将计数值显示出来。

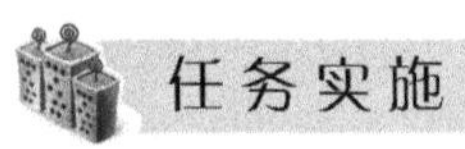

### 任务实施

## 6.9　硬　件　电　路

脉冲计数器电路设计如图6.12所示。

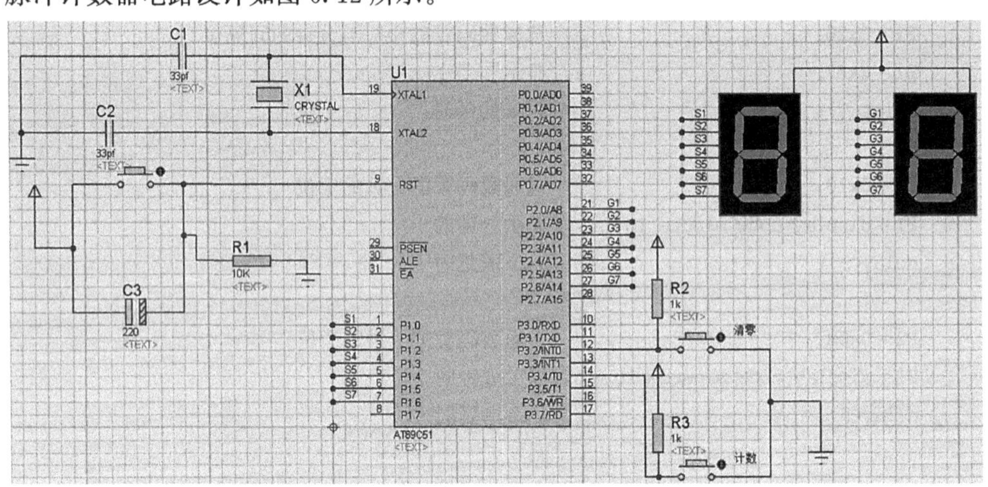


图6.12　脉冲计数器硬件电路

本任务实现脉冲计数器，计数范围为00～99。在P3.4（T0）端口连接一个开关，开关没有按下时端口为高电平，一旦按键被按下与地接通，跳变为低电平，形成一个下降沿，按键释放后，又恢复高电平，每按一次按键相当于给P3.4脚送入一个脉冲信号，每按一次按键，计数器加1。在P3.2（INT0）端口连接一个开关，做清零。按下该按键，计数值清零。

## 6.10　程　序　设　计

脉冲计数器设计程序如下：

```
#include<reg51.h>
unsigned char display_code[10] = {0xc0,0xf9,0xa4,0xb0,0x99,0x92,0x82,0xf8,0x80,0x90};
unsigned int count = 0;

void inti()
{
  TMOD = 0x05;                    //设置定时器 0 的工作方式
  TH0 = 0xFF;                     //设置定时器 0 的高 8 位
  TL0 = 0xFF;                     //设置定时器 0 的低 8 位
  ET0 = 1;                        //开放定时器 0 中断允许
  EX0 = 1;                        //开放外部中断允许
  EA = 1;                         //开放总中断允许
  TR0 = 1;                        //启动定时器 0
}

void int_0() interrupt 0
{
  count = 0;

}

void time_0() interrupt 1
{
  TH0 = 0xFF;                     //设置定时器 0 的高 8 位
  TL0 = 0xFF;                     //设置定时器 0 的低 8 位
  count + + ;
  if(count = = 100)
    {
         count = 0;
    }
}
main()
{
  inti();                         //定时器 0 初始化
  while(1)
  {
       P1 = display_code[count/10];     //显示秒钟的十位
       P2 = display_code[count % 10];   //显示秒钟的个位
   }
}
```

设置 T0 为计数方式，计数外部脉冲，工作方式 1，因此 TMOD=0x05，方式 2 最大计数值为 65 536，如果把初值设置为 65 535，则 TH0=0xFF，TL0=0xFF，则当 P3.4 脚接收到下降沿时，计数值加 1 溢出，然后进行定时器中断服务程序 time _ 0 () interrupt 1 时，

count 加 1 计数。如果清零键按下，则进入外部中断 0 服务程序 int _ 0 () interrupt 0 中，count=0，将计数值 count 通过数码管显示出来。

本任务需要注意的地方在于 TMOD 的设定以及对 TH0 及 TL0 赋初值。

## 6.11 系统制作与调试

按照表 6.6 清单准备元器件，然后按照仿真电路图 6.12 连接电路。

表 6.6 脉冲计数器元件清单

| 序号 | 元件名称 | 型号与规格 | 单位 | 数量 |
|---|---|---|---|---|
| 1 | 单片机最小系统 | 单片机开发板（STC89C52RC） | 只 | 1 |
| 2 | 数码管 | 共阳极 | 只 | 2 |
| 3 | 按键 | 弹跳开关 | 只 | 2 |
| 4 | 电阻 | 1kΩ | 只 | 2 |
| 5 | 导线 | 杜邦线 | 条 | 若干 |

## 项目小结

本项目主要介绍了 51 单片机的定时器/计数器的组成和工作原理。定时器/计数器由 T0、T1、定时器方式寄存器 TMOD 和定时器控制寄存器 TCON 组成。工作在定时方式时它是对单片机的内部机器周期进行计数；工作在计数方式时它是对 P3.4（T0）或 P3.5（T1）的外部脉冲进行计数，所以定时器/计数器实质上就是一个加 1 计数器。

定时器/计数器有 4 种工作方式。方式 0 是一个 13 位的计数器，由 TH0（TH1）的 8 位和 TL0（TL1）的低 5 位组成，TL0（TL1）的高 3 位未用，最大计数值 $M=2^{13}=8192$。方式 1 是 16 位的计数器，由 TH0（TH1）的 8 位和 TL0（TL1）的低 8 位组成，最大计数值 $M=2^{16}=65\,536$。方式 2 是自动重装载初值的 8 位计数器，TH0（TH1）寄存 8 位初值并保持不变，由 TL0（TL1）进行加 1 计数，最大计数值 $M=2^{8}=256$。方式 3 是 T0 被拆成两个独立的 8 位计数器 TL0 和 TH0，TL0 用 T0 的控制位、引脚和中断源控制，TH0 只可以用作定时功能，它占用 TR1 和 TF1，所以只有 T0 可以工作在方式 3，此时 T1 仍可设置为方式 0，方式 1 和方式 2。

单片机要使用定时器/计数器时，首先要对其进行初始化，初始化步骤为：

① 确定工作方式并对 TMOD 赋值。

② 预置定时或计数的初值并直接将初值写入 TH0、TL0 或 TH1、TL1 中。

③ 根据需要开启定时器/计数器中断，即直接对 IE 寄存器赋值。

④ 启动定时器/计数器工作，即将 TR0 或 TR1 置 1。

## 思考与训练

一、知识思考

① MCS-51 单片机定时器/计数器的定时功能和计数功能有什么不同?

② MCS-51 单片机内有几个定时计数器? 它们由哪些特殊功能寄存器组成?

③ MCS-51 单片机定时器/计数器作定时和计数时，其计数脉冲分别由谁提供?

④ MCS-51 单片机定时器/计数器的 4 种工作方式的特点及如何选择和设定这 4 种工作方式?

⑤ 使用一个定时器，如何通过软硬件结合的方法，实现较长时间的定时?

二、项目训练

① 用按键控制秒表的开启和停止。

② 设计时间间隔为 1 s 的流水灯控制程序。

# 项目七　密码锁的设计与制作

## 知识目标

① 矩阵键盘的工作原理以及编程方法。
② 字符型 LCD1602 液晶显示屏的指令以及编程方法。
③ 带字库型 LCD12864 液晶显示屏的指令以及编程方法。

## 能力目标

通过密码锁的设计了解矩阵键盘、LCD1602、LCD12864 工作原理，掌握单片机与外围器件的连接方式及使用方法。

## 项目要求

设计一个基于 51 单片机的电子密码锁，利用 4×4 矩阵键盘作为输入，1602 或 12864 型液晶显示屏作为显示部件，当输入密码和设定密码一致时，系统利用继电器输出解锁信号。将本项目分解成 3 个任务从数码管显示 4×4 矩阵键盘的实现入手，到 LCD1602 显示字符，LCD12864 显示汉字的实现，最终达到设计密码锁的目的。

## 任务一　数码管显示矩阵键盘设计与制作

### 任务要求

矩阵键盘
程序设计

LED 数码管显示矩阵键盘的键值。当按下键盘中的不同按键时，LED 数码管上显示不同的键值。

### 任务实施

### 7.1　硬　件　电　路

数码管显示矩阵键盘电路设计如图 7.1 所示。

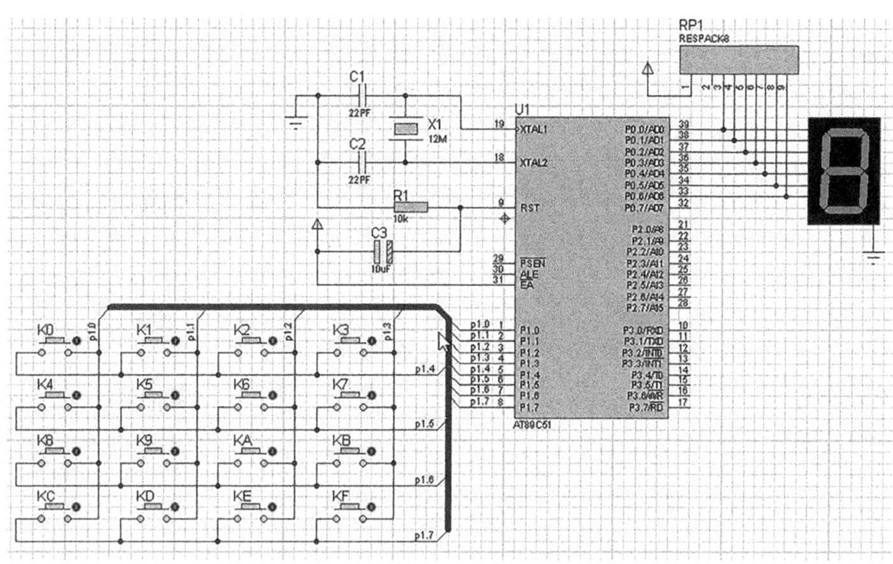


图 7.1　数码管显示矩阵键盘硬件电路

电路中 4×4 矩阵键盘共有 16 个按键，如果设计成独立按键则需要占用 16 个 I/O 口。4×4 矩阵键盘由 4 条行线和 4 条列线组成，占用 8 个 I/O 口，按键位于行线与列线的交叉点上，行线和列线分别连接到按键的开关两端。矩阵键盘的工作原理与独立按键相似。独立按键工作时，按键一端直接接地（该端一直处于低电平），单片机只要直接检测 I/O 口引脚是否出现低电平，就可以确定按键是否按下。但对于矩阵键盘，由于其行线和列线均连接，从 I/O 的引脚上没有可供直接检测的低电平，所以必须人为地编程。从 I/O 口输出低电平到相关引脚，再检测其他引脚上是否出现低电平，从而判断是否有键按下。P1 口外接矩阵键盘，P1.0～P1.3 连接矩阵键盘的 4 条列线，P1.4～P1.7 连接矩阵键盘的 4 条行线。P0 口外接上拉电阻后与一位共阴极数码管相连。

## 7.2 程 序 设 计

本项目可以采用两种方式来实现，一种是扫描法，一种是线反转法。

扫描法参考程序如下：

```
#include<reg51.h>
#include<intrins.h>
unsigned char display_code[16] = {0x3f,0x06,0x5b,0x4f,0x66,0x6d,0x7d,0x07,0x7f,0x6f,0x77,
0x7c,0x39,0x5e,0x79,0x71};                                    //共阴极数码管段选码
unsigned scan;
void delay(unsigned int i)                                    //1ms 延时函数
{
  unsigned int j,k;
  for(k = 0;k<i;k++)
  for(j = 0;j<110;j++);
```

```
}
char scan_key()
{
    char s,temp,m,n,temp1;
    bit find = 0;
    P1 = 0xf0;                                  //向所有的列线上输出低电平,行线上输出高电平

    if(P1! = 0xf0)                              //行线上不全为 1,有按键按下

  {
    delay(5);                                   //延时消抖
    temp = 0xfe;                                //先送列线 0 为低电平,列线1、2、3 为高电平

    for(s = 0;s<4;s + +)
    {
      P1 = temp;                                //逐位送出低电平
      if((((P1^temp)&0xf0)! = 0x00)&&(((P1^temp)&0x0f) = = 0x00)) //判断是否是第 m 列上有按键按下

      {
           m = s;                               //如果第 m 列上有按键按下
           find = 1;                            //则 find 为 1
           switch(P1&0xf0)                      //屏蔽低四位
         {

              case 0xe0:n = 0;break;            //第 0 行有按键按下
              case 0xd0:n = 1;break;            //第 1 行有按键按下
              case 0xb0:n = 2;break;            //第 2 行有按键按下
              case 0x70:n = 3;break;            //第 3 行有按键按下
         {
      }
         if(find = = 1)return(n * 4 + m);       //如果第 m 列有按键按下,返回键值 = 行号×4 + 列号

         else temp = _crol_(temp,1);            //否则第 m + 1 列送出低电平
         }
     }
       if(find = = 0)return - 1;                //如果无按键按下则返回 - 1
   }
   main()
   {
       P0 = 0x40;                               //上电时数码管显示“ - ”
       while(1)
         {
           scan = scan_key();                   //调用矩阵键盘扫描函数
```

```
            if(scan! = -1)                          //如果返回值不为-1说明有按键按下
        {
            P0 = display_code[scan];                //数码管显示键值
        }
      }
    }
```

行列反转法参考程序如下：

```
#include<reg51.h>
#include<intrins.h>
unsigned char display_code[16] = {0x3f,0x06,0x5b,0x4f,0x66,0x6d,0x7d,0x07,0x7f,0x6f,0x77,
0x7c,0x39,0x5e,0x79,0x71};                  //共阴极数码管段选码
unsigned char codekey_code[16] = {0xee,0xed,0xeb,0xe7,0xde,0xdd,0xdb,0xd7,0xbe,0xbd,0xbb,0xb7,
0x7e,0x7d,0x7b,0x77};                       //键盘对应的扫描码表
unsigned scan;
void delay(unsigned int i)                  //1ms 延时函数
{
unsigned int j,k;
for(k = 0;k<i;k++)
for(j = 0;j<110;j++);
}
char scan_key()
{
   char s,scan1,scan2,keycode;
   P1 = 0xf0;                               //向所有的列线上输出低电平,行线上输出高电平
   scan1 = P1;                              //读,行列值
   if(P1! = 0xf0)                           //行线上不全为1,有按键按下
   {
     delay(20);                             //延时消抖
     if(P1! = 0xf0)                         //再次判断按键是否按下
   {
        P1 = 0x0f;                          //行列反转,向所有的行线上输出低电平,列线上输出高电平
        scan2 = P1;                         //读入行列值
        keycode = scan1|scan2;              //两次读入值按位或操作,得到扫描码
        for(s = 0;s<16;s++)                 //由扫描码得到键值
   {
        if(keycode = = codekey_code[s])
    {
        return s;                           //返回键值
      }
     }
   }
```

```
}
return -1;                        //无按键按下则返回-1
}
main()
{
   P0 = 0x40;                     //上电时数码管显示"-"
   while(1)
{
   scan = scan_key();             //调用矩阵键盘扫描函数
   if(scan! = -1)                 //如果返回值不为-1说明有按键按下
   {
      P0 = display_code[scan];    //数码管显示键值
   }
}
}
```

1. 逐列扫描法

采用逐列扫描法识别矩阵式键盘按键的方法如下：

首先判断键盘是否有键按下，方法是向所有的列线上输出低电平，再读入所有的行信号，从P1口输出11110000，然后再读入P1口的值，通过P1！=0xf0判断行值是否为全高，如果16个按键中任意一个被按下，那么读入的行电平则不全为高；如果16个按键中无按键按下，则读入的行电平全为高。第二步，逐列扫描判断具体的按键，方法是往列线上逐列送低电平，先送列线0为低电平，列线1、2、3为高电平，P1口输出11111110，读入的行电平的状态就显示了位于列线0的K0，K4，K8，K12四个按键的状态，例如K4按下，则列线0与行线1导通，行线1的电平被拉低，此时P1口的值为11011110，读入的行信号为低电平，表示有按键按下，若读入的行值全为高，则表示按键无按下。再送列线1为低电平，再读入行电平状态，以此类推，直到扫描完4列，再从列线0开始。

矩阵键盘逐列扫描函数scan _ key（）中键值的计算方法是先确定第m列按下，再通过P1&0xf0屏蔽P1口的列线，判断是第*n*行按下，通过列线与行线的关系求解键值：键值=行号＊4+列线。那如何是否是第*m*列有按键按下呢？要判断是否是第*m*列上的按键按下，给P1口输出第*m*列的列线为低电平，读入P1口的值需要同时满足两个条件。第一：行线不全为高电平，第二：第*m*列线为低电平，通过（（（P1^temp）&0xf0)！=0x00）&&（（（P1^temp）&0x0f）==0x00）判断是否满足以上两个条件。

2. 行列反转法

行列反转法的基本原理是通过给先给列线送低电平，行线送高电平，P1口输出11110000，scan1=P1，读行值送到scan1。然后行列值反转，给列线送高电平，行线送高电平，P1口输出00001111，scan2=P1，读列值送到scan2。将读入的行值与列值进行按位“或”运算，得到每个键的扫描码。

例如，K4键被按下，首先P1口输出值为11110000，然后读入行值，此时P1口值为11010000，然后行列值反转，P1口输出值为00001111，然后读入列值，此时P1口值为00001110。然后将行列值进行“或”运算为11011110，与键盘扫描码数组codekey _ code中下标为 4 的 0xde 相等，这个下标值就是按键的键值。

不论使用逐列扫描法还是行列反转法需要注意的是消抖延时，理论上是 5～10ms，但是有时需要根据按键按下时间的长短来定，如果消抖时间太短，使用者按键时间太长，此时系统可能默认已经按下同一个按键 $N$ 次。如果消抖时间太长，使用者按键时间太短，则可能按第二次按键，系统仍停留在第一次按键判断。因此正常情况下根据实际情况调整消抖延时时间长短。

## 7.3　系统制作与调试

按照表 7.1 清单准备元器件，然后按照仿真电路图 7.1 连接电路。

**表 7.1　　数码显示矩阵键盘电路**

| 序号 | 元件名称 | 型号与规格 | 单位 | 数量 |
|---|---|---|---|---|
| 1 | 单片机最小系统 | 单片机开发板（STC89C52RC） | 只 | 1 |
| 2 | 数码管 | 共阳极 | 只 | 1 |
| 3 | 开关 | 弹跳开关 | 只 | 16 |
| 4 | 导线 | 杜邦线 | 条 | 若干 |

# 任务二　LCD1602 液晶显示屏字符显示设计与制作

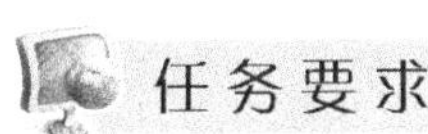

字符 1602 显示任务要求

要求利用单片机控制 LCD1602 液晶模块，在液晶屏的两行分别显示“enter password”字符串。

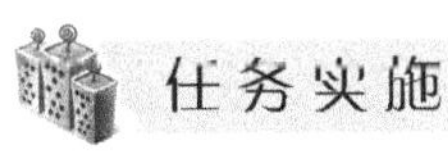


## 7.4　硬　件　电　路

LCD1602 字符显示电路设计

LCD1602 液晶显示屏电路设计如图 7.2 所示。

单片机 P1 口接 LCD1602 液晶显示屏的 8 位数据位，通过 P1 口向 LCD1602 进行数据传输。P3.0 口接 RS，向液晶控制器发送写数据/写命令的选择端，当 RS=0 时，表示命令，当 RS=1 时，表示数据。P3.1 口接 RW，RW 为读/写选择端，RW＝0 表示写操作，RW＝1 表示

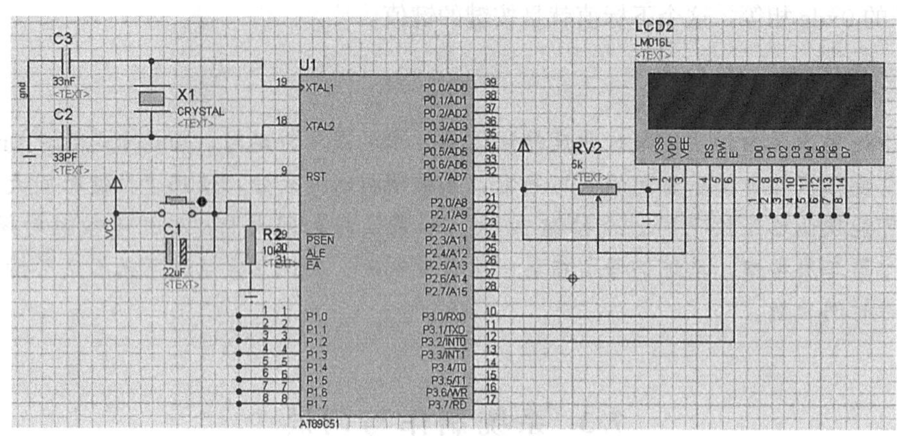


图 7.2　LCD1602 液晶显示屏硬件电路

读操作。P3.2 口接 E 使能信号端，是操作时的必须操作。电位器 RV2 为 $V_{EE}$ 提供可调的液晶驱动电压，用于调节对比度。LCD 液晶显示屏的实物还有 15、16 脚 BLA 和 BLK，分别连接电源的正负极，作为背光供电。

## 7.5　程　序　设　计

LCD1602 液晶显示屏程序设计

LCD1602 液晶显示屏字符显示的程序代码如下：

```
#include<reg51.h>
#include<intrins.h>
unsigned char lcd[] = "enter password";          //显示字符“enter password”
sbit RS = 0xb0;
sbit RW = 0xb1;
sbit E = 0xb2;
//声明函数
void lcd_w_cmd(unsigned char com);               //写命令字函数
void lcd_w_dat(unsigned char dat);               //写数据函数
unsigned char lcd_r_start();                     //读状态字函数
void int1();                                     //LCD 初始化函数
void delay(unsigned char t);                     //可控延时函数
void delay1();                                   //软件延时函数,大约几个机器周期

void delay(unsigned char t)                      //可控延时函数
{
unsigned char j,i;
for(i = 0;i<t;i + +)
for(j = 0;j<50;j + +);
}

void delay1()                                    //大约几个机器周期
```

```
{
  _nop_();
  _nop_();
  _nop_();
}

void int1()                                   //LCD 初始化函数
{
  lcd_w_cmd(0x3c);                            //设置工作方式
  lcd_w_cmd(0x0e);                            //设置光标
  lcd_w_cmd(0x01);                            //设置清屏
  lcd_w_cmd(0x06);                            //设置输入方式
  lcd_w_cmd(0x80);                            //设置初始显示位置
}

unsigned char lcd_r_start()                   //读状态字函数
{
unsigned char s;
  RW = 1;                                     //RW = 1,RS = 0,读 LCD 状态
delay1();
  RS = 0;
delay1();
  E = 1;                                      //E 端时序
delay1();
  s = P1;
delay1();
  E = 0;
delay1();
  RW = 0;
delay1();
  return(s);                                  //返回读取的 LCD 状态字
}
void lcd_w_cmd(unsigned char com)             //写命令字函数
{
unsigned char i;
  do{                                         //查 LCD 忙操作
      i = lcd_r_start();
      i = i&0x80;                             //屏蔽低 7 位
delay(2);
}while(i! = 0);                               //如果忙则继续查询,否则退出循环
  RW = 0;
delay1();
  RS = 0;                                     //RW = 0,RS = 0,写 LCD 命令字
```

```
delay1();
  E = 1;
delay1();
  P1 = com;                                 //将 com 中的命令字写入 LCD 数据口
delay1();
  E = 0;
delay1();
  RW = 1;
delay(255);
}
void lcd_w_dat(unsigned char dat)           //写数据函数
{
unsigned char i;
do{
     i = lcd_r_start();                     //查忙状态
     i = i&0x80;                            //屏蔽低 7 位
     delay(2);
     }while(i! = 0);                        //LCD 忙,继续查询,否则退出循环
  RW = 0;                                   //RW = 0,RS = 1,写 LCD 数据
delay1();
  RS = 1;
delay1();
  E = 1;
delay1();
  P1 = dat;                                 //将 dat 中的显示数据写入 LCD 数据口
delay1();
  E = 0;
delay1();
  RW = 1;
delay(255);
}
void main()
{
unsigned char i;
  P1 = 0xff;                                //将全 1 送到 P1 口
  int1();                                   //LCD 初始化
delay(255);
  lcd_w_cmd(0x80);                          //设置显示的位置
delay(255);
for(i = 0;i<14;i + +)
   {
   lcd_w_dat(lcd[i]);
delay(200);
```

```
    }
  while(1);
  }
```

设计 LCD1602 的程序时，必须严格按照 LCD1602 的读操作时序和写操作时序来完成，单片机选用的晶体振荡器的频率不同，在编写延时程序时延时参数要进行适当修改，使之符合 LCD1602 的时序要求。在编写程序时，尽量按照模块化的编程思想进行编程。

程序设计的思想主要从单片机对 LCD1602 模块有四种基本操作入手，这四种操作分别是：写命令、写数据、读状态和读数据，并由 LCD1602 模块的三个控制引脚 RS、R/W 和 E 的不同组合状态确定。LCD1602 的控制过程如下：

① 初始化功能设置，包括工作方式、显示状态、清屏、输入方式。

② 读状态操作程序。

③ 写命令字程序。

④ 光标定位。

⑤ 写数据程序。

编程时首先判断 LCD1602 是否处于忙状态，如果 LCD1602 一直处于忙状态，则继续查询等待，否则进行如下操作：忙检测结束后可以开始对 LCD1602 进行写命令操作，一般 LCD1602 上电时，都必须按照一定的时序对 LCD1602 进行初始化操作，主要任务是设置 LCD1602 的工作方式、显示状态、清屏、输入方式、光标位置等。完成写命令操作之后要想把显示字符显示在某一定值位置，这就要求先将显示数据写在相应的 DDRAM 地址中，LCD1602 控制流程图如图 7.3 所示。

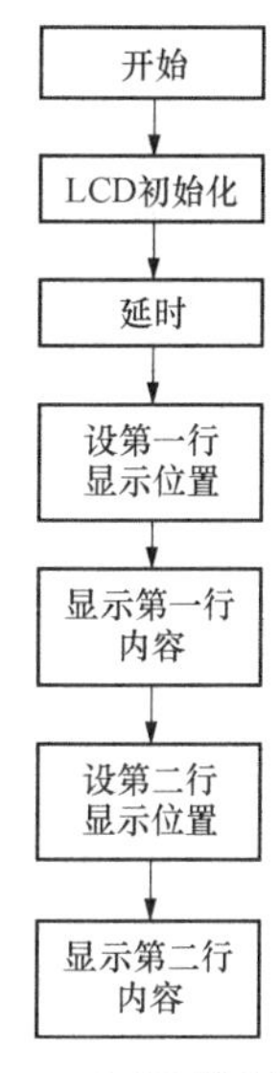


图 7.3　LCD 控制流程

## 7.6 知 识 综 述

### 7.6.1 字符型 LCD1602 液晶屏简介

在日常生活中，用户对液晶显示器并不陌生。液晶显示模块已作为很多电子产品的使用器件，在计算器、万用表、电子表及很多家用电子产品中都可以看到，显示的主要是数字、专用符号和图形。在单片机的人机交流界面中，一般的输出方式有以下几种：发光管、LED 数码管、液晶显示器。发光管和 LED 数码管比较常用，软硬件都比较简单，在前面章节已经介绍过，在此不作介绍，本节重点介绍字符型液晶显示器的应用。

（1）在单片机系统中应用液晶显示器作为输出器件的优点

① 显示质量高：由于液晶显示器的每一点在收到信号后就一直保持某种色彩和亮度，恒定发光，而不像阴极射线管显示器（CRT）那样需要不断刷新亮点。因此，液晶显示器画质高且不会闪烁。

② 数字式接口：液晶显示器都是数字式的，比单片机系统的接口更加简单可靠，操作更加方便。

③ 体积小、重量轻：液晶显示器通过显示屏上的电极控制液晶分子状态来达到显示的

目的，在重量上比相同显示面积的传统显示器要轻得多。

④ 功耗低：相对而言，液晶显示器的功耗主要消耗在其内部的电极和驱动 IC 上，因而耗电量比其他显示器要少得多。

(2) 液晶显示原理与分类

① 液晶显示原理：液晶显示的原理是利用液晶的物理特性，通过电压对其显示区域进行控制，有电就有显示，这样即可以显示出图形。液晶显示器具有厚度薄、适用于大规模集成电路直接驱动、易于实现全彩色显示的特点，目前已经被广泛应用在便携式电脑、数字摄像机、PDA 移动通信工具等众多领域。

② 液晶显示器的分类：液晶显示的分类方法有很多种，通常可按其显示方式分为段式、字符式、点阵式等。除了黑白显示外，液晶显示器还有多灰度、多彩色显示等。如果根据驱动方式来分，可以分为静态驱动（Static）、单纯矩阵驱动（Simple Matrix）和主动矩阵驱动（Active Matrix）三种。

### 7.6.2 字符型 LCD1602 引脚说明

LCD1602 采用标准的 14 脚（无背光）或 16 脚（带背光）接口，各引脚接口说明如表 7.2 所列，其引脚说明如图 7.4 所示。

表 7.2 引脚接口说明表

| 编号 | 符　号 | 引脚说明 | 编号 | 符　号 | 引脚说明 |
|---|---|---|---|---|---|
| 1 | $V_{SS}$ | 电源地 | 9 | D2 | 数据 |
| 2 | $V_{CC}$ | 电源正极 | 10 | D3 | 数据 |
| 3 | V0 | 对比度调节 | 11 | D4 | 数据 |
| 4 | RS | 数据/命令选择 | 12 | D5 | 数据 |
| 5 | R/W | 读/写选择 | 13 | D6 | 数据 |
| 6 | E | 使能信号 | 14 | D7 | 数据 |
| 7 | D0 | 数据 | 15 | BLA | 背光源正极 |
| 8 | D1 | 数据 | 16 | BLK | 背光源负极 |

第 1 脚：$V_{SS}$为地电源。

第 2 脚：$V_{DD}$接 5 V 正电源。

第 3 脚：V0 为液晶显示器对比度调整端，接正电源时对比度最弱，接地时对比度最高，对比度过高时会产生“鬼影”，使用时可以通过一个 10kΩ 的电位器调整对比度。

第 4 脚：RS 为寄存器选择，高电平时选择数据寄存器，低电平时选择指令寄存器。

第 5 脚：R/W 为读写信号线，高电平时进行读操作，低电平时进行写操作。当 RS 和 R/W 共同为低电平时可以写入指令或者显示地址；当 RS 为低电平、R/W 为高电平时可以读忙信号，当 RS 为高电平、R/W 为低电平时可以写入数据。

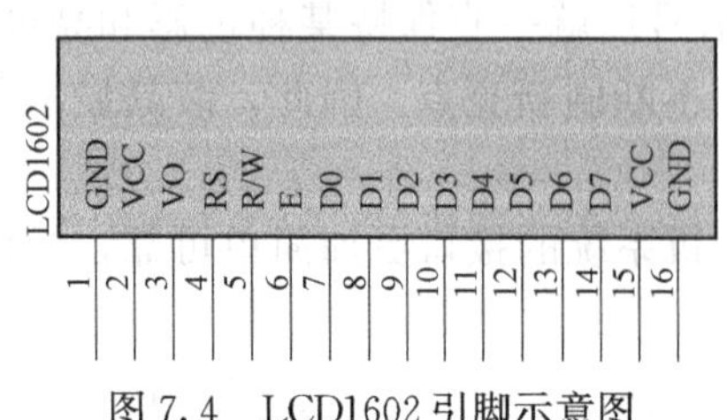

图 7.4 LCD1602 引脚示意图

第 6 脚：E 端为使能端，当 E 端由高电平跳变成低电平时，液晶模块执行命令。

第 7～14 脚：D0～D7 为 8 位双向数据线。

第 15 脚：背光源正极。

第 16 脚：背光源负极。

单片机对 LCD 模块由四种基本操作：写命令、写数据、读状态和读数据，具体操作由 LCD1602 模块的三个控制引脚 RS、R/W 和 E 的不同组合状态确定，每次操作 RS、R/W 时需要给 E 脚一个脉冲，如表 7.3 所列。

表 7.3　　LCD 模块三个控制引脚状态对应的基本操作

| LCD 模块控制端 | | LCD 基本操作 |
|---|---|---|
| RS | R/W | |
| 0 | 0 | 写命令操作：用于初始化、清屏，光标定位等 |
| 0 | 1 | 读状态操作：读忙标志，当忙标志为“1”时，表明 LCD 正在进行内部操作，此时不能进行其他三类操作；当忙标志为“0”时，表明 LCD 内部操作已经全部结束，可以进行其他三类操作，一般采用查询方式 |
| 1 | 0 | 写数据操作：写入要显示的内容 |
| 1 | 1 | 读数据操作：将显示存储区中的数据反读出来，一般比较少用 |

### 7.6.3　LCD1602 的指令说明及时序

LCD1602 液晶模块内部的控制器共有 11 条控制指令，如表 7.4 所列。

表 7.4　　LCD1602 指令列表

| 序号 | 指　令 | RS | R/W | D7 | D6 | D5 | D4 | D3 | D2 | D1 | D0 |
|---|---|---|---|---|---|---|---|---|---|---|---|
| 1 | 清显示 | 0 | 0 | 0 | 0 | 0 | 0 | 0 | 0 | 0 | 1 |
| 2 | 光标返回 | 0 | 0 | 0 | 0 | 0 | 0 | 0 | 0 | 1 | * |
| 3 | 置输入模式 | 0 | 0 | 0 | 0 | 0 | 0 | 0 | 1 | I/D | S |
| 4 | 显示开/关控制 | 0 | 0 | 0 | 0 | 0 | 0 | 1 | D | C | B |
| 5 | 光标或字符移位 | 0 | 0 | 0 | 0 | 0 | 1 | S/C | R/L | * | * |
| 6 | 置功能 | 0 | 0 | 0 | 0 | 1 | DL | N | F | * | * |
| 7 | 置字符发生存储器地址 | 0 | 0 | 0 | 1 | 字符发生存储器地址 | | | | | |
| 8 | 置数据存储器地址 | 0 | 0 | 1 | 显示数据存储器地址 | | | | | | |
| 9 | 读忙标志或地址 | 0 | 1 | BF | 计数器地址 | | | | | | |
| 10 | 写数到 CGRAM 或 DDRAM | 1 | 0 | 要写的数据内容 | | | | | | | |
| 11 | 从 CGRAM 或 DDRAM 读数 | 1 | 1 | 读出的数据内容 | | | | | | | |

LCD1602 液晶模块的读写操作、屏幕和光标的操作都是通过指令编程来实现的（说明：1 为高电平、0 为低电平）。

指令 1：清显示，指令码 0x01，光标复位到地址 00H 位置。

指令 2：光标复位，光标返回到地址 00H。

指令 3：光标和显示模式设置 I/D：光标移动方向，高电平右移，低电平左移 S：屏幕上所有文字是否左移或者右移。高电平表示有效，低电平则无效。

指令 4：显示开关控制。D：控制整体显示的开与关，高电平表示开显示，低电平表示关显示 C：控制光标的开与关，高电平表示有光标，低电平表示无光标 B：控制光标是否闪烁，高电平闪烁，低电平不闪烁。

指令 5：光标或显示移位 S/C：高电平时移动显示的文字，低电平时移动光标。

指令 6：功能设置命令 DL：高电平时为 4 位总线，低电平时为 8 位总线。N：低电平时为单行显示，高电平时双行显示。F：低电平时显示 5×7 的点阵字符，高电平时显示 5＊10 的点阵字符。

指令 7：字符发生器 RAM 地址设置。

指令 8：DDRAM 地址设置。

指令 9：读忙信号和光标地址。BF：为忙标志位，高电平表示忙，此时模块不能接收命令或者数据，如果为低电平表示不忙。

指令 10：写数据。

指令 11：读数据。

1. 写命令操作

LCD 上电时，必须要按一定的时序对 LCD 进行初始化操作，主要任务是设置 LCD 的工作方式，光标，清屏，输入方式，以及设置初始显示位置。根据表 7.4 指令列表设置将初始化命令字，即把命令字通过写命令操作函数 lcd _ w _ cmd（）写入 LCD 液晶显示屏，参考程序段如下：

```
lcd_w_cmd(0x3c);              //设置工作方式
lcd_w_cmd(0x0e);              //设置光标
lcd_w_cmd(0x01);              //设置清屏
lcd_w_cmd(0x06);              //设置输入方式
lcd_w_cmd(0x80);              //设置初始显示位置
```

2. 读状态操作

读 LCD 内部状态函数 lcd _ r _ start（），该函数的功能是读状态操作，将 D7～D0 的数据读到 P1 口，该函数返回 P1 口的值，然后通过与“0x80”进行“&”运算，屏蔽掉低 7 位；通过忙标志 BF 判断忙状态，当忙标志为“1”时，表明 LCD 正在进行内部操作，此时不能进行其他三类操作；当忙标志为“0”时，表明 LCD 内部操作已经全部结束。

查询忙状态的程序如下：

```
do{                            //查 LCD 忙操作
    i = lcd_r_start();
              i = i&0x80;      //屏蔽低 7 位
    delay(2);
  }while(i! =0);               //如果忙则继续查询,否则退出循环
```

3. 写数据操作

液晶显示模块是一个慢显示器件，在执行每条指令之前一定要确认模块的忙标志为低电平，表示不忙，否则此指令失效。显示字符时应先输入显示字符地址，也就是告诉模块在哪里显示字符，LCD1602 的内部显示地址如表 7.5 所列。

**表 7.5　　LCD1602 内部显示地址**

| 地址 | 列<br>行 | 1 | 2 | 3 | 4 | 5 | 6 | 7 | 8 | 9 | 10 | 11 | 12 | 13 | 14 | 15 | 16 |
|---|---|---|---|---|---|---|---|---|---|---|---|---|---|---|---|---|---|
| DDRAM 地址 | 1 | 00 | 01 | 02 | 03 | 04 | 05 | 06 | 07 | 08 | 09 | 0A | 0B | 0C | 0D | 0E | 0F |
|  | 2 | 40 | 41 | 42 | 43 | 44 | 45 | 46 | 47 | 48 | 49 | 4A | 4B | 4C | 4D | 4E | 4F |

例如，第二行第一个字符的地址是 0x40，是否直接写入 0x40 就可以将光标定位在第二行第一个字符的位置呢？这样不行，因为写入显示地址时要求最高位 D7 恒定为高电平 1，所以实际写入的数据应该是 01000000B（0x40）＋10000000B（0x80）＝11000000B（0xC0）。定位光标位置的命令字如表 7.6 所列。

**表 7.6　　光标位置与相应的命令字**

| 地址 | 行＼列 | 1 | 2 | 3 | 4 | 5 | 6 | 7 | 8 | 9 | 10 | 11 | 12 | 13 | 14 | 15 | 16 |
|---|---|---|---|---|---|---|---|---|---|---|---|---|---|---|---|---|---|
| DDRAM 地址 | 1 | 80 | 81 | 82 | 83 | 84 | 85 | 86 | 87 | 88 | 89 | 8A | 8B | 8C | 8D | 8E | 8F |
| | 2 | C0 | C1 | C2 | C3 | C4 | C5 | C6 | C7 | C8 | C9 | CA | CB | CC | CD | CE | CF |

**注**　表中命令字以十六进制形式给出。

当显示一个字符后，如果没有重新给定光标定位，液晶模块显示字符时光标是自动左移或右移的，则 DDRAM 地址会自动加 1 或减 1，无须人工干预。加或减由指令 3 输入模式设置，因此在对液晶模块的初始化中要先设置其显示模式。每次输入指令前都要判断液晶模块是否处于忙的状态。

LCD1602 液晶模块内部的字符发生存储器（CGROM）已经存储了 160 个不同的点阵字符图形，如表 7.7 所列。这些字符有：阿拉伯数字、英文字母的大小写、常用符号和日文假名等，每一个字符都有一个固定的代码，比如大写的英文字母“A”的代码是 01000001B（0x41），显示时模块把地址 0x41 中的点阵字符图形显示出来，人们就能看到字母“A”。

**表 7.7　　LCD1602 字符代码与图形对应图**

| | 0000 | 0001 | 0010 | 0011 | 0100 | 0101 | 0110 | 0111 | 1000 | 1001 | 1010 | 1011 | 1100 | 1101 | 1110 | 1111 |
|---|---|---|---|---|---|---|---|---|---|---|---|---|---|---|---|---|
| xxxx0000 | CG RAM (1) | | | 0 | @ | P | ` | p | | | | — | タ | ミ | α | p |
| xxxx0001 | (2) | | ! | 1 | A | Q | a | q | | | 。 | ア | チ | ム | ä | q |
| xxxx0010 | (3) | | " | 2 | B | R | b | r | | | 「 | イ | ツ | メ | β | θ |
| xxxx0011 | (4) | | # | 3 | C | S | c | s | | | 」 | ウ | テ | モ | ε | ∞ |
| xxxx0100 | (5) | | $ | 4 | D | T | d | t | | | 、 | エ | ト | ヤ | μ | Ω |
| xxxx0101 | (6) | | % | 5 | E | U | e | u | | | ・ | オ | ナ | ユ | σ | ü |
| xxxx0110 | (7) | | & | 6 | F | V | f | v | | | ヲ | カ | ニ | ヨ | ρ | Σ |
| xxxx0111 | (8) | | ' | 7 | G | W | g | w | | | ァ | キ | ヌ | ラ | g | π |
| xxxx1000 | (1) | | ( | 8 | H | X | h | x | | | ィ | ク | ネ | リ | √ | x̄ |
| xxxx1001 | (2) | | ) | 9 | I | Y | i | y | | | ゥ | ケ | ノ | ル | ⁻¹ | y |
| xxxx1010 | (3) | | * | : | J | Z | j | z | | | ェ | コ | ハ | レ | j | 千 |
| xxxx1011 | (4) | | + | ; | K | [ | k | { | | | ォ | サ | ヒ | ロ | ˣ | 万 |
| xxxx1100 | (5) | | , | < | L | ¥ | l | \| | | | ャ | シ | フ | ワ | ¢ | 円 |
| xxxx1101 | (6) | | - | = | M | ] | m | } | | | ュ | ス | ヘ | ン | £ | ÷ |
| xxxx1110 | (7) | | . | > | N | ^ | n | → | | | ョ | セ | ホ | ゛ | ñ | |
| xxxx1111 | (8) | | / | ? | O | _ | o | ← | | | ッ | ソ | マ | ゜ | ö | █ |

例如，若在第 2 行第 1 列显示字符“A”，可以使用以下参考程序：

```
lcd_w_cmd(0xC0);
lcd_w_dat(0x41);
```

或者直接通过字符写入，本任务的程序用的就是该方法：

```
lcd_w_cmd(0xC0);
lcd_w_dat('A');
```

## 7.7　系统制作与调试

按照表 7.8 清单准备元器件，然后按照仿真电路图 7.2 连接电路。

**表 7.8　　LCD1602 液晶显示屏元件清单**

| 序号 | 元件名称 | 型号与规格 | 单位 | 数量 |
|---|---|---|---|---|
| 1 | 单片机最小系统 | 单片机开发板（STC89C52RC） | 只 | 1 |
| 2 | LCD1602 | 1602 | 只 | 1 |
| 3 | 滑动电阻 | 10kΩ | 只 | 1 |
| 4 | 导线 | 杜邦线 | 条 | 若干 |

## 7.8　举一反三：基于 LCD1602 密码锁的设计与制作

一、任务要求

LCD1602 密码锁任务要求

假设密码锁的初始密码为“1234”，LCD1602 一上电显示“enter password”字符串，要求从矩阵键盘上输入 4 位密码，判断与原始密码是否相同，若相同，则显示“open”；否则，显示“sorry”。

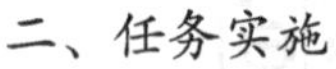

二、任务实施

LCD1602 密码锁硬件设计

基于 LCD1602 密码锁设计与制作硬件电路如图 7.5 所示。

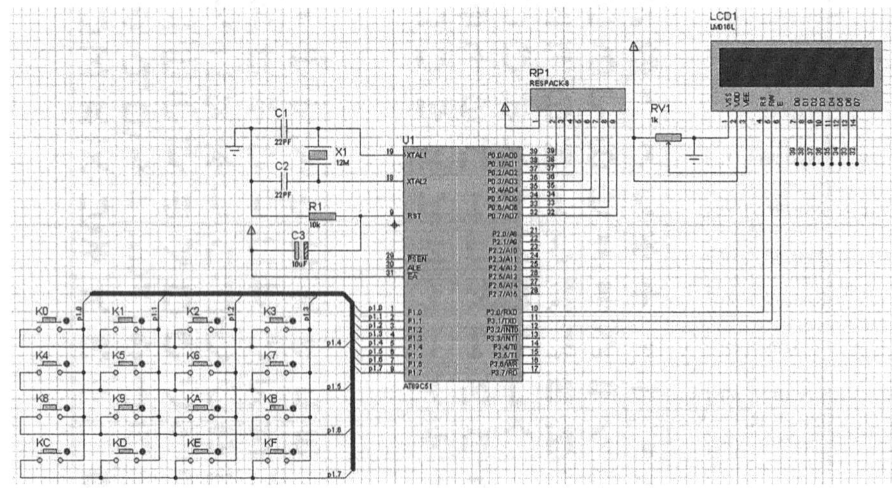


图 7.5　基于 LCD1602 简易密码锁硬件电路

## 三、程序设计

LCD1602 液晶显示屏程序设计

```
#include<reg51.h>
#include<intrins.h>
unsigned char codekey_code[16] = {0xee,0xed,0xeb,0xe7,0xde,0xdd,0xdb,0xd7,
0xbe,0xbd,0xbb,0xb7,0x7e,0x7d,0x7b,0x77};                //键盘对应的扫描码表
unsigned char lcd[] = "enter password";                  //显示字符"enter password"
unsigned char lcd1[] = "open";                           //显示字符"open"
unsigned char lcd2[] = "sorry";                          //显示字符"sorry"
unsigned char passwordint[4] = {"1234"};                 //原始密码
unsigned char password[4] = {"0"};
sbit RS = P3^0;
sbit RW = P3^1;
sbit E = P3^2;
unsigned scan;
//声明函数
void lcd_w_cmd(unsigned char com);                       //写命令字函数
void lcd_w_dat(unsigned char dat);                       //写数据函数
unsigned char lcd_r_start();                             //读状态字函数
void int1();                                             //LCD 初始化函数
void delay(unsigned char t);                             //可控延时函数
void delay1();                                           //软件延时函数,大约几个机器周期

void delay(unsigned char t)                              //可控延时函数
{
  unsigned char j,i;
  for(i = 0;i<t;i++)
  for(j = 0;j<50;j++);
}
void delay1()                                            //大约几个机器周期
{
 _nop_();
 _nop_();
 _nop_();
}
void int1()                                              //LCD 初始化函数
{
  lcd_w_cmd(0x3c);                                       //设置工作方式
  lcd_w_cmd(0x0e);                                       //设置光标
  lcd_w_cmd(0x01);                                       //设置输入方式
  lcd_w_cmd(0x06);                                       //设置输入方式
  lcd_w_cmd(0x80);                                       //设置初始显示位置
}
unsigned char lcd_r_start()                              //读状态字函数
```

```
{
  unsigned char s;
  RW = 1;                                   //RW = 1,RS = 0,读 LCD 状态
  delay1();
  RS = 0;
  delay1();
  E = 1;                                    //E 端时序
  delay1();
  s = P0;
  delay1();
  E = 0;
  delay1();
  RW = 0;
  delay1();
  return(s);                                //返回读取的 LCD 状态字
}
void lcd_w_cmd(unsigned char com)           //写命令字函数
{
  unsigned char i;
  do{                                       //查 LCD 忙操作
        i = lcd_r_start();
        i = i&0x80;                         //屏蔽低 7 位
        delay(2);
        }while(i! =0);                      //如果忙则继续查询,否则退出循环
  RW = 0;
  delay1();
  RS = 0;                                   //RW = 0,RS = 0,写 LCD 命令字
  delay1();
  E = 1;
  delay1();
  P0 = com;                                 //将 com 中的命令字写入 LCD 数据口
  delay1();
  E = 0;
  delay1();
  RW = 1;
  delay(255);
}
void lcd_w_dat(unsigned char dat)           //写数据函数
{
  unsigned char i;
  do{
     i = lcd_r_start();                     //查忙状态
     i = i&0x80;                            //屏蔽低 7 位
```

```
        delay(2);
        }while(i!  =0);                         //LCD忙,继续查询,否则退出循环
    RW=0;                                       //RW=0,RS=1,写LCD数据
    delay1();
    RS=1;
    delay1();
    E=1;
    delay1();
    P0=dat;                                     //将dat中的显示数据写入LCD数据口
    delay1();
    E=0;
    delay1();
    RW=1;
    delay(255);
}
void delaykey(unsigned int i)                   //1ms延时函数
{
    unsigned int j,k;
     for(k=0;k<i;k++)
        for(j=0;j<110;j++);
}
char scan_key()
{
    char s,scan1,scan2,keycode;
    P1=0xf0;                                    //向所有的列线上输出低电平,行线上输出高
                                                  电平
    scan1=P1;                                   //读,行列值
    if(P1!  =0xf0)                              //行线上不全为1,有按键按下
{
        delaykey(50);//延时消抖
        if(P1!  =0xf0)                          //再次判断按键是否按下
       {
        P1=0x0f;                                //行列反转,向所有的行线上输出低电平,列线
                                                  上输出高电平
        scan2=P1;                               //读入行列值
        keycode=scan1|scan2;                    //两次读入值按位或操作,得到扫描码
          for(s=0;s<16;s++)                     //由扫描码得到键值
         {
            if(keycode= =codekey_code[s])
           {
               return s;                        //返回键值
           }
          }
```

```
        }
    }
    return -1;                                 //无按键按下则返回-1
}
void main()
{
    unsigned char z;
    unsigned char flag=0;
    unsigned char address=0xc0;
    P0=0xff;                                   //将全1送到P1口
    int1();                                    //LCD初始化
    delay(255);
    lcd_w_cmd(0x80);                           //设置显示的位置
    delay(255);
for(z=0;z<14;z++)
    {
     lcd_w_dat(lcd[z]);                        //显示字符"enter password"
     delay(200);
    }
//--------------------输入密码----------------------//
        z=0;
       while(1)
       {
          scan=scan_key();                     //调用矩阵键盘扫描函数
          if(scan!=-1)                         //如果返回值不为-1说明有按键按下
          {
          password[z]=scan+0x30;               //键值送入数组password数组中
          z++;
          lcd_w_cmd(address++);                //设置显示的位置
          delay(255);
          lcd_w_dat('*');                      //每输入一位密码显示一位"*"
          delay(200);
          if(z>=4)                             //输入密码大于4位结束循环
          {
             break;
          }
       }
     }
//-----------------------------------------------------//

//-------------判断输入密码是否正确----------------------//
    for(z=0;z<4;z++)                           //判断输入的密码与原始密码是否相同
    {
```

```
        if(password[z] = = passwordint[z])          //如果相同则 flag 加 1
        {
          flag + + ;
        }
      }
//- - - - - - - - - - - - - - - - - - - - - - - - - - - - - - - - - - - - - - - - - -//
//- - - - - - - - - - - - - - - - - 显示密码正确或错误 - - - - - - - - - - - - - - - - - - - - - -//
      if(flag = = 4)                                //如果 4 位密码与原始密码都相同则 flag 为 4
      {
          lcd_w_cmd(0x01);                          //清屏
      delay(200);
          lcd_w_cmd(0x80);                          //设置显示的位置
      delay(255);
      for(z = 0;z<4;z + + )
          {
          lcd_w_dat(lcd1[z]);                       //显示"open"
      delay(200);
          }
        }
          else
          {
          lcd_w_cmd(0x01);                          //清屏
          delay(200);
          lcd_w_cmd(0x80);                          //设置显示的位置
      delay(255);
      for(z = 0;z<5;z + + )
            {
            lcd_w_dat(lcd2[z]);                     //显示"sorry"
      delay(200);
            }
          }
//- - - - - -               - - - - - - - - - - - - - - - - - - - - - - - - - - - - -//
while(1);
}
```

**四、技术准备**

本项目由单片机最小系统、4＊4 矩阵键盘，LCD1602 液晶显示屏组成。如图 7.5 所示，P1 口连接 4＊4 矩阵键盘的 4 行和 4 列，通过行列反转法扫描检测判断是哪一个按键按下了，P0 口连接 LCD 的 8 个数据口，进行数据或指令传输，P3 口的 3 个引脚连接到 LCD 的功能端口。

系统一上电显示字符 “enter password”，提示用户输入密码。用户通过矩阵键盘输入 4 位密码，将 4 位密码储存到数组 password [] 中，每输入一位密码在液晶屏上显示一个 ‘＊’。4 位密码结束完后，将数组 password [] 与系统内置密码 passwordint [4] = { “1234”}，逐位进行对比，判断 4 位密码是否相符，如果相符则 flag 为 4，否则不为 4。密码相同则 LCD 显示“open”，否则显示“sorry”。

## 任务三　LCD12864 液晶显示屏字符显示设计与制作

要求利用单片机控制 LCD12864 液晶模块，在液晶屏显示汉字“请输入密码”。

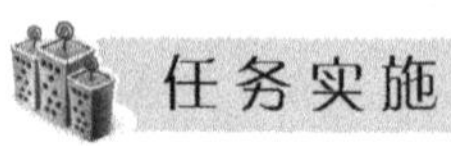


### 7.9　硬　件　电　路

LCD12864 液晶显示屏硬件设计

LCD12864 汉字显示电路设计如图 7.6 所示。

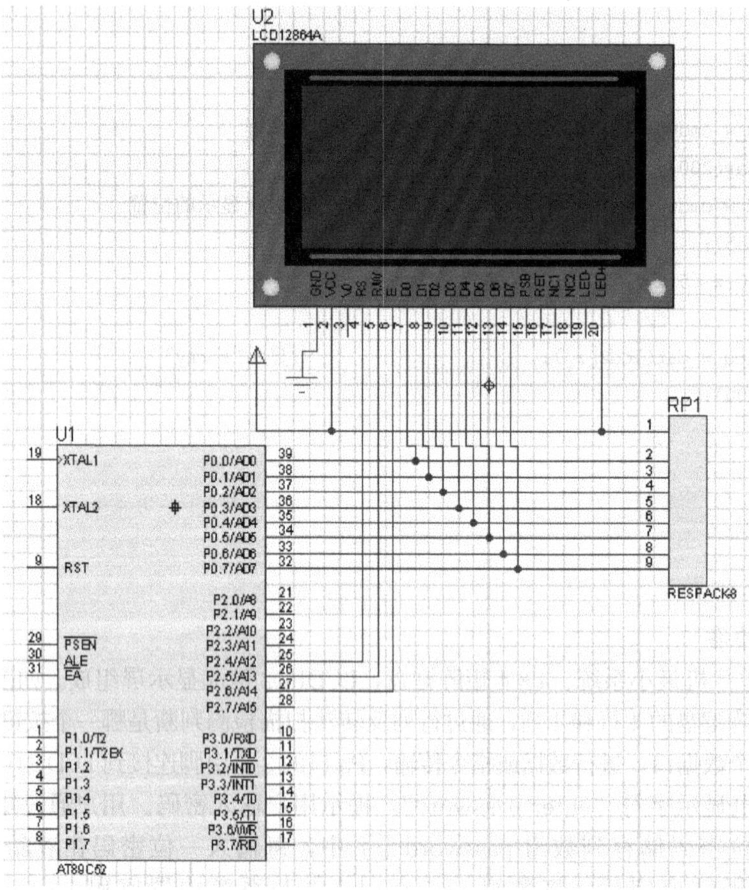


图 7.6　LCD12864 汉字显示硬件电路

本任务使用的是 LCD12864 带字库的显示模块。在单片机和 LCD12864 之间进行数据通信可以采用串行的方式也可以采用并行的方式。并行方式相对较为简单，但是占用 I/O 口资源；串行方式较为节省单片机的硬件资源，在工程中通常采用。作为初学者本电路绘制了并行方式的电路图。P0.0～P0.7 分别与 LCD12864 的 DB0～DB7 端相连，单片机的 P2.4，P2.5，P2.6 分别连在 LCD12864 的 RS，RW，E 端相连。

值得注意的是，Proteus 仿真软件的 LCD12864 是不带汉字字库的，可以通过以下步骤添加。压缩文件夹在资源库中可以查找下载或根据以下网址 http：//share.eepw.com.cn/share/download/id/90132＃share_fb_down.

添加 dll 文件的步骤

步骤一：解压附件，打开 LCD12864 汉字字符显示仿真文件。

步骤二：选择库，选中编译到库中，单击“确定”按钮（见图 7.7），选择库。

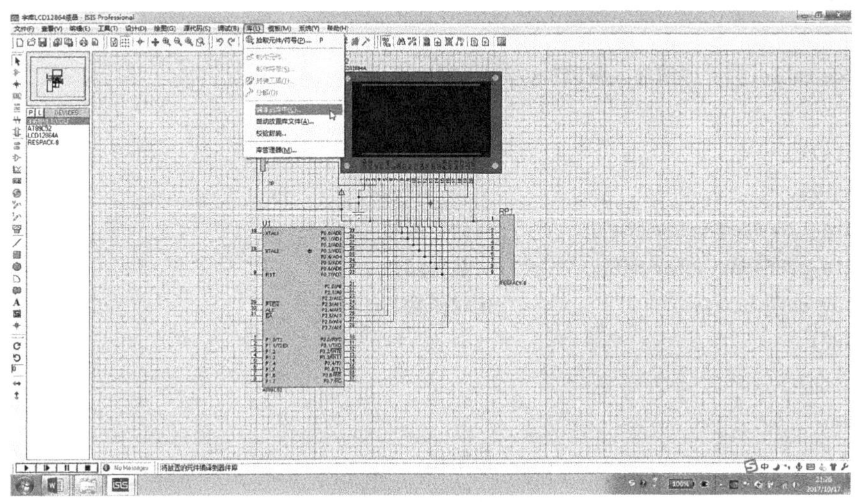

图 7.7　单击选择库

步骤三：将文件夹中 LCD12864A.dll 到 proteus 安装目录里面 \ Labcenter Electronics \ Proteus 7 Professional \ MODELS 中，如图 7.8 所示。

图 7.8　添加 LCD12864A.dll 文件

## 7.10 程序设计

LCD12864 液晶显示屏程序设计

LCD12864 液晶显示屏字符显示参考程序如下：

```
#include<reg51.h>
#define uchar unsigned char
#define uint unsigned int

sbit rs = P2^4;
sbit rw = P2^5;
sbit LCD_EN = P2^6;
sbit PSB = P2^7;

uchar code table1[] = {"请输入密码"};//显示汉字

void init();                        //初始化函数
void busy();
void write_12864com(uchar com);     //写命令函数
void write_12864dat(uchar dat);     //写数据函数
void delay_ms(uint z);              //延时函数
void main()
{
uchar num;
  init();                           //初始化
  write_12864com(0x80);             //汉字显示地址
  for(num = 0;num<10;num + +)       //注意一个汉字占两个地址
  {
    write_12864dat(table1[num]);    //显示汉字
    delay_ms(1);
  }
while(1);
}
void init()
{
PSB = 1;                            //并行传输数据
write_12864com(0x30);               //选择基本指令集,8bit 数据流
   write_12864com(0x0c);            //整体显示开,光标显示关,光标正常显示
   write_12864com(0x01);            //清屏,DDRAM 地址计数器 AC 清 0
}
void write_12864com(uchar com)      //写命令
{
rs = 0;
```

```
    rw = 0;                         //RS = 0,RW = 0,写命令
    LCD_EN = 0;
    P0 = com;                       //写命令到 P0 口
    delay_ms(5);
    LCD_EN = 1;
    LCD_EN = 0;
}
}
void write_12864dat(uchar dat)      //写数据
{
    rs = 1;                         //RS = 1,RW = 0,写数据
rw = 0;
    LCD_EN = 0;
    P0 = dat;                       //写数据到 P0 口
    delay_ms(5);
    LCD_EN = 1;
    delay_ms(5);
    LCD_EN = 0;
}

void delay_ms(uint z)
{
uint x,y;
for(x = 0;x<z;x + + )
for(y = 0;y<110;y + + );
}
```

LCD12864 程序包括 4 个函数，即初始化函数，写命令函数、写数据函数、延时函数。初始化函数先定义了数据传输方式的接口“sbit PSB＝P2^7;”，然后“PSB＝1;”设置为 8bit 并行工作模式。选择基本指令集，整体显示开，光标显示关，光标正常显示，清屏。

“write _ 12864com （0x80)”指定到相应位置，根据基本控制命令设置 DDRAM 地址，设定显示位址第一行 80H～87H、第二行 90H～97H，第三行 88H～8FH，第四行 98H～9FH。本程序汉字设定第一行显示。

写命令、数据子函数：在写命令子函数需要设定“rs＝0; rw＝0;”，在写数据子函数中需要设定“rs＝1; rw＝0;”。设置方法和 LCD1602 基本相同。

主程序的中通过循环将汉字在第一行显示，需要注意的是汉字占两个地址，字符占一个地址。

## 7.11 知 识 综 述

### 一、12864 点阵型 LCD

LCD12864 是一阵图形点阵液晶显示器，它主要由行驱动器、列驱动器及 128×64 全点

阵液晶显示器组成，可以完成图形显示，也可以显示8个×4行的16×16点阵汉字。LCD12864分为带字库和不带字库两种，不带字库的12864，型号LM6063CFW，工作电压3.3V带字库12864液晶，型号为DJM12864Z，内部控制器为ST7920，能提供8192个中文和126个英文字型，工作电压5V，本项目使用DJM12864Z。

二、DJM12864Z引脚说明

DJM12864Z共20脚，其引脚功能及说明如表，各引脚接口说明如表7.9所列，其引脚说明如图7.9所示。

**表7.9　引脚接口的说明**

| 编号 | 符号 | 引脚说明 | 编号 | 符号 | 引脚说明 |
|---|---|---|---|---|---|
| 1 | $V_{SS}$ | 电源地 | 11 | D4 | 数据 |
| 2 | $V_{CC}$ | 电源正极 | 12 | D5 | 数据 |
| 3 | $V_0$ | 对比度调节 | 13 | D6 | 数据 |
| 4 | RS | 数据/命令选择 | 14 | D7 | 数据 |
| 5 | R/W | 读/写选择 | 15 | PSB | 串/并行选择 |
| 6 | E | 使能信号 | 16 | RST | 复位 |
| 7 | D0 | 数据 | 17 | NC1 | 空脚 |
| 8 | D1 | 数据 | 18 | NC2 | 空脚 |
| 9 | D2 | 数据 | 19 | LED− | 背光负极 |
| 10 | D3 | 数据 | 20 | LED+ | 背光正极 |

引脚的详细说明：

第1脚：$V_{SS}$为地电源。

第2脚：$V_{CC}$接5 V正电源。

第3脚：$V_0$为液晶显示器对比度调整端，接正电源时对比度最弱，接地时对比度最高；对比度过高时会产生“鬼影”，使用时可以通过一个10 kΩ的电位器调整对比度。

第4脚：RS为寄存器选择，高电平时选择数据寄存器、低电平时选择指令寄存器。

第5脚：R/W为读写信号线，高电平时进行读操作，低电平时进行写操作。当RS和R/W共同为低电平时可以写入指令或者显示地址，当RS为低电平、R/W为高电平时可以读忙信号，当RS为高电平、R/W为低电平时可以写入数据。

第6脚：E端为使能端，当E端由高电平跳变成低电平时，液晶模块执行命令。

第7～14脚：D0～D7为8位双向数据线。

第15脚：串行/并行的选择端，PSB=0代表串行，PSB=1代表并行。

第16脚：液晶复位端，一般在不需要经常复位的场合应将该端悬空。

第17～18脚：空脚，不接。

第19脚：背光负极，直接接地。

第20脚：背光正极，该引脚可直接+5 V。

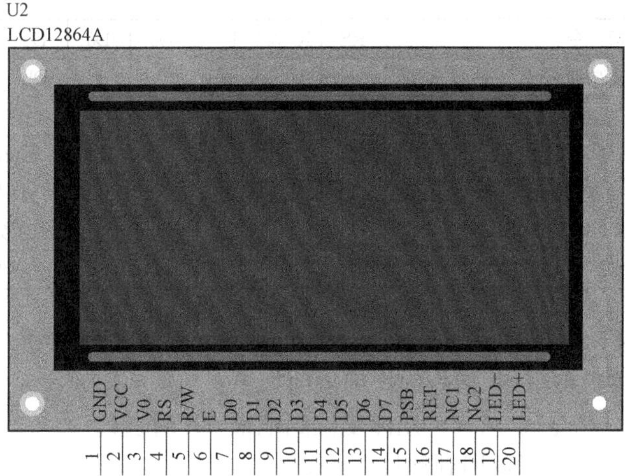


图 7.9　LCD12864 引脚示意

**小提示**

单片机对 LCD 模块由四种基本操作：写命令、写数据、读状态和读数据，具体操作由 LCD12864 模块的三个控制引脚 RS、R/W 和 E 的不同组合状态确定，每次操作 RS，R/W 时需要给 E 脚一个脉冲，如表 7.10 所列。

**表 7.10　LCD 模块三个控制引脚状态对应的基本操作**

| LCD 模块控制端 | | LCD 基本操作 |
|---|---|---|
| RS | R/W | |
| 0 | 0 | 写命令操作：用于初始化、清屏，光标定位等 |
| 0 | 1 | 读状态操作：读忙标志。当忙标志为“1”时，表明 LCD 正在进行内部操作，此时不能进行其他三类操作；当忙标志为“0”时，表明 LCD 内部操作已经全部结束，可以进行其他三类操作，一般采用查询方式 |
| 1 | 0 | 写数据操作：写入要显示的内容 |
| 1 | 1 | 读数据操作：将显示存储区中的数据反读出来，一般比较少用 |

三、LCD12864 的指令说明及时序

LCD12864 液晶模块内部的控制器共有 11 条控制指令，如表 7.11 所示。

**表 7.11　LCD12864 基本指令列表**

| 序号 | 指　令 | RS | R/W | D7 | D6 | D5 | D4 | D3 | D2 | D1 | D0 |
|---|---|---|---|---|---|---|---|---|---|---|---|
| 1 | 清显示 | 0 | 0 | 0 | 0 | 0 | 0 | 0 | 0 | 0 | 1 |
| 2 | 光标返回 | 0 | 0 | 0 | 0 | 0 | 0 | 0 | 0 | 1 | * |
| 3 | 置输入模式 | 0 | 0 | 0 | 0 | 0 | 0 | 0 | 1 | I/D | S |
| 4 | 显示开/关控制 | 0 | 0 | 0 | 0 | 0 | 0 | 1 | D | C | B |
| 5 | 光标或字符移位 | 0 | 0 | 0 | 0 | 0 | 1 | S/C | R/L | * | * |

续表

| 序号 | 指　令 | RS | R/W | D7 | D6 | D5 | D4 | D3 | D2 | D1 | D0 |
|---|---|---|---|---|---|---|---|---|---|---|---|
| 6 | 置功能 | 0 | 0 | 0 | 0 | 1 | DL | * | RE | * | * |
| 7 | 置字符发生存储器地址 | 0 | 0 | 0 | 1 | 字符发生存储器地址 | | | | | |
| 8 | 置数据存储器地址 | 0 | 0 | 1 | 0 | 显示数据存储器地址 | | | | | |
| 9 | 读忙标志或地址 | 0 | 1 | BF | 计数器地址 | | | | | | |
| 10 | 写数到 CGRAM 或 DDRAM | 1 | 0 | 要写的数据内容 | | | | | | | |
| 11 | 从 CGRAM 或 DDRAM 读数 | 1 | 1 | 读出的数据内容 | | | | | | | |

LCD12864 液晶模块的读写操作、屏幕和光标的操作都是通过指令编程来实现的（说明：1 为高电平、0 为低电平）。指令的详细说明如下：

指令 1：清显示，指令码 0x01，光标复位到地址 00H 位置。

指令 2：光标复位，光标返回到地址 00H。

指令 3：光标和显示模式设置。I/D：光标移动方向，高电平右移，低电平左移，S：屏幕上所有文字是否左移或者右移。高电平表示有效，低电平则无效。

指令 4：显示开关控制。D：控制整体显示的开与关，高电平表示开显示，低电平表示关显示。C：控制光标的开与关，高电平表示有光标，低电平表示无光标。B：控制光标是否闪烁，高电平闪烁，低电平不闪烁。

指令 5：光标或显示移位 S/C：高电平时移动显示的文字，低电平时移动光标。

指令 6：功能设置命令 DL：高电平时为 4 位总线，低电平时为 8 位总线。RE：低电平时基本指令操作，高电平扩充指令操作。

指令 7：字符发生器 RAM 地址设置。

指令 8：DDRAM 地址设置。

指令 9：读忙信号和光标地址。BF：为忙标志位，高电平表示忙，此时模块不能接收命令或者数据，如果为低电平表示不忙。由于 12 MHz 单片机运行速度较慢，所以在单片机控制系统中可以不考虑此问题。

指令 10：写数据。

指令 11：读数据。

除了基本指令以外，当 RE=1 时，还有一些扩充指令可设定液晶功能，如待命模式、卷动地址开关开启、反白选择、睡眠模式、扩充功能设定、设定绘图 RAM 地址等，如表 7.12 所列。

**表 7.12　LCD12864 扩充指令列表**

| 序号 | 指　令 | RS | R/W | D7 | D6 | D5 | D4 | D3 | D2 | D1 | D0 |
|---|---|---|---|---|---|---|---|---|---|---|---|
| 1 | 待命模式 | 0 | 0 | 0 | 0 | 0 | 0 | 0 | 0 | 0 | 1 |
| 2 | 卷动地址开关开启 | 0 | 0 | 0 | 0 | 0 | 0 | 0 | 0 | 1 | SR |
| 3 | 反白选择 | 0 | 0 | 0 | 0 | 0 | 0 | 0 | 1 | R1 | R0 |
| 4 | 睡眠模式 | 0 | 0 | 0 | 0 | 0 | 0 | 1 | SL | * | * |
| 5 | 扩充功能设定 | 0 | 0 | 0 | 0 | 1 | CL | * | RE | G | 0 |
| 6 | 设定绘图 RAM 地址 | 0 | 0 | 1 | 0 | 0 | 0 | 水平（行）地址 | | | |
| | | 0 | 0 | 1 | 垂直（列）地址 | | | | | | |

指令的详细说明如下：

指令 1：待命模式。

指令 2：卷动地址开关开启。SR：高电平允许输入垂直卷动地址，低电平允许输入 IRAM 和 CGRAM 地址。

指令 3：选择两行中的任意一行做反白显示，并决定反白与否。初始值 R1R0＝00，第一次设定为反白显示，再次设定变回正常。

指令 4：睡眠模式。SL：高电平脱离睡眠模式，低电平进入睡眠模式。

指令 5：扩充功能设定。CL：高电平 8 位数据，低电平 4 位数据。RE：高电平扩充指令操作，低电平基本指令操作。G：高电平绘图开，低电平绘图关。

指令 6：设定绘图 RAM 地址，先设定垂直（列）地址：AC6AC5AC4AC3AC2 AC1AC0，再设定水平（行）地址：AC3AC2AC1AC0，将以上 16 位地址连续写入即可。

指令 7：字符发生器 RAM 地址设置。

1. 写命令操作

LCD 上电时，必须要按一定的时序对 LCD 进行初始化操作，主要任务是设置 LCD 的工作方式，光标，清屏，输入方式，以及设置初始显示位置。根据表 7.12 指令列表设置将初始化命令字，将命令字通过 写命令操作函数 void write _ 12864com（uchar com）写入 LCD 液晶显示屏，参考程序段如下：

```
write_12864com(0x30);          //选择基本指令集,8bit 数据流
write_12864com(0x0c);          //整体显示开,光标显示关,光标正常显示
write_12864com(0x01);          //1. 清屏,DDRAM 地址计数器 AC 清 0,2. 读状态操作
```

需要注意的是，由于 12 MHz 单片机运行速度较慢，所以在单片机控制系统中可以不考虑此问题，因此程序中没有忙状态监测函数。

2. 写数据操作

与 LCD1602 一样要显示字符或汉字时要先输入显示地址，也就是告诉模块在哪里显示字符，LCD12864 的内部显示地址如表 7.13 所列。

**表 7.13　DJM12864 汉字和英文字符的显示地址**

| | 列 / 行 | 汉字 1 | 汉字 2 | 汉字 3 | 汉字 4 | 汉字 5 | 汉字 6 | 汉字 7 | 汉字 8 |
|---|---|---|---|---|---|---|---|---|---|
| DDRAM 地址 | 1 | 80 | 81 | 82 | 83 | 84 | 85 | 86 | 87 |
| | 2 | 90 | 91 | 92 | 93 | 94 | 95 | 96 | 97 |
| | 3 | 88 | 89 | 8A | 8B | 8C | 8D | 8E | 8F |
| | 4 | 98 | 99 | 9A | 9B | 9C | 9D | 9E | 9F |

**注**　表中命令字以十六进制形式给出。

DJM12864Z 液晶有 64 行、128 列点阵像素，由于其内部字库中每个汉字都是 16＊16 像素大小，因此整个屏幕一次最多显示 4 行，每行 8 个汉字；而字库中的英文字符每个都是 16＊8 像素大小，所以整个屏幕一次最多显示 4 行，每行 16 个英文字符。

当显示一个字符后，如果没有重新给光标定位，液晶模块显示字符时光标是自动左移或右移的，则 DDRAM 地址会自动加 1 或减 1，无须人工干预。加或减由指令 3 输入模式设

置，因此在对液晶模块的初始化中要先设置其显示模式。

关于编码在DDRAM中的存储需要说明事项如下：

①每次对DDRAM的操作单位是一个字，也就是2个字节，当往DDRAM写入数据时，首先写地址，然后连续送入2个字节的数据，先送高字节数据，再送低字节数据。读数据时也是如此，先写地址，然后读出高字节数据，再读出低字节数据（读数据时注意先假读一次）。

②显示ASCII码半宽字符时，往每个地址送入2个字节的ASCII编码，对应屏幕上的位置就会显示2个半宽字符，左边的为高字节字符，右边的为低字节字符。

③显示汉字时，汉字编码的2个字节必须存储在同一地址空间中，不能分开放在2个地址存放，否则显示的就不是你想要的字符。每个字中的2个字节自动结合查找字模并显示字符。所以，如果往一个地址中写入的是一个汉字的2字节，则编码就会正确显示该字符，编码高字节存放在前一地址低字节，编码低字节存放在后一地址高字节，显然就不会结合查找字模，而是与各地址相应字节结合查找字模。

## 7.12 系统制作与调试

按照表7.14清单准备元器件，然后按照仿真电路图7.6连接电路。

表7.14 脉冲计数器元件清单

| 序号 | 元件名称 | 型号与规格 | 单位 | 数量 |
|---|---|---|---|---|
| 1 | 单片机最小系统 | 单片机开发板（AT89C52RC） | 只 | 1 |
| 2 | LCD12864 | DJM12864Z | 只 | 1 |
| 3 | 电阻 | 1kΩ | 只 | 2 |
| 4 | 导线 | 杜邦线 | 条 | 若干 |

本项目介绍了LCD1602液晶屏与LCD12864点阵液晶显示器屏等可显示文字、图形等能实现较多显示功能的显示器的用法。对于LCD1602液晶屏而言，读者需要掌握的是LCD 1602的各种指令，以及写指令、写数据的方法，除了书中介绍的基本指令用法外可以查阅相关资料，学习使用LCD12864液晶屏的使用方法，该屏可显示汉字或更大的图片，使用方法与LCD1602类似，带注意地址问题，LCD12864汉字和英文字符的显示地址包括两个字节：高字节与低字节，这与LCD1602有所区别。

## 思考与训练

一、知识思考

① 简述 LCD1602 与 LCD12864 显示过程的相关函数?

② 比较 LCD12864 串行和并行显示的设置方式有啥区别?

二、项目训练

① 使用液晶显示器 LCD1602 的第 0 行显示内容固定不变，第 1 行显示的内容每隔 1 秒更新一次。

② 制作一个液晶显示屏 LCD1602 显示的数字时钟。

③ 使用液晶显示屏 LCD12864 显示爱心图形。

# 项目八　蓝牙遥控小车的设计与制作

知识目标

① 串行口的结构、工作方式、波特率设置、字符帧结构的设置。
② 双机通信、多机通信、单片机与 PC 之间的通信任务。
③ 蓝牙遥控设置方式。

能力目标

从单片机双机通信任务入手，让学生对串行通信有一个感性的认识和了解，并在串行通信基本概念的基础上，通过多机通信任务，单片机与 PC 机通信任务，蓝牙通信任务，掌握 MCS - 51 系列单片机的串行口及其通信应用。

项目要求

传统的玩具遥控小车主流遥控器使用 40 MHz，2.4 GHz 高频无线遥控技术。但是传统遥控车存在很大的弊端，比如遥控小车如果不被遥控器所见，只能找同频率的遥控器才能匹配。基于蓝牙手机遥控小车是以 51 单片机为核心，以蓝牙模块为通信模块，与安卓手机进行无线通信，通过手机控制电机驱动模块从而带动玩具小车前进，后退和转弯等动作。

## 任务一　双机通信测试系统设计与制作

双机通信测试系统

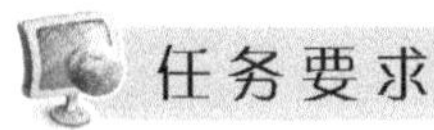
任务要求

本任务是实现一个简单的单片机串行口双机通信测试系统。该系统中，发射和接收各用一套单片机电路，称为甲机和乙机。甲机往乙机发送数据 1，3，5，7。乙机接收到进行核对，如果正确则回复 0x01 给甲机，甲机接收到 0x01 隔 1 s 继续发送下一个数据，否则重发原数据。

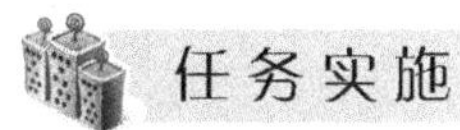


## 8.1　硬　件　电　路

双机通信测试系统

双机通信测试系统电路设计如图 8.1 所示。

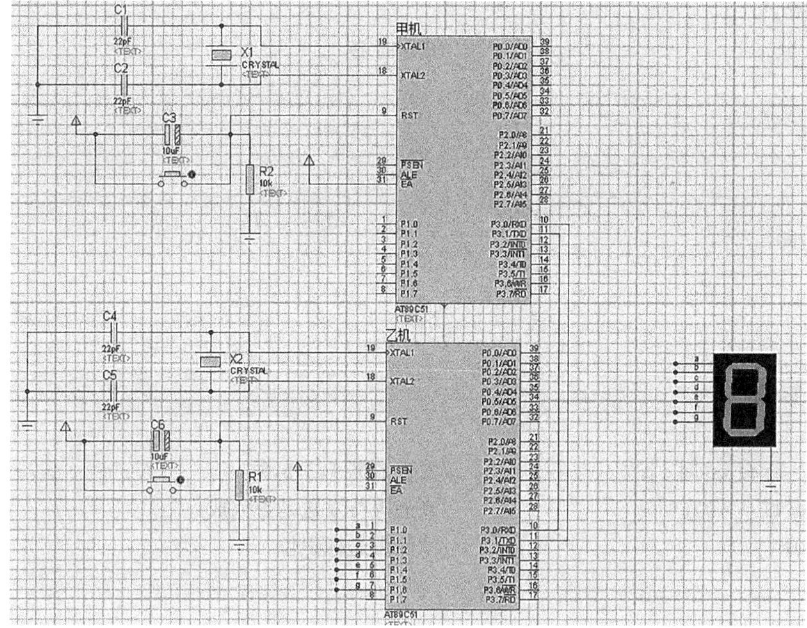


图 8.1　双机通信测试系统硬件电路

双机通信测试系统由两套单片机甲机和乙机构成，甲机的发送端 TXD（P3.1）接乙机的接收端 RXD（P3.0），乙机的发送端 TXD（P3.1）接甲机的接收端 RXD（P3.0）。甲机给乙机发送数据 1，3，5，7，为了测试乙机是否顺利接收到数据，需要在乙机的 P1 口上接共阴极的数码管。乙机的 P1.0～P1.6 分别连接数码管的 a，b，c，d，e，f，g 段。

## 8.2　程　序　设　计

双机通信测试

本项目可以采用两种方式来实现，一种是串口查询，一种是串口中断。

串口查询甲机参考程序如下，将甲机程序生成的 .hex 文件添加到甲机中：

```
#include<reg51.h>
char send_code[4] = {1,3,5,7};          //甲机发送数据
void delay(int i)                      //1ms 延时
{
int j,z;
for(j = 0;j<i;j++)
```

```
for(z = 0;z<110;z + + );
}
void init()
{
  SCON = 0x50;                    //设置串口工作方式 1,允许接收
  PCON = 0x00;
  TMOD = 0x20;                    //定时器 1 工作方式 2
  TL1 = 0xFD;                     //波特率为 9600
  TH1 = 0xFD;
  TR1 = 1;                        //开定时器
}
main()
{
int i;
char receive;
init();
while(1)
  {
for(i = 0;i<4;)
    {
      SBUF = send_code[i];        //发送数据 1,3,5,7
      while(TI = = 0);            //查询等待发送是否完成
      TI = 0;                     //清除发送标识位
while(1)
       {
           if(RI)                 //判断接收标识位
           {
             RI = 0;              //清除接收标识位
             receive = SBUF;      //接收数据到变量 receive
             if(receive = = 0x01) //判断接收到的数据是否与乙机回复 0xFF 数据一致
             {
               delay(1000);       //延时 1 s 后发送下一组数据
               i + +;             //如果一致则发送下一组数据
             }
             break;
           }
       }
    }
  }
}
```

串口查询乙机参考程序如下，将乙机程序生成的.hex 文件添加到乙机中：

```
#include<reg51.h>
```

```
char display_code[10] = {0x3F,0x06,0x5B,0x4F,0x66,0x6D,0x7D,0x07,0x7F,0x6F};
                                    //共阴极数码管段选码
void init()
{
  SCON = 0x50;                      //设置串口工作方式 1,允许接收
  PCON = 0x00;
  TMOD = 0x20;                      //定时器 1 工作方式 2
  TL1 = 0xFD;                       //波特率为 9600
  TH1 = 0xFD;
  TR1 = 1;                          //开定时器
}
main()
{
char receive;
init();
while(1)
{
while(1)
  {
   if(RI)                           //等待接收甲机发送的数据
   {
     RI = 0;                        //清除接收标志位
     receive = SBUF;                //将数据接收到 receive 变量中
     P1 = display_code[receive];//显示接收到的数据
   break;
   }
  }
    SBUF = 0x01;                    //发送回复数据 0x01
    while(TI = = 0);                //等待发送结束
    TI = 0;                         //清除发送标志位
}
}
```

串口中断甲机参考程序如下，将甲机程序生成的 .hex 文件添加到甲机中：

```
#include<reg51.h>
char send_code[4] = {1,3,5,7};  //甲机发送数据
char receive;
int i = 0;

void init()
{
  SCON = 0x50;                      //设置串口工作方式 1,允许接收
  PCON = 0x00;
```

```
    EA = 1;
    ES = 1;
    TMOD = 0x20;                    //定时器 1 工作方式 2
    TL1 = 0xFD;                     //波特率为 9600
    TH1 = 0xFD;
    TR1 = 1;                        //开定时器
}
void scan() interrupt 4
{
    if(RI)                          //判断接收标识位
    {
      RI = 0;                       //清除接收标识位
      receive = SBUF;               //接收数据到变量 receive
      if(receive = = 0x01)          //判断接收到的数据是否与乙机回复 0xFF 数据一致
      {
      i+ +;                         //如果一致则发送下一组数据
      }
    }
  }

main()
{
init();
while(1)
  {
while(i<4)
    {
      SBUF = send_code[i];          //发送数据 1,3,5,7
      while(TI = = 0);              //查询等待发送是否完成
      TI = 0;                       //清除发送标识位
      }
    if(i> = 4)                      //重复发送 1,3,5,7
    {
      i = 0;
    }
  }
}
```

双机通信测试系统

串口中断乙机参考程序如下，将乙机程序生成的.hex文件添加到乙机中：

```
#include<reg51.h>
char display_code[10] = {0x3F,0x06,0x5B,0x4F,0x66,0x6D,0x7D,0x07,0x7F,0x6F};
                       //共阴极数码管段选码
bit flag = 0;
```

```
void delay(int i)            //1ms 延时
{
int j,z;
for(j = 0;j<i;j + +)
for(z = 0;z<110;z + +);
}
void init()
{
    SCON = 0x50;             //设置串口工作方式 1,允许接收
    PCON = 0x00;
    EA = 1;                  //开放总中断
    ES = 1;                  //开放串口中断
    TMOD = 0x20;             //定时器 1 工作方式 2
    TL1 = 0xFD;              //波特率为 9600
    TH1 = 0xFD;
    TR1 = 1;                 //开定时器
}
void scan() interrupt 4
{
char receive;
  if(RI)                     //等待接收甲机发送的数据
  {
     RI = 0;                 //清除接收标志位
     receive = SBUF;         //将数据接收到 receive 变量中
     P1 = display_code[receive];//显示接收到的数据
    flag = 1;
  }
}
main()
{
init();
while(1)
{
    if(flag = = 1)           //接收到数据则标识位为 1
    {
delay(1000);                 //延时 1 s 后发送回复数据
    flag = 0;
       SBUF = 0x01;          //发送回复数据 0x01
while(TI = = 0);             //等待发送结束
TI = 0;                      //清除发送标志位
    }
}
}
```

观察以上4个程序可知，甲、乙两机的初始化设置是相同的，这是串行通信非常需要注意的问题，只有相同的串行接口工作模式，波特率，定时器以及中断设置，甲、乙两机才能正常通信，本任务选用的通信波特率为9600bit/s。

本任务实现的是双机通信测试系统。甲、乙机双向通信，即甲机既能够发送信息给乙机，也能接收乙机发送来的信息；同样，乙机既能接收甲机的信息也能发送数据给甲机。

在程序设计中，对甲机而言，发送send_code[4]={1，3，5，7}的第一组数据1，甲机将要发送的信息发送给SBUF，通过SBUF发送给乙机，然后等待接收乙机发送回来的信息0x01，接收到的数据存放在SBUF中，将SBUF数据赋值给变量receive。判断receive的值与0x01是否相等，如果相等则发送下一组数据。发送完4组数据后重复发送1，3，5，7。

对于乙机而言，首先等待接收甲机发送的数据，接收的数据存放在SBUF，将SBUF数据赋值给receive，通过P1=display_code[receive]将接收到的数据送到数码管中显示，然后通过发送SBUF发送回复数据0x01，实现握手通信。

如何知道是否发送完一帧数据，是否需要接收数据呢？当数据发送完毕则发送中断标志位TI和接收中断标志位RI会从0变成1。处理方法有两种，一种为串口查询，一种为串口中断。串口查询使用查询方式，是与外部中断以及定时器中断的方法相同，是不断地查询发送中断标志与接收中断标志。串口中断方式，则需要首先开放中断EA=1；ES=1；然后中断接收标识RI变为1时，自动进入串口中断服务程序，接收数据。该过程需要注意连个问题：

第一，当TI，RI变为1后需要将TI，RI进行复位清0。

第二，发送数据的过程需要while(TI==0)；/查询等待发送是否完成，如果发送没有完成则等待，完成程序则往下执行。如果不是这样，数据有可能发送没有结束，就执行了其他动作，导致数据发送错误。

本任务实现的双机通信测试系统还需要注意一个问题，发送完一组数据需要稍作延时再发送下一组数据，否则可能会造成甲、乙两机通信错误。至于延时程序可以在甲机发送完一组数据后延时1 s再发送下一组，也可以在乙机接收到数据后延时1 s再回复0x01数据，或者甲、乙两机都分别延时都是可以的。

使用串口查询方式时可以不开放串口中断，但是使用串口中断时必须开放串口中断，编写程序的思维也稍有变动。

## 8.3 知 识 综 述

### 8.3.1 串行通信基础

串行通信与并行通信不同，并行通信是一次传送8位数据，传输快捷方便，但硬件较复杂，远距离传输成本较高，串行通信是一位一位传送，一个字节的8位二进制数至少需要传送8次，结构简单，远距离传送成本较低。随着计算机速度不断提高，串行通信的使用越来越普及。如图8.2所示串行和并行两种通信方式的示意图。

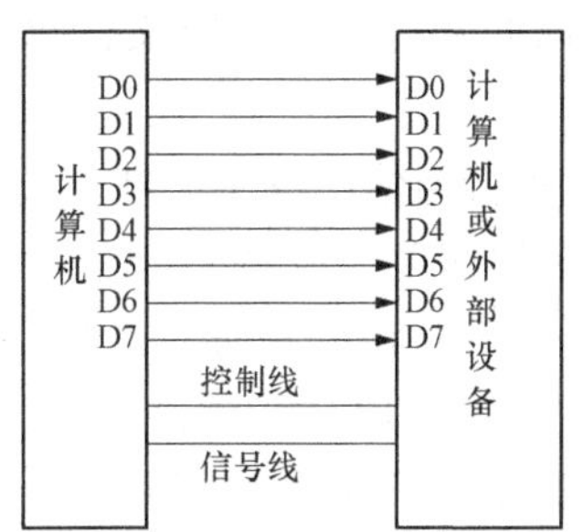


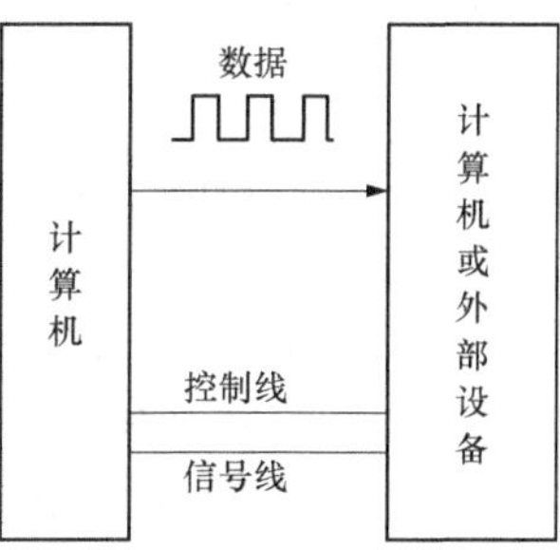


图8.2　并行和串行通信方式的示意图

并行通信通过并行口来实现通信，例如MCS-51单片机的P1口就是并行接口。P1口作为输出口时，CPU将一个数据写入P1口以后，数据在P1口上并行地同时输出到外设；P1口作为输入口时，对P1口进行一次操作，在P1口上输入的8位数据同时读出。

串行通信是通过串行口实现，MCS-51单片机有一个全双工的异步串行接口P3.0，P3.1用于串行数据通信。

1. 串行通信分类

在串行通信中，数据一位一位传送，传输协议是较为重要的环节，例如，一位一位如何传送，多长时间传送一位，先传送高位还是低位，何时开始传送，等等。在传送之前都必须事先约定，传送的数据才能准确地到达对方，这就是信息传送格式的问题。

按照串行数据的时钟控制方式，串行通信可分为异步通信和同步通信两类：

（1）异步通信

在异步通信中，数据通常以字符（或字节）为单位组成字符帧传送。字符帧由发送端一帧一帧地发送，接收设备通过传输线一帧一帧地接收。

异步传送不要求严格的同步时钟，MCS-51单片机采用异步传送方式。那么数据传送如何开始呢？平时数据线上也会有0或1随机数，如何知道开始数据传送了，传送数据结束了呢？为了解决这个问题，异步传送方式将字节数据改装成信息帧，其信息帧的格式如图8.3所示，即一个信息帧包含起始位、数据位、校验位、停止位。

① 起始位：当发送设备有数据发送时，首先发出一个逻辑0信号，这个逻辑低电平就是起始位。

② 数据位：数据位的个数根据通信双方的约定可以为5、6、7、8位，数据位一般是从最低有效位开始发送，直至最高位发送结束。

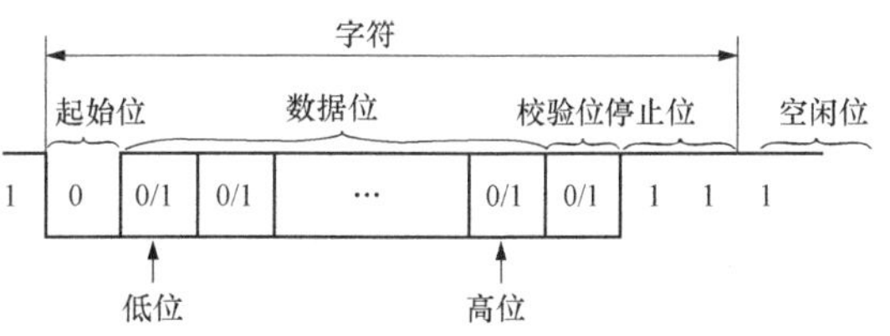


图8.3　信息帧的格式

③ 奇偶校验位：该位主要用于差错控制，校验所接收数据的正确性。位于数据位之后，仅占一位，用于表征串行通信中采用奇校验还是偶校验，由用户编程定义。

④ 停止位：该位用于向接收端表示一帧字符信息已经发送完，也为发送下一帧做准备，位于信息帧的最后，可以是1位、1.5位或2位高电平。

⑤ 空闲位：在串行通信中，两相连字符帧之间可以没有空闲位，也可以有若干空闲位，这由用户来决定，空闲位为逻辑 1 高电平。

⑥ 波特率：波特率的设置主要是为了设定数据的发送速度。定义：每秒钟传送二进制位的个数称为波特率。

通信时一位一位传送，且每隔一定时间传送。串行通信中有个波特率的概念，波特率是每秒传送数据的位数，即单位波特，表示串行传送的速度。波特率与单片机的机器周期有关，也就是与外部晶振的频率有关。波特率可以是固定的和可变的，这要根据串行通信的方式而定。波特率固定是用在方式 0 和方式 2 中，波特率可以自行程序设置，它与定时器/计数器 1 有关，将定时器/计数器 1 的溢出率作为波特率，即定时时间到则传送一位，这样就可以根据定时计数器设定的不同时间常数来设置不同的波特率。

（2）同步通信

同步通信是一种连续串行传送数据的通信方式，一次通信只传输一帧信息。这里的信息帧和异步通信的字符帧不同，通常由 1～2 个同步字符及若干个数据字符构成。不论是单同步字符帧还是双同步字符帧均由同步字符、数据字符和校验字符三部分构成。同步字符用于保持通信同步并作为起始位，用于触发同步时钟开始发送或接收数据；多字节数据不能有空隙，每位占用的时间相等。

MCS-51 单片机使用的是异步通信传输方式。

2. 串行通信的制式

在串行通信中数据是在两个站之间进行传送的，按照数据传送方向，串行通信可分为单工、半双工和全双工三种制式，图 8.4 所示为三种制式的示意图。

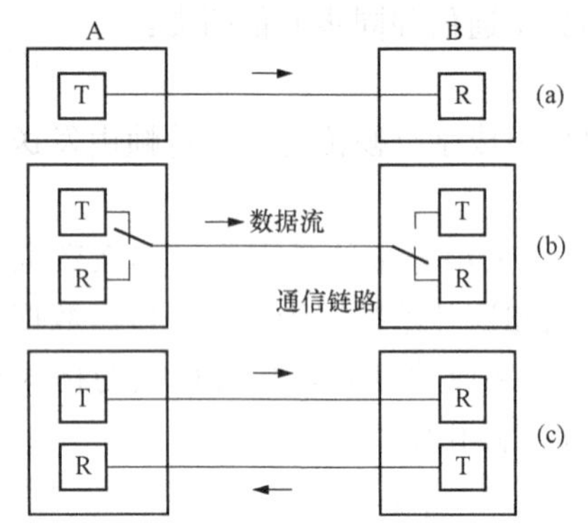


图 8.4 单工、半双工和全双工三种制式示意图

在单工制式下，通信线路的一端接发送器，一个接接收器，数据只能按照一个固定的单一方向传送。

在半双工制式下，系统的每个通信设备由一个发送器和接收器组成，数据能从 A 端传送到 B 端，也可以从 B 端传送 A 端，但是不能同时在两个方向上传送，即只能一端发送，一端接收。其接收开关一般为软件控制的电子开关。

全双工通信系统的每端都有发送器和接收器，且有两根传输线，可以同时发送和接收，即数据可以在两个方向上同时传送。

### 8.3.2 单片机的串行通信接口

MCS-51 系列单片机内部有一个可编程全双工串行通信接口，它具有 UART 的全部功能。该接口不仅可以同时进行数据的接收和发送，若采用全双工制式，也可做同步移位寄存器使用。该串行口有四种工作方式，帧格式有 8 位、10 位和 11 位，并能设置各种波特率。

1. 串行口结构

MCS-51 系列单片机的串行口结构如图 8.5 所示。与 MCS-51 系列单片机串行口有关的特殊功能寄存器有 SBUF、SCON 和 PCON，下面分别讲述。

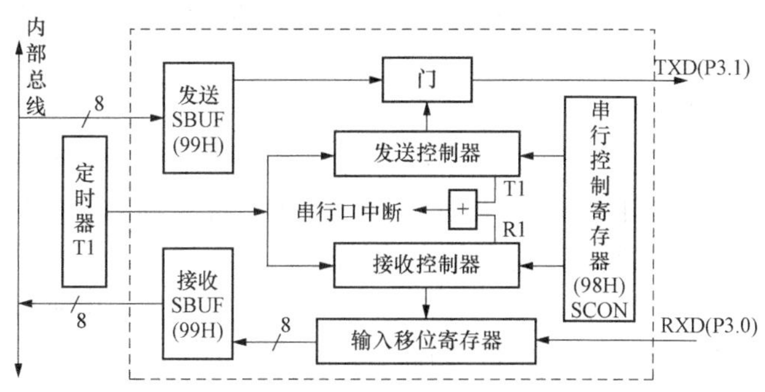


图 8.5　串行口结构示意图

（1）串行口数据缓冲器 SBUF

SBUF 是两个在物理上独立的接收、发送寄存器，一个用于存放接收到的数据，另一个用于存放待发送的数据，可同时发送和接收数据。两个缓冲器共用一个地址，通过对 SBUF 的读、写语句来区别是对接收缓冲器还是发送缓冲器进行操作。CPU 在写 SBUF 时，操作的是发送缓冲器；读 SBUF 时，就是读接收缓冲器的内容。例如：

SBUF＝P1；//发送数据

P1＝SBUF；//接收数据

（2）串行口控制寄存器 SCON

SCON 的各位定义如图 8.6 所示。

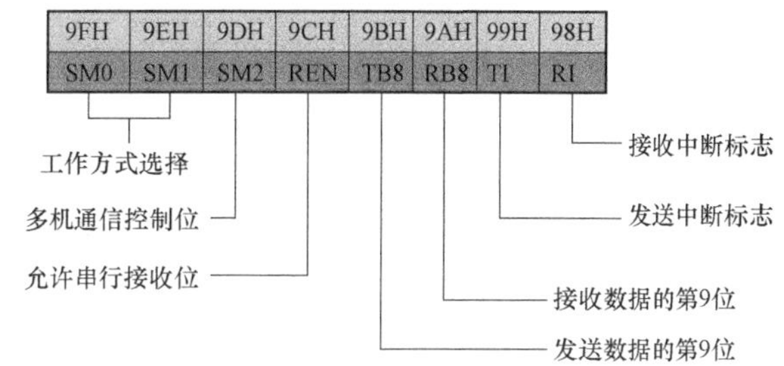


图 8.6　串行口控制寄存器

对各位的含义说明如下：

① SM0、SM1：串行方式选择位，定义如表 8.1 所列。

**表 8.1　　串行口的工作方式**

| SM0 | SM1 | 工作方式 | 说明 | 波特率 |
|---|---|---|---|---|
| 0 | 0 | 方式 0 | 同步移位寄存器 | $f_{osc}/12$ |
| 0 | 1 | 方式 1 | 10 位异步收发 | 由定时器控制 |
| 1 | 0 | 方式 2 | 11 位异步收发 | $f_{osc}/32$ 或 $f_{osc}/64$ |
| 1 | 1 | 方式 3 | 11 位异步收发 | 由定时器控制 |

② SM2：多机通信控制位，用于方式 2 和方式 3 中。

在方式 0 中，SM2 应为 0；在方式 1 处于接收时，若 SM2＝1，则只有当收到有效的停止位后，RI 才置 1。在方式 2、方式 3 处于接收时，若 SM2＝1，且接收到的第 9 位数据 RB8 为 0 时，则不激活 RI；若 SM2＝1，且 RB8＝1 时，则置 RI＝1。在方式 2、方式 3 处于发送方式时，若 SM2＝0，则不论接收到的第 9 位 RB8 为 0 还是 1，TI、RI 都以正常方式激活。

③ REN：允许串行接收位。由软件置位或清零。REN＝1 时，允许接收；REN＝0 时，禁止接收。

④ TB8：发送数据的第 9 位。在方式 2 和方式 3 中，由软件置位或清零，一般可做奇偶

校验位。在多机通信中，可作为区别地址帧或数据帧的标志位，一般约定地址帧时 TB8 为 1，数据帧 TB8 为 0。

⑤ RB8：接收数据的第 9 位，功能同 TB8。

⑥ TI：发送中断标志位。在方式 0 中，发送完 8 位数据后，由硬件置位；在其他方式中，在发送停止位之初由硬件置位 1，因此 TI=1 是发送完一帧数据的标志，其状态既可供软件查询使用，也可请求中断。TI 位必须由软件清零。

⑦ RI：发送中断标志位。在方式 0 中，接收完 8 位数据后，由硬件置位；在其他方式中，在接收到停止位之初由硬件置位 1，因此 RI=1 是接收完一帧数据的标志，其状态既可供软件查询使用，也可请求中断。RI 位必须由软件清零。

(3) 电源及波特率选择寄存器 PCON

PCON 主要为是 CHMOS 型单片机的电源控制而设置的专用寄存器。它的低 4 位全部用于 89S51/80C31 子系列单片机的电源控制，只有最高位 SMOD 位用于串行口波特率系数的控制。在方式 1、方式 2 和方式 3 中，串行通信的波特率与 SMOD 有关。当 SMOD=1 时，通信波特率乘以 2；当 SMOD=0 时，波特率不变，其格式如图 8.7 所示。

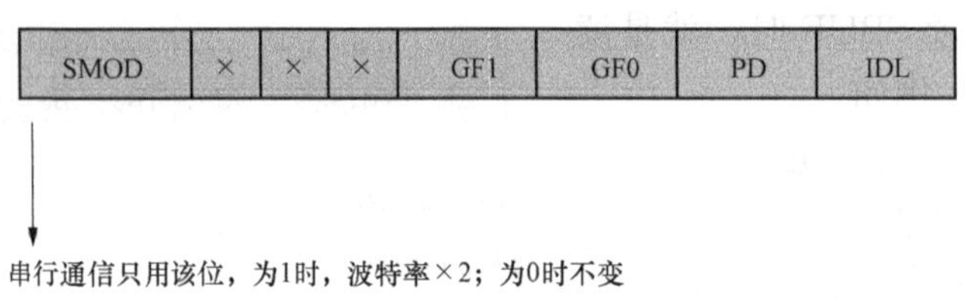


图 8.7 PCON 的各位含义

2. 串行口工作方式

MSC-51 系列单片机的串行口有四种工作方式，通过 SCON 中的 SM1 和 SM0 位来决定。

(1) 方式 0

在方式 0 下，串行接口被同步移位寄存器使用，多用于扩展并行输入/输出接口，波特率固定为 $f_{osc}/12$。串行数据从 RXD（P3.0）端输入或输出，同步一位脉冲由 TXD（P3.1）送出。

发送：当一个数据写入串行口发送缓冲器 SBUF 时，串行口将 8 位数据以 $f_{osc}/12$ 的波特率从 TXD 引脚输出（低位在前），发送完一个字节后，置中断标志 TI 为“1”，向 CPU 发出中断请求，在再次发送数据之前，由软件先清除 TI 为“0”。

接收：串行口将 8 位数据以 $f_{osc}/12$ 的波特率从 RXD 引脚输入（低位在前），接收完一个字节后，置中断标志 RI 为“1”，向 CPU 发出中断请求，从接收缓冲器 SBUF 读出数据，为了能再次接收数据，由软件先清除 RI 为“0”。

一般在应用时配合移位寄存器一起使用。

(2) 方式 1

方式 1 多用于双机通信。本任务选用的串口工作方式 1，串行口工作在方式 1，是一个波特率可变的 10 位异步通信接口，即 1 位起始位，8 位数据位（低位在前）和 1 位停止位。其中起始位和停止位是发送时自动插入的。波特率的大小，取决于定时器 1 或定时器 2 的溢出率。

发送数据：发送数据时，TI=0，当数据写入发送缓冲区 SBUF 后，启动发送器发送，数据从 TXD 输出。当发送完一帧数据后，置中断标志为 TI 变为 1。

```
SBUF = send_code[i];      //数据写入发送缓冲器 SBUF
    while(TI = = 0);      //查询等待发送是否完成,如发送完成中断标志位 TI = 1
    TI = 0;               //清除发送标识位 TI = 0,发送下一组数据
```

接收数据：接收数据的前提条件是 REN=1，允许接收。同时还要满足 RI=0，SM2=0 或者接收到的停止位为 1，否则接收到的数据会被丢弃。如果正确接收则接收到的数据会装载进 SBUF，接收中断标志位 RI 置 1。因此可以通过查询 RI 是否为 1 来判断是否接收数据，如果开放中断则自动进入中断服务程序。

查询方式：

```
while(1)
    {
      if(RI)                    //判断接收标识位
      {
       RI = 0;                  //清除接收标识位
       receive = SBUF;          //接收数据到变量 receive
      }
   }
中断方式：
void scan() interrupt 4         //串口中断服务程序
{
   char receive;
   if(RI)                       //等待接收甲机发送的数据
   {
     RI = 0;                    //清除接收标志位
     receive = SBUF;            //将数据接收到 receive 变量中
     P1 = display_code[receive]; //显示接收到的数据
     flag - 1;
   }
}
```

采用中断方式一定要开放总中断以及串口中断。

```
EA = 1;//开放总中断
ES = 1;//开放串口中断
```

**小提示**

串行口工作在方式 1 时，发送中断标志 TI 或接收中断标志 RI，须由用户清 0。

方式 1 下波特率取决于定时器 1 的溢出率和 PCON 中的 SMOD 位。

$$波特率=\frac{2^{SMOD}}{32}\times T1\ 溢出率 \tag{8.1}$$

波特率计算

定时器溢出率指的是计满溢出的频率，其值为定时时间值的倒数，即

$$T1溢出率=1/（机器周期\times计数个数） \tag{8.2}$$

在使用工作方式1时会直接设置定时器初值从而设置波特率。

由式（8.1）、式（8.2）得式（8.3）：

$$波特率=\frac{2^{SMOD}}{32}\times\frac{f_{osc}}{12\times（256-X）} \tag{8.3}$$

其中，$X$ 是定时器T1工作在方式2的定时器初值。

在串行通信的实际使用中，单片机的晶振必须选用11.0592MHz的整数倍，否则波特率计算给在定时器1赋初值时，会出现不能整除的现象，影响通信质量，导致双机不能正常通信。

为了方便同学们，本书直接给出工作方式1常用波特率及定时器初值对照如表8.2所列。

**表8.2 常用波特率初值对照表**

| 晶振频率/MHz | 波特率/Baud | SMOD=0 | SMOD=1 |
|---|---|---|---|
| 11.0592 | 1200 | 0xE8 | 0xD0 |
| 11.0592 | 2400 | 0xF4 | 0xE8 |
| 11.0592 | 4800 | 0xFA | 0xF4 |
| 11.0592 | 9600 | 0xFD | 0xFA |
| 11.0592 | 19200 | — | 0xFD |

（3）方式2

串行口工作在方式2和方式3，是11位的异步通信接口，发送或接收一帧数据格式包括1位起始位0，8位数据位，1位可编程位（用于奇偶校验）和1位停止位。其帧格式如图8.8所示。

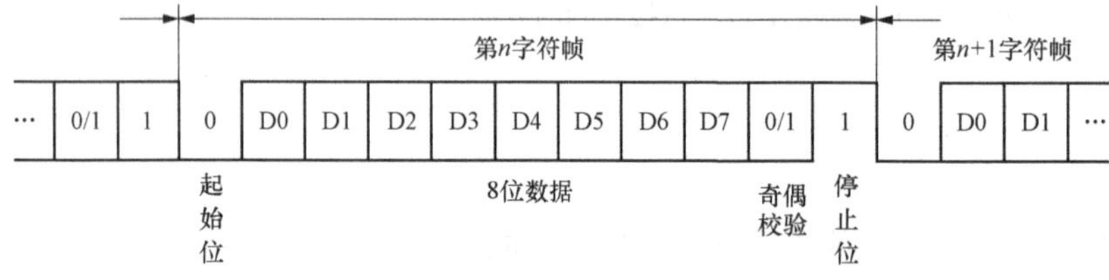


图8.8 方式2下11位帧格式

发送机的第9位数据来自该机SCON中的TB8，而接收机将接收到的第9位数据送入本机SCON中RB8。这个第9位数据通常用做数据的奇偶校验位，或在多机通信中作为地址/数据特征位。

发送数据：先根据通信协议由软件设置TB8，然后将要发送的数据写入SBUF，启动发送。写SBUF的语句，除了将8位数据送入SBUF外，同时还将TB8装入发送移位寄存器的第9位，并通知发送控制器进行一次发送，一帧信息即从TXD发送。在送完一帧信息后，TI被自动置1，在发送下一帧信息之前，TI必须在中断服务程序或查询程序中清零。

接收数据：当 REN =1 时，允许串行口接收数据。同时还要满足 RI=0，SM2=0 或者接收到的停止位为 1，否则接收到的数据会被丢弃。如果正确接收则接收到的数据会装载进 SBUF 和 RB8 位，接收中断标志位 RI 置 1。因此可以通过查询 RI 是否为 1 来判断是否接收数据，如果开放中断则自动进入中断服务程序。

传送的波特率与 SMOD 有关。方式 2 的波特率固定，SMOD=0 为 $f_{osc}/32$ 或 SMOD=1 为 $f_{osc}/64$。

（4）方式 3

方式 2 和方式 3 的数据格式以及操作过程完全一致，仅仅是波特率的设置方法不同，而方式 3 波特率的设置方法与方式 1 的方法完全一致。

## 8.4　系统制作与调试

按照表 8.3 清单准备元器件，然后按照仿真电路图 8.1 连接电路。

**表 8.3　双机通信测试系统元件清单**

| 序号 | 元件名称 | 型号与规格 | 单位 | 数量 |
|---|---|---|---|---|
| 1 | 单片机最小系统 | 单片机开发板（STC89C52RC） | 只 | 2 |
| 2 | 数码管 | 共阴极 | 只 | 1 |
| 3 | 导线 | 杜邦线 | 条 | 若干 |

## 8.5　举一反三：蓝牙遥控小车设计与制作

蓝牙遥控小车的设计与制作

一、任务要求

使用手机通过蓝牙模块与单片机进行通信控制小车“前进”“后退”“左转”“右转”“停止”。

二、任务实施

1. 总体方案设计

基于蓝牙手机遥控小车是以 51 单片机为核心，以蓝牙模块为通信模块，与安卓手机进行无线通信，通过手机控制电机驱动模块从而带动玩具小车前进，后退，转弯等动作。总体框图如图 8.9 所示。

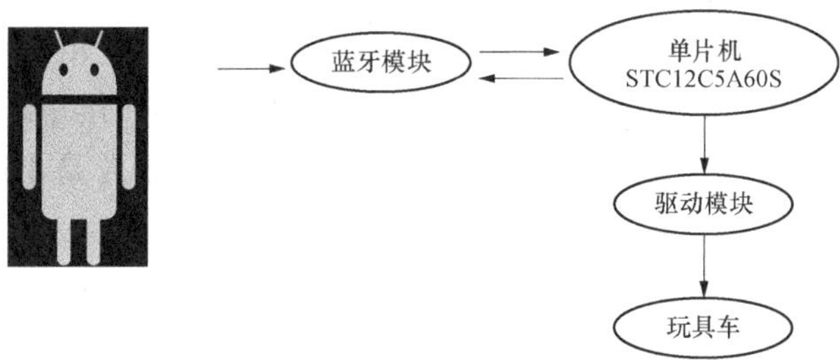


图 8.9　总体框图

2. 硬件电路设计

(1) 控制器

本系统采用的是 51 内核的 STC12C5A60S 的单片机，该型号的单片机在传统的 STC89C52RC 的基础上容量扩充了，运行速度增加了 8～12 倍，还增加了脉宽调制以及 ADC 模数转换等功能，指令代码与之前没有较大的改变。由于要与蓝牙模块进行串口通信，因此在晶振的选择上要选择 11.0592MHz 的晶振或是其整数倍的晶振，否则无法得到 9600bps。

(2) 蓝牙模块

本系统的蓝牙模块选用的是 HC-05 蓝牙通信模块（见图 8.10）。该模块一共有 6 个引脚，分别是 LED、KEY、RXD、TXD、GND、$V_{CC}$。通信过程中单片机的 $V_{CC}$、GND 给蓝牙模块的 $V_{CC}$、GND 供电，单片机的串口引脚 RXD、TXD 与蓝牙模块 TXD、RXD 交叉相连。

图 8.10 蓝牙模块

HC-05 蓝牙模块的出厂设置默认为：波特率 9600，配对码为 1234，工作模式为从机。HC-05 蓝牙模块可以通过 AT 指令对蓝牙模块工作方式进行设置与查询，例如主从模式设置，蓝牙名称、密码设置，波特率设置等。本文以重设主从模式为例介绍如何进行蓝牙模块的设置。

步骤一：蓝牙模块上电前将 KEY 引脚接 $V_{CC}$，模块上电后 LED 指示灯 1 s 钟亮 1 次，此时表示模块进入 AT 状态，可以进行 AT 指令设置。

步骤二：打开 PC 机上的“串口小助手”，波特率选择 38400，数据位选择 8，停止位选择 1。然后在发送框输入 AT+ROLE=0 或 1，0 表示该蓝牙模块为从模块，1 表示该蓝牙模块为主模块。发送后，接收框如显示 OK，说明设置成功。主模块与从模块的区别在于主模块可以主动搜索蓝牙设备，而从模块只能被其他蓝牙设备搜索。

蓝牙模块是具体资料可以参考购买方提供的技术手册。

(3) 电机驱动模块

本系统对比了步进电机与直流电机的优缺点，最终选择直流电机作为该遥控小车的控制电机。由于单片机输出电流较小无法直接带动直流电机的转动，因此需要增加电机驱动模块。本系统经过对比 L298N 如图 8.11 与 L9110 如图 8.12 所示。电机驱动模块选用 L9110 作为玩具小车的电机驱动，L9110 电机驱动模块具有体积较小，重量轻，方便安装等优点，虽然 L9110 驱动电流只有 0.8 A，比 L298 的最大驱动电流 2.5 A 是小很多，但驱动玩具小车功率足够大。

该驱动模块可以同时驱动 2 个直流电机或者 1 个步进电机，$V_{CC}$工作电压 2.5～12 V，$V_{CC}$、GND 直接与单片机上的 $V_{CC}$、GND 相连，IA1，IB1，IA2、IB2 与单片机的 P1 口相连。OA1，OB1 与直流电机 1 的 2 个引脚相连，OA2，OB2 与直流电机 2 的 2 个引脚相连。通过单片机给 IA1，IB1，IA2、IB2 的不同高低电平控制电机正反转，实现小车前进、后退、转弯、停止。

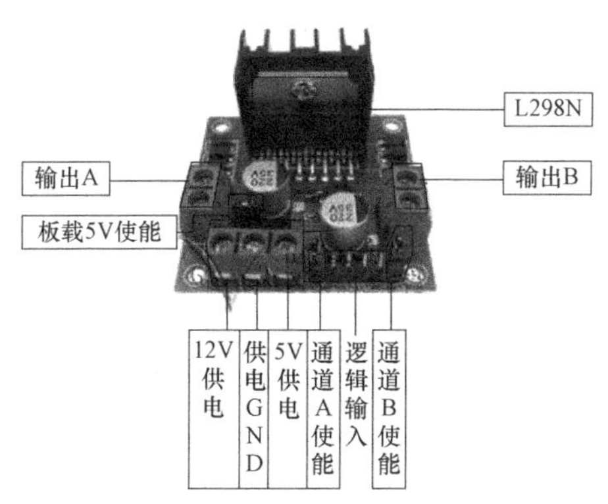


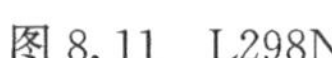

图 8.11　L298N

图 8.12　L9110

3. 软件设计

(1) 蓝牙小车 APP

蓝牙遥控小车的遥控终端是安卓手机，安卓手机上需要存在一个应用，通过手机操作遥控小车的运动状态。系统开发者可以通过 Eclipse 平台创建 APK 应用程序在安卓手机上安装并执行，也可以下载现成的 APK 应用程序。前一种方法开发过程较为复杂，但是符合系统要求。后一种方法简单，不需要设计者了解 APK 的开发过程，对于没有 APK 开发经验的读者也能完成设计，但是对小车的运动状态控制较为局限。

由于本系统只是简单的操作小车的“前进、后退、转弯、停止”动作，因此选择第二种方法。本文选用的是“蓝牙小车 APP”应用程序，通过“串口小助手”测试小车的“前进、后退、左转、右转、停止”按键分别发送的字符是“1”，“2”，“3”，“4”，“0”。

(2) 单片机控制程序设计

单片机主要功能是通过串口监听蓝牙模块接收手机发送的数据，根据不同的数据指令控制电机驱动使小车实现不同的运动状态。流程图如图 8.13 所示，首先进行初始化设置，包括串口以及各端口初值的设置，设置过程中需要注意波特率的选择与蓝牙模块波特率的设置一致，本系统选择 9600。其次判断接收到的蓝牙数据，如读出的数据为“0”，“1”，“2”，“3”，“4”，则分别调用“停止、前进、后退、左转、右转”子程序。

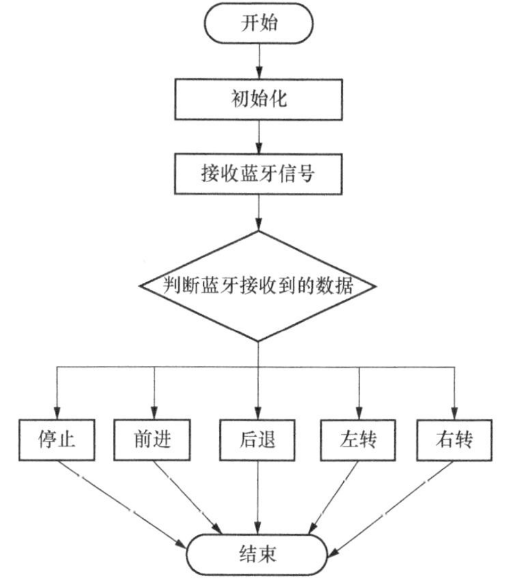


图 8.13　控制程序流程

蓝牙遥控小车参考程序如下：

```
#include<reg51.h>
unsigned char f = '0';
void delay(unsigned i)
```

```
{
unsigned j,k;
for(j=0;j<i;j++)
for(k=0;k<65535;k++);
}
void csh()
{
  SCON=0X50;
  PCON=0X00;
  TMOD=0X20;
  TL1 = 0XFD;
  TH1 = 0XFD;
  TR1 = 1;
  REN = 1;
  ES = 1;
  EA = 1;
}
void serial() interrupt 4
{
  EA = 0;
if(RI==1)
   {
     f = SBUF;
       RI = 0;
   }
  EA = 1;
}
main()
{
csh();
while(1)
   {
switch(f)
      {
      case '0':P1 = 0XF0;break;
      case '1':P1 = 0XFE;break;
      case '2':P1 = 0XFD;break;
      case '3':P1 = 0XFB;break;
      case '4':P1 = 0XF7;break;
      }
   }
}
```

# 任务二　多机通信系统的设计与制作

多机通信系统的任务要求

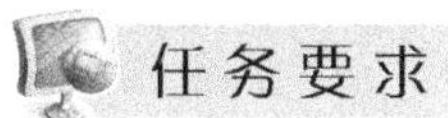

多机通信在家居智能系统中得到广泛应用。该系统由三片单片机组成，一片主机两片从机，主机可以指定从机发送信息。甲从机的地址为 0x01，乙从机的地址为 0x02。主机向甲从机发送数据“0”，甲从机接收到数据信息后，利用数码管显示。

任务实施

多机通信系统的硬件电路设计

## 8.6　硬　件　电　路

多机通信系统电路设计如图 8.14 所示。

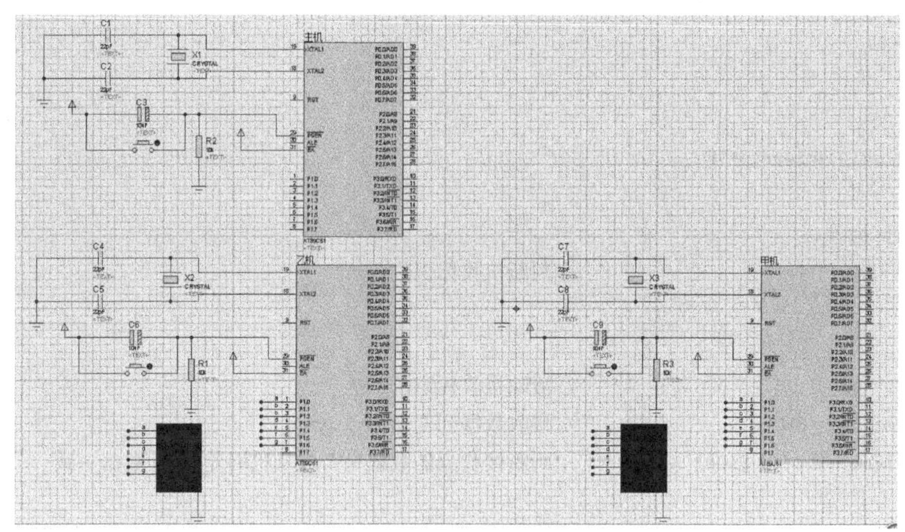


图 8.14　多机通信系统硬件电路图

多机通信测试系统由三套单片机主机、甲从机和乙从机构成，主机的发送端 TXD（P3.1）接甲、乙机的接收端 RXD（P3.0），主机的接收端 RXD（P3.0）接甲、乙机的发送端 TXD（P3.1）。主机给从机发地址，然后给甲机发送数据 0，为了测试甲、乙机是否顺利接收到数据，需要在甲、乙机的 P1 口上接共阴极的数码管。甲、乙机的 P1.0～P1.6 分别连接数码管的 a，b，c，d，e，f，g 数码段。

多机通信系统的程序设计

## 8.7　程　序　设　计

主机参考程序如下，将主机 .hex 添加到主机中：

```
#include<reg51.h>
bit flag=0;
void init()
{
  SCON=0xD0;                    //设置主机的工作方式3
  PCON=0x00;                    //置SMOD=0
  TMOD=0x20;                    //定时器1工作方式2
  TH1 =0xFD;                    //9600bit/s
  TL1 =0xFD;
  TR1 =1;                       //开定时器
  EA=1;                         //开放总中断
  ES=1;                         //开放串口中断
  TI=0;                         //发送标志位清零
}
void send(char senddata)        //发送函数
{
  SBUF=senddata;
while(TI= =0);
  TI=0;
}

void host() interrupt 4
{
char receive;
   if(RI)                       //判断接收标识位
   {

     RI=0;                      //清除接收标识位
     receive=SBUF;              //接收数据到变量receive
     if(receive= =0x00)         //判断接收到的数据是否与从机回复0x00数据一致
     {
       flag=1;                  //标志位置1
     }
   }
}

main()
{
init();
while(1)
 {
  TB8=1;                        //置TB=1,发送地址帧
  send(0x01);                   //发送地址,选择甲机
```

```
while(1)
  {
     if(flag = = 1)                  //如果接收到回复信息则发送数据帧
     {
     flag = 0;
       TB8 = 0;                      //TB8 = 0,发送数据
       send(0x00);                   //发送数据 0x00
     break;
    }
   }
  }
 }
```

甲机参考程序如下，将甲机 . hex 添加到甲机中：

```
#include<reg51.h>
char display_code[10] = {0x3F,0x06,0x5B,0x4F,0x66,0x6D,0x7D,0x07,0x7F,0x6F};     //共阴极
void init()                          //初始化函数
{
  SCON = 0xF0;                       //设置主机的工作方式 3
  PCON = 0x00;                       //置 SMOD = 1
  TMOD = 0x20;                       //定时器 1 工作方式 2
  TH1 = 0xFD;                        //9600bit/s
  TL1 = 0xFD;
  TR1 = 1;                           //开定时器
  EA = 1;                            //开放总中断
  ES = 1;                            //开放串口中断
}
void send(char senddata)             //发送函数
{
  SBUF = senddata;
while(TI = = 0);
  TI = 0;
}
void slavejia() interrupt 4
{
char receive;
   if(RI)                            //判断接收标识位
   {
     RI = 0;                         //清除接收标识位
     if(RB8 = = 1)                   //如果 RB8 = 1,说明接收的是地址帧
     {
         receive = SBUF;             //接收数据到变量 receive
         if(receive = = 0x01)        //判断接收到的数据是否是甲机地址
```

```
    {
    SM2 = 0;                                //如果一致,则 SM = 0,准备接收数据帧
    send(0x00);                             //发送回复信息 0x00
    }
  else
    SM2 = 1;                                //如果不是地址帧,则 SM2 = 1,丢弃数据
  }
  if(RB8 = = 0)                             //如果 RB8 = 0,SM2 = 0,说明接收的是数据帧
  {
    receive = SBUF;                         //接收数据到变量 receive
    P1 = display_code[receive];             //送数码管显示
    SM2 = 1;                                //SM2 = 1,以备下一组数据的传输
  }
 }
}
main()
{
  init();                                   //初始化
  P1 = 0x40;
while(1);
}
```

乙机参考程序如下，将乙机.hex 添加到乙机中：

```
#include<reg51.h>
char display_code[10] = {0x3F,0x06,0x5B,0x4F,0x66,0x6D,0x7D,0x07,0x7F,0x6F};     //共阴极
void init()
{
  SCON = 0xF0;                              //设置主机的工作方式 3
  PCON = 0x00;                              //置 SMOD = 1
  TMOD = 0x20;                              //定时器 1 工作方式 2
  TH1 = 0xFD;                               //9600bit/s
  TL1 = 0xFD;
  TR1 = 1;                                  //开定时器
  EA = 1;                                   //开放总中断
  ES = 1;                                   //开放串口中断
}
void send(char senddata)                    //发送函数
{
  SBUF = senddata;
while(TI = = 0);
  TI = 0;
}
void slaveyi() interrupt 4
```

```
{
char receive;
  if(RI)                                  //判断接收标识位
    {
       RI = 0;                            //清除接收标识位
       if(RB8 = = 1)                      //如果 RB8 = 1,说明接收的是地址帧
       {
          receive = SBUF;                 //接收数据到变量 receive
          if(receive = = 0x02)            //判断接收到的数据是否是乙从机地址
         {
           SM2 = 0;                       //如果一致,则 SM = 0,准备接收数据帧
           send(0x00);                    //发送回复信息 0x00
         }
       else
           SM2 = 1;                       //如果不是地址帧,则 SM2 = 1,丢弃数据
        }
        if(RB8 = = 0)                     //如果 RB8 = 0,SM2 = 0,说明接收的是数据帧
        {
           receive = SBUF;                //接收数据到变量 receive
           P1 = display_code[receive];    //送数码管显示
           SM2 = 1;                       //SM2 = 1,以备下一组数据的传输
        }
      }
    }

      main()
      {
      init();
        P1 = 0x40;
      while(1);
      }
```

一个三套程序，主机首先给所有的从机发地址帧，TB8=1；send (0x01);，当所有从机收到 RB8=1 后接收地址帧，接收完与自己的地址做比较，判断与自己的地址是否相符，如果相符则 SM2=0 等待接收数据帧，如果不相符则 SM2=0 丢弃数据。从机回复数据 0x00，说明已经收到地址帧了，当主机收到回复信息后，发送数据帧 TB8=0；send (0x00)；发送数据 0x00。当 SM=0 同时 RB8=0，甲机接收数据帧，同时送数码管显示数据。

测试过程中发现，如果选用串口工作方式 2，波特率太大，数据传输太快，影响收据收发，因此尽量使用串口工作方式 3，用户自行设定波特率。

**小提示**

在此需要提醒的是，每个从机的地址是用户自身分配的，回复数据也是用户设定的。但是主机与从机之间的通信需要事先规定好通信协议，包括通信地址，握手信息，通信速率等。

## 8.8 知识综述

### 8.8.1 多机通信概述

在通信领域，一对一的通信方式已经不能满足人们设计的需要，多机通信已经成为通信控制领域的主流通信形式。单片机的多机通信是指由两台以上单片机组成的网络结构，可以通过串行通信的方式共同实现对某一过程的最终控制。目前单片机多机通信的形式较多，但通常可以分为星型、环型、串行总线型和主从式多机型四种。本项目主要使用主从式多机型来实现，图 8.14 为主从式 8051 单片机多机通信示意图。

### 8.8.2 多机通信的基本原理

在多机通信中，每台从机分配一个从机地址，主机与从机之间进行串行通信时，通常是主机先呼唤某从机地址，唤醒从机后，主、从机之间进行数据交换，未被呼唤的从机继续进行各自的工作。但如果主机与某被呼叫的从机进行数据交换，而其他从机如果不采取相应的数据识别技术，则这些从机就会因为串行通信上有数据传输而时时被打断，影响正常工作，利用单片机的串口工作方式 2、方式 3 可以很好地解决上述问题。

1. SM2 多机通信选择位在工作方式 2 和工作方式 3 时的特点

① SM2=1，当接收到第 9 位数据 RB8 为“1”时，将前面的 8 位数据装入 SBUF 中并置位 RI，向 CPU 申请中断；当第 9 位 RB8 为“0”时，数据全部丢失，不接收，不产生中断。

② SM2=0，接收到第 9 位 RB8 为“1”还是“0”，都将产生中断标志，并且接收前 8 位数据。

2. 实现多机通信的编程步骤

① 给各从机定义地址编号，主机要与某从机通信时，先送一个地址字节，联络从机以确认从机。主机发送一帧地址信息，与需要通信的从机联络，主机应置 TB8 为“1”，表示发送的是地址帧。

② 所有从机初始化设置 SM2=1，处于准备接收一帧地址信息的状态。

③ 各从机接收到地址信息，RB8=1，则置位中断标志位 RI。中断后，首先判断主机送来的地址与自己的地址是否相符。如果相符，置 SM2=0，接收主机发送的数据信息；如果不相符，保持 SM2=1，对主机发送来的信息不理睬，直到发送新地址。

④ 主机发送数据信息，其中主机置 TB8 为“0”，表示发送的是数据或命令，对未选中从机，因为 SM2=1，RB8=0，所以不产生中断，不接收。

## 8.9 系统制作与调试

按照表 8.4 清单准备元器件，然后按照仿真电路图 8.1 连接电路。

表 8.4　多机通信系统元件清单

| 序号 | 元件名称 | 型号与规格 | 单位 | 数量 |
|---|---|---|---|---|
| 1 | 单片机最小系统 | 单片机开发板（STC89C52RC） | 只 | 3 |
| 2 | 数码管 | 共阴极 | 只 | 2 |
| 3 | 导线 | 杜邦线 | 条 | 若干 |

## 任务三　单片机与 PC 的串行通信设计与制作

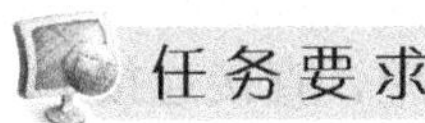

### 任务要求

本任务实现 PC 与单片机串口通信。系统中，从 PC 机上发送一个字符 2，单片机接收数据，并利用数码管显示。单片机也可以向 PC 发送数据，通过矩阵键盘输入字符 6，PC 接收数据并通过“串口调试助手”查看接收信息。

### 任务实施

单片机与 PC 机通信

#### 8.10　硬　件　电　路

单片机与 PC 串行通信电路设计如图 8.15 所示。

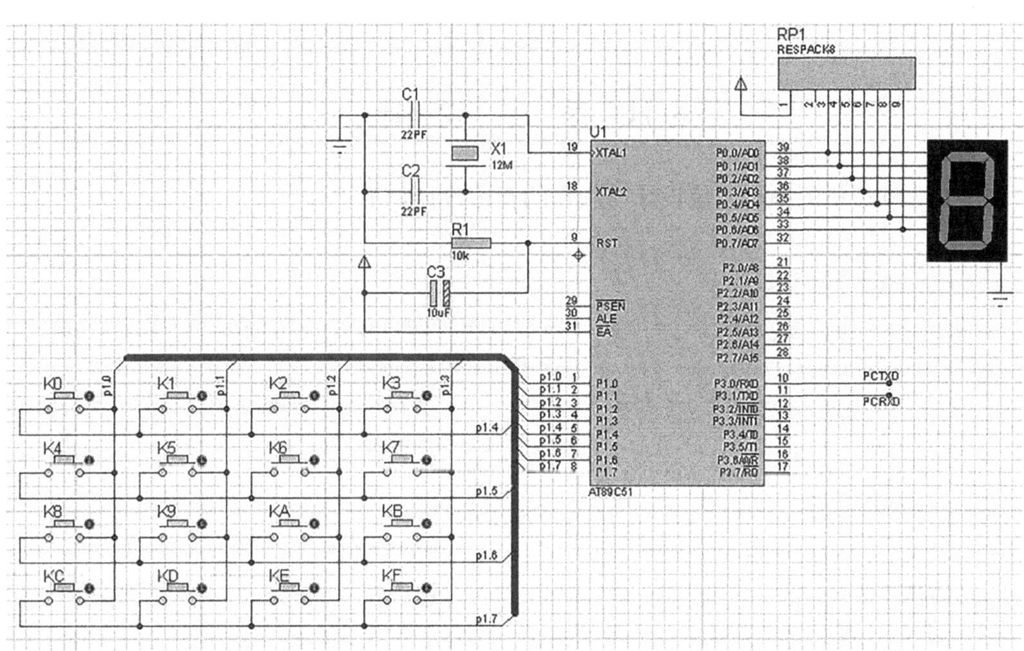


图 8.15　单片机与 PC 串行通信电路硬件电路图

技术准备：本任务实习的是单片机与 PC 机串口通信，传统的解决方法是将单片机的 TXD、RXD 与 PC 机的 RS-232C 串行通信总线相连，但该种方法需要在单片机与 PC 机之间接一个 MAX232 转换芯片。该芯片硬件电路复杂，而且现今的技术 RS-232C 串行通信总线使用较少，购买、连线等都不太方便，本书介绍较为简单的方法。

本任务使用的 USB 转串口器件如图 8.16 所示，USB 转串口即实现计算机 USB 接口到通用串口之间的转换。为没有串口的计算机提供快速的通道，而使用 USB 转串口设备

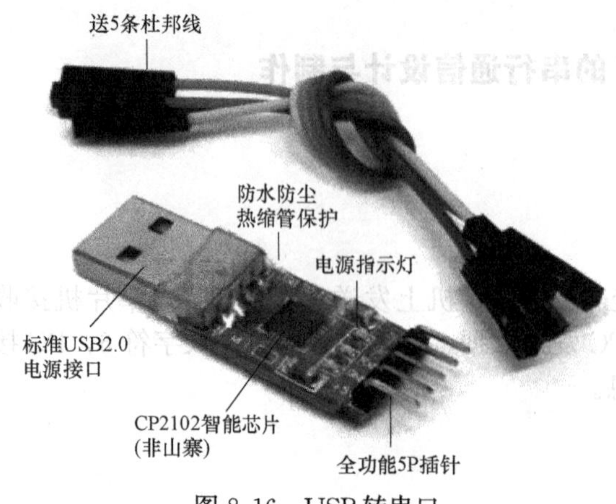


图 8.16　USB转串口

等于将传统的串口设备变成了即插即用的USB设备。作为应用最广泛的USB接口，是每台电脑必不可少的通信接口之一，它的最大特点是支持热插拔，即插即用，传输速度快。该器件使用简单，直接连接PC机的USB口即可，该器件只有5根引脚，即+5V，+3.3V，GND，TXD，RXD。PC机与单片机通信时，只需要将GND与单片机的GND连一起，+5V与单片机+5V相连，TXD与单片机的RXD相连，RXD与单片机的TXD相连即可。

**小提示**

在此需要提醒的是，在使用USB转串口这个器件之前，需要在PC机上安装一个USB转串口驱动，这样，系统会自动分配USB转串口的端口，以备作串口调试助手中的通信端口。

## 8.11 程 序 设 计

单片机与PC机的串行通信设计与制作的程序设计如下：

```
#include<reg51.h>
#include<intrins.h>
unsigned char display_code[16] = {0x3f,0x06,0x5b,0x4f,0x66,0x6d,0x7d,0x07,0x7f,0x6f,0x77,
0x7c,0x39,0x5e,0x79,0x71};                  //共阴极数码管段选码
unsigned char codekey_code[16] = {0xee,0xed,0xeb,0xe7,0xde,0xdd,0xdb,0xd7,0xbe,0xbd,0xbb,0xb7,
0x7e,0x7d,0x7b,0x77};                       //键盘对应的扫描码表
unsigned scan;
void delay(unsigned int i)                  //1ms 延时函数
{
unsigned int j,k;
for(k = 0;k<i;k + + )
for(j = 0;j<110;j + + );
}
char scan_key()
{
char s,scan1,scan2,keycode;
  P1 = 0xf0;                                //向所有的列线上输出低电平,行线上输出高电平
  scan1 = P1;                               //读,行列值
if(P1!  = 0xf0)                             //行线上不全为 1,有按键按下
{
```

```
    delay(20);                          //延时消抖
if(P1!  =0xf0)                          //再次判断按键是否按下
   {
    P1=0x0f;                            //行列反转,向所有的行线上输出低电平,列线上输出高电平
    scan2=P1;                           //读入行列值
    keycode=scan1|scan2;                //两次读入值按位或操作,得到扫描码
      for(s=0;s<16;s++)                 //由扫描码得到键值
     {
if(keycode= =codekey_code[s])
   {
     return s;                          //返回键值
   }
      }
   }
}
return -1;                              //无按键按下则返回-1
}
void init()
{
  SCON=0x50;                            //设置串口工作方式1,允许接收
  PCON=0x00;
  TMOD=0x20;                            //定时器1工作方式2
  TL1=0xFD;                             //波特率为9600
  TH1=0xFD;
  TR1=1;                                //开定时器
  EA=1;                                 //开总中断
  ES=1;                                 //开串口中断
}

void send(char senddata)
{
   SBUF=senddata;                       //数码管显示键值
while(TI= =0);
   TI=0;
}

void scan() interrupt 4
{
  if(RI)                                //判断接收标识位
  {
     RI=0;                              //清除接收标识位
     receive=SBUF;                      //接收数据到变量receive
```

```
        P0 = display_code[receive];         //将接收到的数据送数码管显示
    }
}

main()
{
init();
        P0 = 0x40;                          //上电时数码管显示"-"
while(1)
  {
    scan = scan_key();                      //调用矩阵键盘扫描函数
if(scan! = -1)                              //如果返回值不为-1说明有按键按下
      {
        send(scan);                         //单片机向PC机发送键值
      }
delay(1000);                                //1 s
  }
}
```

使用USB转串口器件后，单片机与PC机的通信实际上相当于双机通信，只是设计者只需要写下位机即单片机的程序，上位机PC机端可以通过“串口调试助手”查看收发数据情况。

使用步骤如下：

步骤一：用户需要下载并打开“串口调试助手”，界面如图8.17所示。

图8.17 串口调试助手

步骤二：选择端口及波特率。端口的选择，安装 USB 转串口驱动后，可以通过设备管理器，端口，查看“USB-SERIAL CH340” USB 转串口具体分配到哪个 COM 口，该端口随机分配，因此每次拔插后都得重新查看端口 COM。

步骤三：在发送区往单片极发送数据，在接收区查看接收的数据。这里需要注意的是，有些串口小助手可以按字符形式发送数据，有些则以 ASCII 形式发送数据，如果是按 ASCII 形式发送数据，则本项目程序中，数码管显示部分就得有所改动。将 P0=display_code [receive]；//将接收到的数据送数码管显示改成 P0=display_code [receive-0x30]。因为字符“0～9”分别对应 ASCII 码的“0x30～0x39”。

## 8.12 系统制作与调试

按照表 8.5 清单准备元器件，然后按照仿真电路图 7.6 连接电路。

表 8.5 双机通信测试系统元件清单

| 序号 | 元件名称 | 型号与规格 | 单位 | 数量 |
|---|---|---|---|---|
| 1 | 单片机最小系统 | 单片机开发板（STC89C52RC） | 只 | 1 |
| 2 | USB 转串口 | CP2102 模块 | 只 | 1 |
| 3 | 排阻 | 1kΩ | 只 | |
| 4 | 数码管 | 共阴极 | 只 | 1 |
| 5 | 矩阵键盘 | 4×4 | 套 | 1 |
| 6 | 导线 | 杜邦线 | 条 | 若干 |

## 项目小结

单片机串口模块作为单片机学习的重点与难点，有时会使人望而却步，可实际上并不是很难，硬件的构成并不复杂，重在软件调试。本项目一共由 3 个任务组成，任务一实现的是单片机与单片机之间的双机通信，通过任务的学习，掌握串行通信基础知识，串行口的结构、工作方式和波特率的设置，还有在双机通信的基础上引入蓝牙遥控小车，利用双机通信实现无线遥控功能。任务二实现的是多机通信，通过任务的学习，掌握多机通信的工作过程。任务三实现的是单片机与 PC 之间的通信，通过任务的学习，了解 USB 转串口的工作原理，使用双机通信的原理实现单片机与 PC 之间的通信，较传统使用串行通信总线的方式，电路设计更简单，使用更便捷。

## 思考与训练

一、知识思考

① 简述 8051 单片机内部串行接口的 4 种工作方式。

② 什么是波特率，如何设置单片机的波特率？

③ 单片机多机通信时主机和从机的工作过程，阐述多机通信原理。

④ 单片机与PC机如何通信？

## 二、项目训练

设计倒计时显示远程控制器的设计与制作。用串行通信方式设计倒计时显示器远程控制器，其功能为：

① 开机后显示“——”，等待输入数据。

② 倒计时的初值由键盘输入给定。

③ 按下“发送”键后，将设定的值通过串行口发送给倒计时显示器。

④ 倒计时显示器接收到数据后立即开始倒计时减1显示，并将显示数据发回；计时到0后停止计时，等待接收下一数据。

⑤ 控制机接收到数据后在本机显示，接收到“0”后等待键盘输入。

⑥ 按下“复位”键后，回到初始状态。

# 项目九　智能寻迹小车的设计与制作

## 知识目标

① 掌握电机驱动电路和减速电机的工作原理。
② 掌握寻迹模块的工作原理。

## 能力目标

从 3 路智能寻迹小车任务入手，让学生对智能寻迹小车有一个感性的认识和了解，掌握电机驱动电路的工作原理、减速电机以及寻迹模块的工作原理。

## 项目要求

小车在黑白地图上实现简单的寻迹功能，小车从起跑线出发，沿着黑线行驶到 C 点停止，设计并制作一个简易智能电动车，其行驶路线示意图如图 9.1 所示。

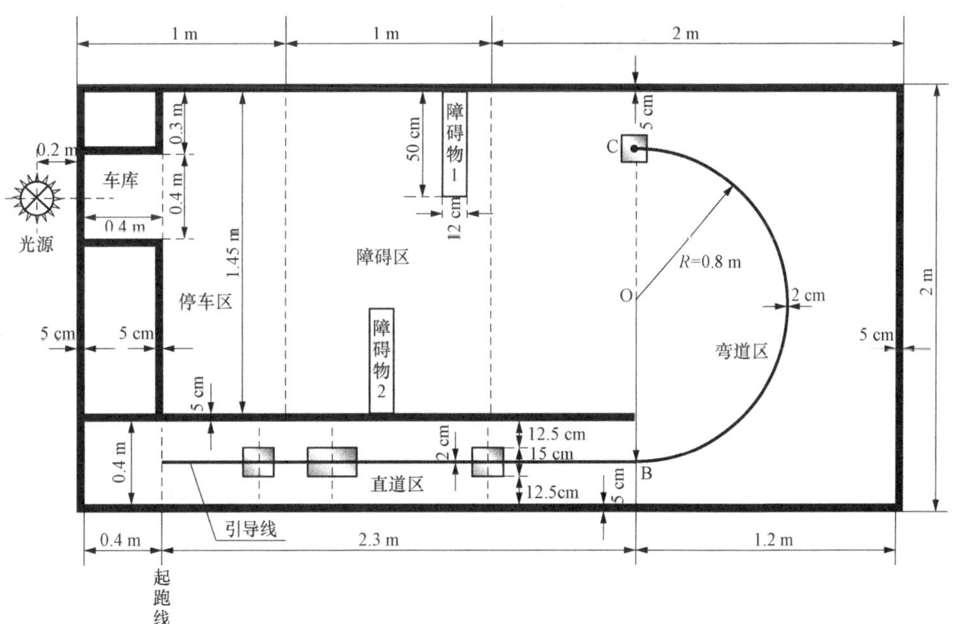


图 9.1　行驶路线示意图

项目实施

## 9.1 硬 件 电 路

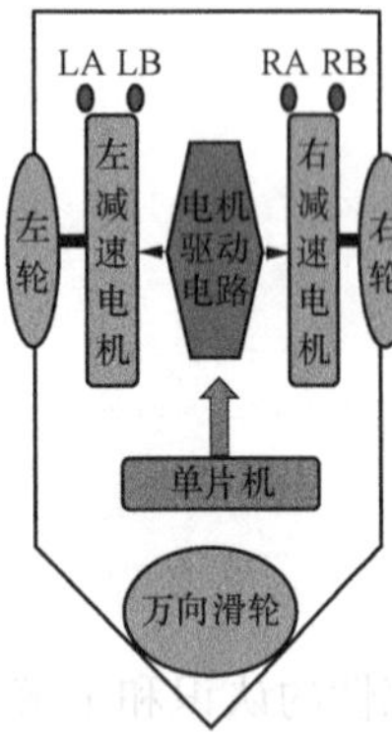

LA LB　RA RB
左轮　左减速电机　电机驱动电路　右减速电机　右轮
单片机
万向滑轮

图 9.2　小车车体结构示意图

小车车体结构设计示意图如图 9.2 所示。

技术准备：3 路寻迹智能小车的车体选用如图 9.3 所示 3 轮车，以更好控制车体的姿态。电机驱动模块选用的是 L298 如图 9.4 所示电机驱动模块，该模块的使用方法在项目八的举一反三中已有详细介绍，减速电路选用 3～6 V 的如图 9.5 所示直流减速电机，寻迹模块选用的是 3 路寻迹模块，如图 9.6 所示。为了完成任务一和任务二可购买 4 路寻迹模块，然后选其中 3 个来完成 3 路寻迹。

图 9.3　3 轮车体

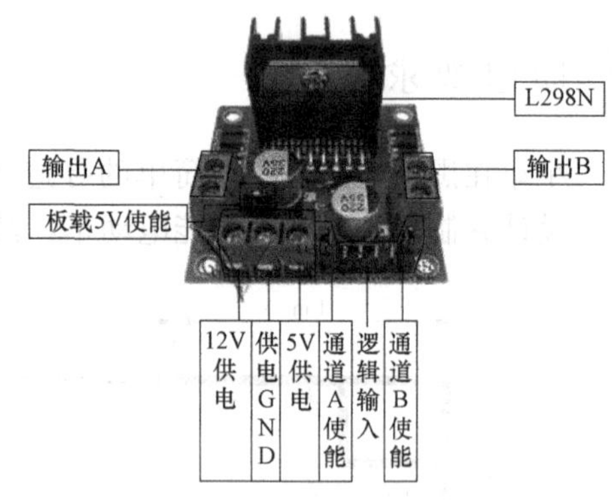


图 9.4　L298 电机驱动模块

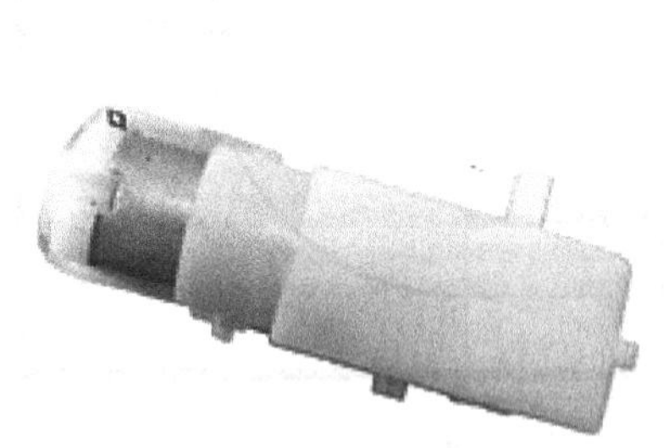

图 9.5　直流减速电机

图 9.6　四路寻迹模块

电路的工作电压为 $V_{CC}$，其值为 2.5～12 V，$V_{CC}$、GND 直接与单片机上的 $V_{CC}$、GND 相连，IN1，IN2，IN3、IN3 与单片机的 P1.3，P1.2，P1.1，P1.0 口相连。OUT1，OUT2 与左直流减速电机 1 的 2 个引脚相连，OUT3，OUT4 与右直流减速电机 2 的 2 个引

脚相连。通过单片机给 IN1，IN2，IN3，IN4 的不同高低电平控制电机正反转，实现小车“前进、后退、转弯、停止”动作。该 4 路寻迹传感器检测到黑线输出低电平，白线输出高电平。

| 左电机 | | | 右电机 | | |
|---|---|---|---|---|---|
| P1.3 | P1.2 | | P1.1 | P1.0 | |
| RA | RB | | LA | LB | |
| 0 | 0 | 不转 | 0 | 0 | 不转 |
| 0 | 1 | 前转 | 0 | 1 | 前转 |
| 1 | 0 | 后转 | 1 | 0 | 后转 |
| 1 | 1 | 不转 | 1 | 1 | 不转 |

单片机通过电机驱动电路控制小车的运行方法：

| P1.3 | P1.2 | P1.3 | P1.2 | 动作 |
|---|---|---|---|---|
| 0 | 1 | 0 | 1 | 前进 |
| 1 | 0 | 1 | 0 | 后退 |
| 1 | 1 | 0 | 1 | 左转弯 |
| 0 | 1 | 1 | 1 | 右转弯 |

3 路寻迹传感器模块输出端口 OUT1，OUT2，OUT3 直接与单片机 P0.2，P0.1，P0.0 连接即可。

结合 3 路寻迹模块，沿着黑线寻迹，可能遇到的 4 种情况如下：

情况一：直走路径如图 9.7 所示。当 P0.1 检测到黑线，寻迹传感器输出 0，则说明黑线为直线，小车则沿着黑线直走。

单片机通过电机驱动电路控制小车运行的方法如下：

| P1.3 | P1.2 | P1.1 | P1.0 | | P0.2 | P0.1 | P0.0 |
|---|---|---|---|---|---|---|---|
| 0 | 1 | 0 | 1 | 前进 | 1 | 0 | 1 |
| 1 | 0 | 1 | 0 | 后退 | | | |
| 1 | 1 | 0 | 1 | 左转弯 | | | |
| 0 | 1 | 1 | 1 | 右转弯 | | | |

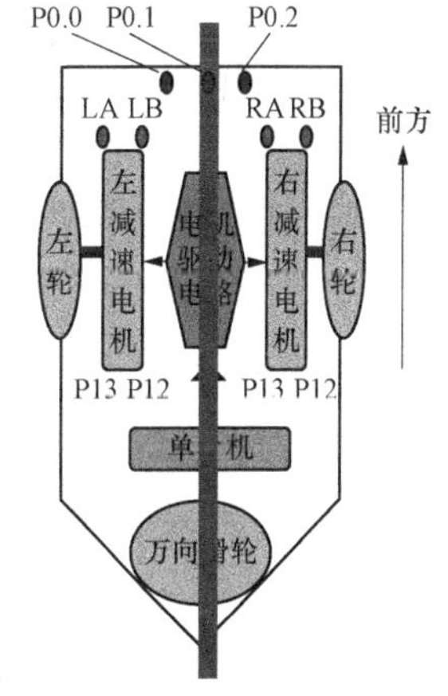


图 9.7　直走路径

程序设计（如果中间探测头 P0.1 右测到黑线，则小车前进）：

```
if(P0 = = 0x05)
{
P1 = 0X05
}
```

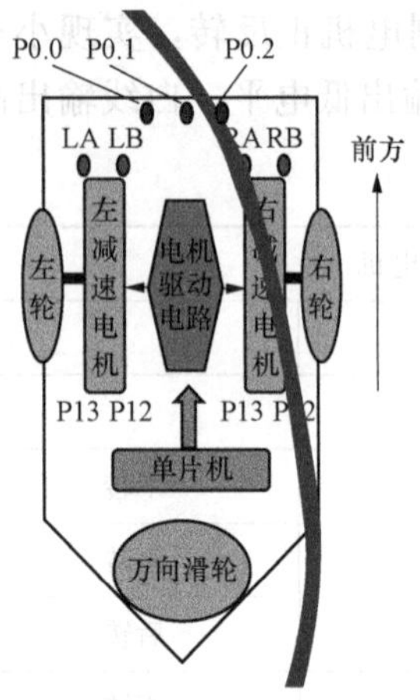

图 9.8 左转弯路径

情况二：左转弯路径如图 9.8 所示。当 P0.2 检测到黑线，寻迹传感器输出 0，则说明黑线为左转弯曲线，则小车需要沿着黑线左转弯。

| P1.3 | P1.2 | P1.1 | P1.0 | | P0.2 | P0.1 | P0.0 |
|---|---|---|---|---|---|---|---|
| 0 | 1 | 0 | 1 | 前进 | | | |
| 1 | 0 | 1 | 0 | 后退 | | | |
| 1 | 1 | 0 | 1 | 左转弯 | 0 | 1 | 1 |
| 0 | 1 | 1 | 1 | 右转弯 | | | |

程序设计（如果右边探测头 P0.2 测到黑线，则小车偏了，小车左转弯）：

```
if(P0 = = 0x03)
{
P1 = 0X0D
}
```

当然也存在特殊情况，如果 P0.1 和 P0.2 同时检测到黑线，此时也需要执行左转程序。

程序设计（如果中间 P0.1 和右边探测头 P0.2 测到黑线，则小车偏了，小车左转弯）：

```
if(P0 = = 0x01)
{
P1 = 0X0D
}
```

情况三：右转弯路径如图 9.9 所示。当 P0.1 检测到黑线，寻迹传感器输出 0，则说明黑线为右转弯曲线，小车需要沿着黑线右转弯。

单片机通过电机驱动电路控制小车运行的方法如下：

| P1.3 | P1.2 | P1.1 | P1.0 | | P0.2 | P0.1 | P0.0 |
|---|---|---|---|---|---|---|---|
| 0 | 1 | 0 | 1 | 前进 | | | |
| 1 | 0 | 1 | 0 | 后退 | | | |
| 1 | 1 | 0 | 1 | 左转弯 | | | |
| 0 | 1 | 1 | 1 | 右转弯 | 1 | 1 | 0 |

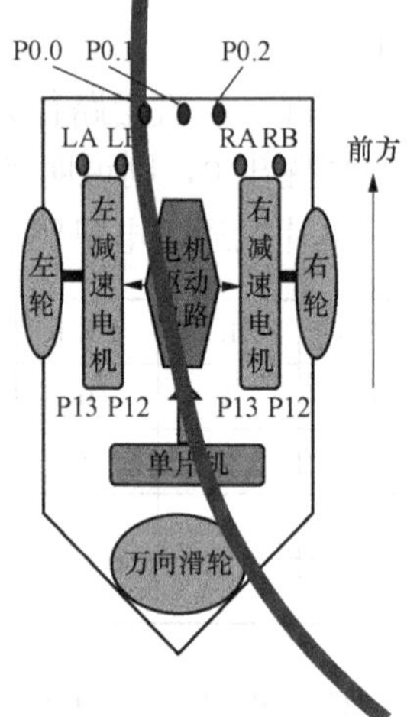

图 9.9 右转弯路径

程序设计（如果左边探测头 P0.0 测到黑线，则小车偏了，小车右转弯）：

```
if(P0 = = 0x06)
{
P1 = 0X07
```

```
}
```

当然也存在特殊情况，如果P0.1和P0.0同时检测到黑线，此时也需要执行右转程序。

程序设计（如果中间和左边探测头P0.2测到黑线，则小车偏了，小车右转弯）：

```
if(P0 = = 0x04)
{
P1 = 0X07
}
```

情况四：停止（见图9.10）。当P0.1，P0.2，P0.3检测到黑线，寻迹传感器输出0，则说明需要停车。

单片机通过电机驱动电路控制小车运行的方法如下：

| P1.3 | P1.2 | P1.1 | P1.0 |  | P0.2 | P0.1 | P0.0 |
|---|---|---|---|---|---|---|---|
| 0 | 1 | 0 | 1 | 前进 |  |  |  |
| 1 | 0 | 1 | 0 | 后退 |  |  |  |
| 1 | 1 | 0 | 1 | 左转弯 |  |  |  |
| 0 | 1 | 1 | 1 | 右转弯 |  |  |  |
| 1 | 1 | 1 | 1 | 停车 | 0 | 0 | 0 |

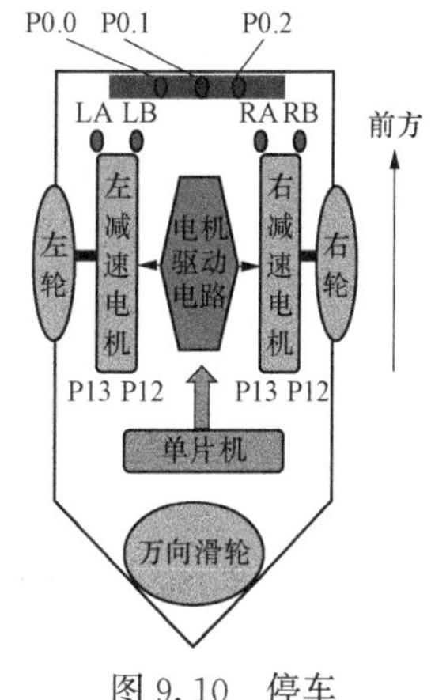

图9.10　停车

## 9.2　程　序　设　计

智能寻迹小车运行参考程序如下：

```
#include<reg52.h>
/*-------------------------------------------
寻迹传感器检测到黑线,OUT输出低电平
-------------------------------------------*/
#define uint unsigned int
#define uchar unsigned char
sbit P10 = P1^0;                          //控制右电机
sbit P11 = P1^1;                          //控制右电机
sbit P12 = P1^2;                          //控制左电机
sbit P13 = P1^3;                          //控制左电机
sbit P01 = P0^1;                          //寻迹左
sbit P00 = P0^0;                          //寻迹中
sbit P02 = P0^2;                          //寻迹右
fun1()                                    //前进函数
{ P10 = 1;P11 = 0;P12 = 1;P13 = 0;}
fun2()                                    //左转弯函数
{ P10 = 1;P11 = 0;P12 = 1;P13 = 1;}
```

```
fun3()                                                        //右转弯函数
{ P10 = 1;P11 = 1;P12 = 1;P13 = 0;}
fun4()                                                        //停止函数
{ P10 = 1;P11 = 1;P12 = 1;P13 = 1;}
void main()
{
while(1)
  {
    if(P02 = = 1&&P01 = = 0&&P00 = = 1)                       //P01 检测到黑线
    fun1();
    if((P02 = = 0&&P01 = = 1&&P00 = = 1)||(P02 = = 0&&P01 = = 0&&P00 = = 1))  //P0.2 检测到黑线
                                                                或者 P0.2 与 P0.1
                                                                同时检测到黑线
fun2();
if((P02 = = 1&&P01 = = 1&&P00 = = 0)||(P02 = = 1&&P01 = = 0&&P00 = = 0))  //P0.0 检测到黑线
                                                                或者 P0.0 与 P0.1
                                                                同时检测到黑线
fun3();
if(P02 = = 1&&P01 = = 1&&P00 = = 1)                           //3 路寻迹传感器同
                                                                时检测到黑线
fun4();
  }
}
```

## 9.3 知 识 综 述

### 9.3.1 电机驱动模块

单片机要想控制电机，单片机输出的电流太小是不能直接连电机的，中间需要一个“电机驱动模块”。可以使用三极管构成“H”桥式电机驱动电路，可是该方法连线较为复杂，散热情况也不是非常好，因此本项目选用 L298N 实现电机驱动。

L298N 是 ST 公司生产的一种高电压、大电流的电机驱动芯片。该芯片采用 15 脚封装。主要特点是：工作电压高，最高工作电压可达 46 V；输出电流大，瞬间峰值可达 3 A，持续工作电流为 2 A；额定功率为 25 W。内含两个 H 桥的高电压大电流全桥式驱动器，可以用来驱动直流电机和步进电机、继电器线圈等感性负载；采用标准逻辑电平信号控制；具有两个控制端，在不受输入信号影响的情况下允许或禁止器件有一个逻辑电源输入端，使内部逻辑电路部分在低电压下工作；可以外接检测电阻，将变化量反馈给控制电路。使用 L298N 芯片驱动电机可以驱动一台两相步进电机和四相步进电机，也可以驱动两台直流电机。L298N 模块的驱动电路图如图 9.11 所示。

### 9.3.2 寻迹模块

寻迹模块是为智能小车、机器人等自动化机械装置提供一种多用途的红外线探测系统的解决方案。该传感器模块对环境光线适应能力强，其具有一对红外线发射与接收管。发射管

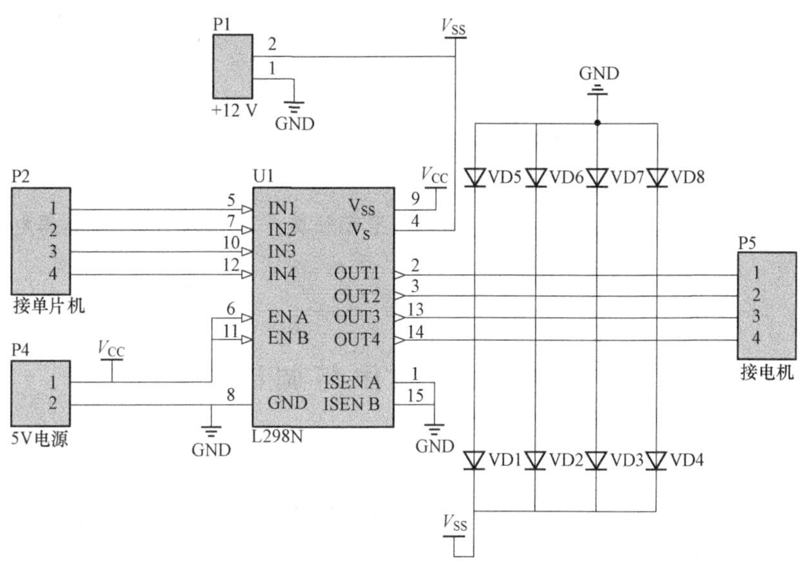


图 9.11　L298N 电机驱动模块

发射出一定频率的红外线，当检测方向遇到障碍物（反射面）时，红外线反射回来被接收管接收，经过比较器电路处理之后，同时信号输出接口输出数字信号（一个低电平信号），可通过电位器旋钮调节检测距离，有效距离范围 2～60 cm，工作电压为 3.3～5 V。该传感器的探测距离可以通过电位器调节，具有干扰小，便于装配，使用方便等特点，可以广泛应用于机器人避障、避障小车、流水线计数及黑白线寻迹等众多场合。

红外探测器的工作原理是利用红外线在不同颜色的物体表面具有不同的反射强度的特点实现的。在小车行驶过程中，不断地向地面发射红外光，当红外光遇到白色质地地板时发生漫反射，反射光被装在小车上的接收管接收；如果遇到黑线则红外光被吸收，小车上的接收管接收不到红外光。单片机就是能否收到反射回来的红外光为依据来确定黑线的位置和小车行走的路线。

常见的红外探测元件有红外发光管、红外接收管构成，如图 9.12 所示。本任务使用的寻迹模块黑线输出低电平，白线输出高电平。但是有些模块刚好相反，因此建议在使用之前先进行测试后再编程使用。

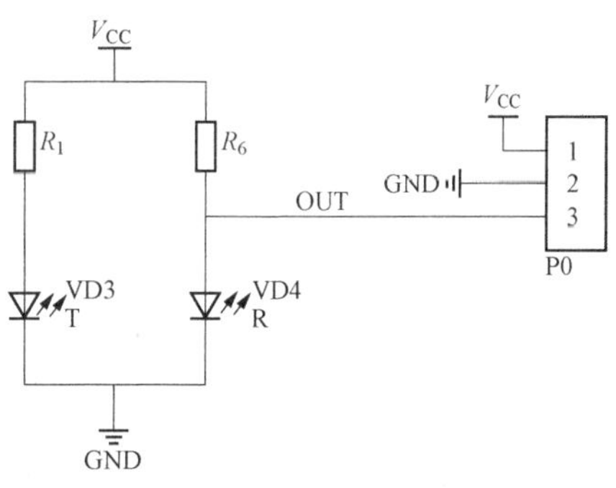


图 9.12　红外寻迹模块

测试探头：移开探头前面所有物体，且探头不要指向有阳光的地方（光线对探头有较大干扰），将探头板接上电源后用万用表测量 OUT 和 GND 之间的电压，正常范围应该在 0.6～2.5 V 之间，用白纸挡在探头前，用万用表测量 OUT 和 GND 之间的电压，正常范围应该接近 0 V。简单地说，就是用白纸挡住探头后，OUT 和 GND 之间的电压会有一个明显的降低，这样就属正常。

使用注意：

① 探头不要对着阳光，光线对模块有干扰；

② 灵敏度不宜调节过高，容易误触发；

③ 有时会发现LED灯微亮，这个情况是没有触发，输出端还是输出高电平的，可以用万用表测量，这不影响使用。

## 9.4 系统制作与调试

智能寻迹小车元器件清单如表9.1所列。

**表9.1　3路寻迹小车元件清单**

| 序号 | 元件名称 | 型号与规格 | 单位 | 数量 |
|---|---|---|---|---|
| 1 | 单片机最小系统 | 单片机开发板（STC89C52RC） | 只 | 1 |
| 2 | 寻迹模块 | 3路寻迹 | 只 | 1 |
| 3 | 电机驱动模块 | L298N | 只 | 1 |
| 4 | 减速电机 | 3～6 V直流减速电机 | 只 | 2 |
| 5 | 车体 | 3轮 | 个 | 1 |
| 6 | 导线 | 杜邦线 | 条 | 若干 |

通过3路寻迹智能小车的设计与制作，让学生更加深刻地理解寻迹模块、电机驱动模块和直流电机的使用方法。可让学生在单片机开发过程中，引入模块设计，屏蔽底层电路的设计，直接使用已有的模块，让开发更加简单却富有成果。

## 思考与训练

一、知识思考

① 为什么需要电机驱动模块，如何连线？

② 寻迹模块如何实现避障以及寻迹？

二、项目训练

完成4路寻迹小车的设计与制作。让小车绕着方格地图行驶一圈。

# 项目十　广州塔的设计与制作

## 知识目标

① 8×8 点阵式 LED 的工作原理。

② 16×16 点阵式 LED 的工作原理。

## 能力目标

从 8×8 点阵式 LED 字符显示设计任务入手掌握点阵式 LED 的工作原理；通过广州塔的设计掌握 16×16 点阵式 LED 的工作原理。

## 项目要求

广州塔其实又称广州新电视塔，昵称小蛮腰。它是广州最高建筑，整个塔身的设计非常有特点，特别是在夜晚的灯光装饰下，更是显得美轮美奂。采用 STC12C5A60S2 作为控制系统，显示部分采用的是 16×16 的点阵显示原理，实现对广州塔的设计与制作。

## 任务一　8×8 点阵式电子广告牌设计与制作

88 点阵屏的任务要求

### 任务要求

用单片机控制一块 8×8LED 点阵式电子广告牌，显示字符“中”。

### 任务实施

88 点阵屏的硬件电路设计

### 10.1　硬　件　电　路

8×8 点阵式电子广告牌硬件电路图如图 10.1 所示。

技术准备：8×8LED 点阵屏的外形及引脚排列如图 10.2 所示。经过测试上面一行为列，下面一行为行。LED 点阵屏内部由 8×8 的 64 个发光二极管组成，内部结构如图 10.3 所示。从图中可以看出，每个发光二极管是放置在行线和列线的交叉点上，当对应的某一列

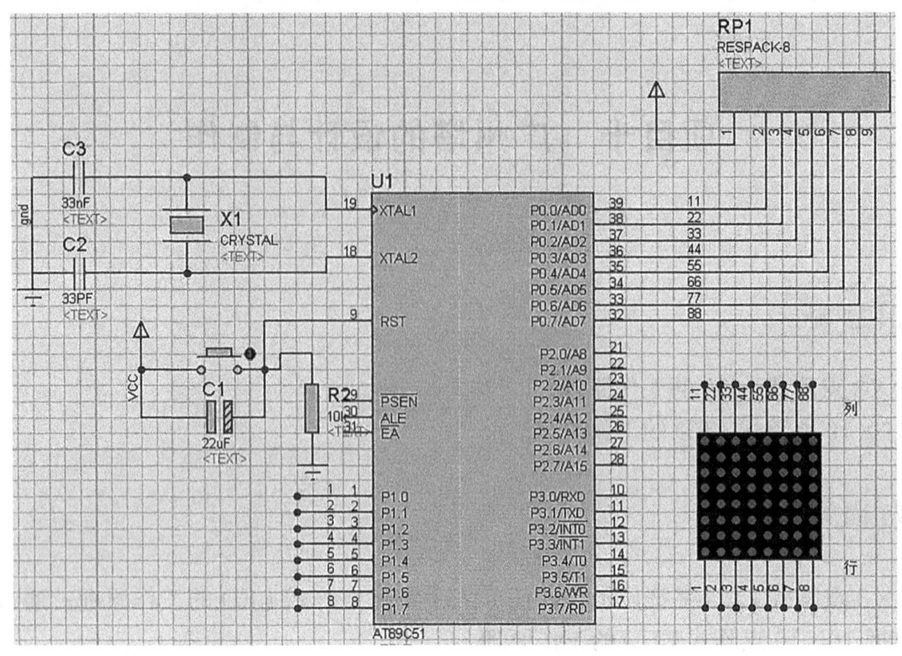


图 10.1　8×8 点阵式电子广告牌硬件电路图

为高电平，某一行为低电平，则相应的发光二极管点亮。因此，通过控制行列电平的高低，就可以实现显示不同效果的效果。

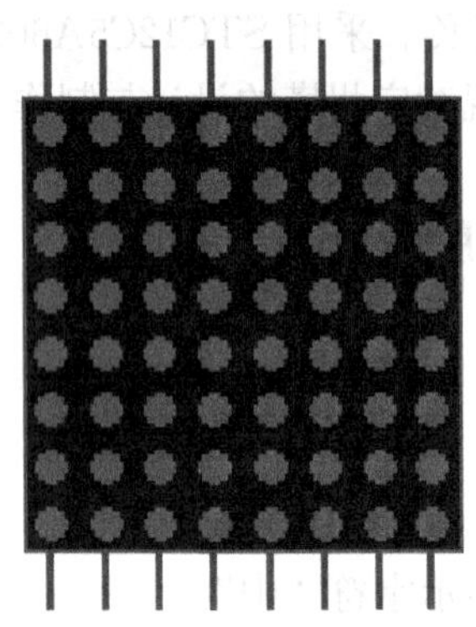

图 10.2　8×8LED 点阵屏的外形及引脚排列

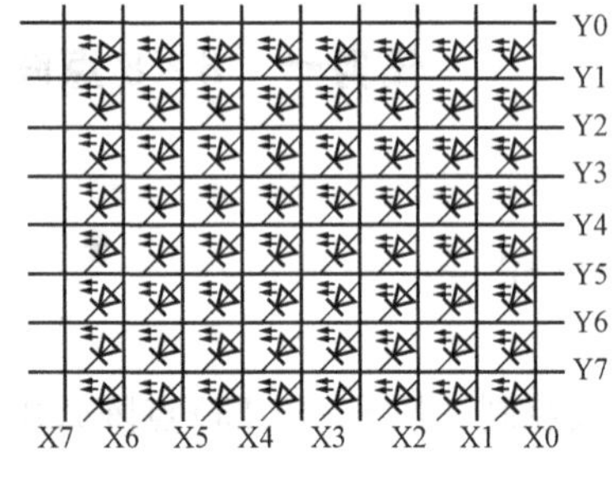


图 10.3　LED 点阵屏的内部结构

**小提示**

本教材使用的 8×8 点阵屏是列为发光二极管的阳极，行为发光二极管的阴极，但是购买的点阵屏未必如此，因此应该学会如何测量。测试完毕后以便后续编程。

LED 点阵屏测量方法方法如下：

步骤一：选择数字万用表的二极管挡；

步骤二：随意使用红表笔测第一行，黑表笔测第二行，观察发光二极管是否点亮。如果点亮说明第一行为阳极需要提供高电平，第二行为阴极需要提供低电平。如果没有点亮则需要调换一下表笔，红表笔测第二行，黑表笔测第一行，再次观察发光二极管状态。点亮则说明第二行为阳极需要提供高电平，第一行为阴极需要提供低电平。如果上述方法测试，发光二极管都没点亮说明该点阵屏可能有损坏。

步骤三：在步骤二的基础上已经判断出二极管的阳极及阴极，则需要判断行线和列线。将红表笔向后挪动一个引脚，观察点阵屏的发光二极管的变化即可判断出第一行和第二行分别为列线和行线。

## 10.2　程　序　设　计

8×8 点阵屏的程序设计

8×8 点阵式电子广告牌设计参考程序如下：

```
#include<reg51.h>
unsigned char code ledP0[8]={0x08,0x08,0xff,0x89,0x89,0xff,0x08,0x08};  //列编码
unsigned char code ledP1[8]={0xfe,0xfd,0xfb,0xf7,0xef,0xdf,0xbf,0x7f};  //行编码
void delay(int i)                                                       //1 ms 延时
{
int j,z;
for(j=0;j<i;j++)
for(z=0;z<110;z++);
}
main()
{
unsigned int i;
while(1)
  {
    for(i=0;i<8;i++)                                                    //循环点亮 8 行 8 列
    {
      P1=ledP1[i];                                                      //送列编码
      P0=ledP0[i];                                                      //送行编码
      delay(1);
    }
  }
}
```

技术准备：8×8LED 点阵屏编程思路如下：首先通过 P0 口选中 8×8 点阵的第 1 行，然后将该行要点亮状态所对应的字型码送到列控制端口 P1，延时 1ms 后，选中下一行，再传送下一组字型码。扫描显示 8 行后，再从第 1 行开始扫描，原理与数码管动态扫描是一样的。

字型码可以通过控制每个发光二极管的发光控制，完成各种字符或图形的显示。但用户自己来编写字型码，耗时时间长。因此可以在网上下载字模库软件，输入要显示的字符或图形则可以自动产生编码。如图 10.4 所示，该字模库较简单，可以产生 8×8 的字型码。

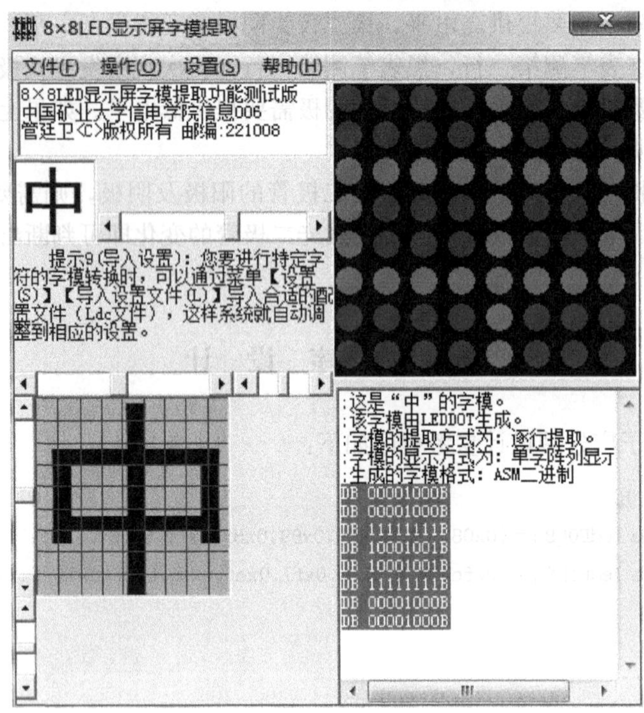


图 10.4　字模库软件

## 10.3　知　识　综　述

### 10.3.1　LED 点阵屏基本知识

LED 点阵屏由 LED（发光二极管）组成，是以灯的亮灭来显示文字、图片、动画、视频等。也是各部分组件都模块化的显示器件，通常由显示模块、控制系统及电源系统组成。LED 点阵显示屏制作简单，安装方便，被广泛应用于各种公共场合，如汽车报站器、广告屏以及公告牌等。

LED 点阵屏是以发光二极管 LED 为像素点，通过环氧树脂和塑模封装而成。LED 点阵屏具有亮度高，功耗低，引脚少，视角大，寿命长，耐湿，耐冷热，耐腐蚀等特点。

LED 点阵屏有单色和双色、全彩三类，可显示红，黄，绿，橙等。LED 点阵有 4×4、4×8、5×7、5×8、8×8、16×16、24×24、40×40 等多种；根据图素的数目分为单原色、双原色、三原色等，根据图素颜色的不同所显示的文字、图像等内容的颜色也不同。单原色点阵只能显示固定色彩，如红、绿、黄等单色，双原色和三原色点阵显示内容的颜色由图素内不同颜色发光二极管点亮组合方式决定，如红绿都亮时可显示黄色，假如按照脉冲方式控制二极管的点亮时间，则可实现 256 或更高级灰度显示，即可实现真彩色显示。

根据驱动方式不同，LED 点阵屏分为电脑驱动版和单片机驱动版两种方式，本书介绍的是单片机驱动版。

大屏幕显示系统一般是将多个 LED 点阵组成的小模块以搭积木的方式组合而成的，每一个小模块都有自己的独立的控制系统，组合在一起后只要引入一个总控制器控制各模块的命令和数据即可，这种方法既简单而且具有易装、易维修的特点。

### 10.3.2　工作原理

以简单的8×8点阵为例，它共由64个发光二极管组成，且每个发光二极管是放置在行线和列线的交叉点上，当对应的某一列置1电平，某一行置0电平，则相应的二极管就亮；如要将第一个点点亮，则11脚接高电平，1脚接低电平，则第一个点就亮了；如果要将第一行点亮，则第11脚要接高电平，而（1，2，3，4，5，6，7，8）这些引脚接低电平，那么第一行就会点亮；如要将第一列点亮，则第1脚接低电平，而（11，22，33，44，55，66，77，88）接高电平，那么第一列就会点亮。时间间隔够短，利用人眼的视觉暂停作用，这样送8次数据扫描完8行后就会看到一个“中”字。

一般使用点阵显示汉字是用的16×16的点阵宋体字库，所谓16×16，是每一个汉字在纵、横各16点的区域内显示的。也就是说，用四个8×8点阵组合成一个16×16的点阵。在任务二中会详细介绍16×16点阵式广告牌设计与制作的方法。

## 10.4　系统制作与调试

8×8点阵式电子广告牌元器件清单如表10.1所列。

表10.1　8×8点阵式电子广告牌设计与制作元件清单

| 序号 | 元件名称 | 型号与规格 | 单位 | 数量 |
|---|---|---|---|---|
| 1 | 单片机最小系统 | 单片机开发板（STC89C52RC） | 只 | 1 |
| 2 | 点阵屏 | 8×8点阵屏 | 只 | 1 |
| 3 | 导线 | 杜邦线 | 条 | 若干 |

## 任务二　16×16点阵式电子广告牌设计与制作

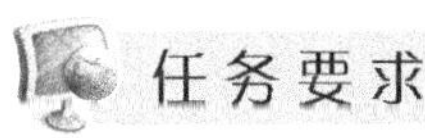


任务一可以实现简单的单个字符的显示，但是如果显示复杂的汉字，显示出来的效果会非常差，因此可以使用4个8×8点阵屏组合成16×16点阵式的点阵广告牌，则显示出的汉字效果会非常好。使用单片机控制16×16点阵式电子广告牌显示字符“我”。

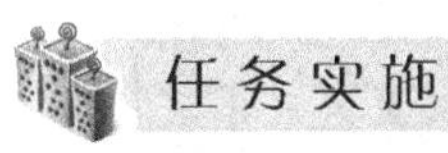


## 10.5　硬　件　电　路

16×16点阵屏的硬件电路设计

16×16点阵式电子广告牌硬件电路图如图10.5所示。

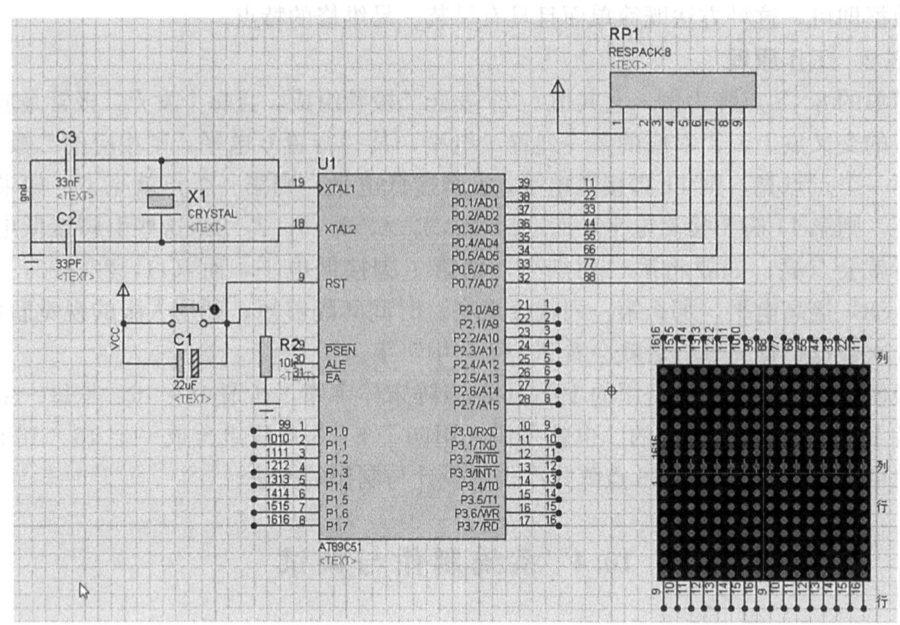


图 10.5　16×16 点阵广告牌

**小提示**

图 10.5 所连接的电路图覆盖了部分列、行的引脚，所以电路的连接方式可参照 10.6 和 10.7 节的连接方式。

技术准备：如何使用 4 块 8×8 点阵屏组合成 16×16 点阵屏呢？将两块 8×8 的点阵屏构成 16 列，前 8 行的点阵屏如图 10.6 所示。另外两块 8×8 点阵屏同样构成 16 列，后 8 行的点阵屏如图 10.7 所示。将 4 块 8×8 点阵屏的列与列，行与行组合在一起即可构成 16×16 点阵屏。

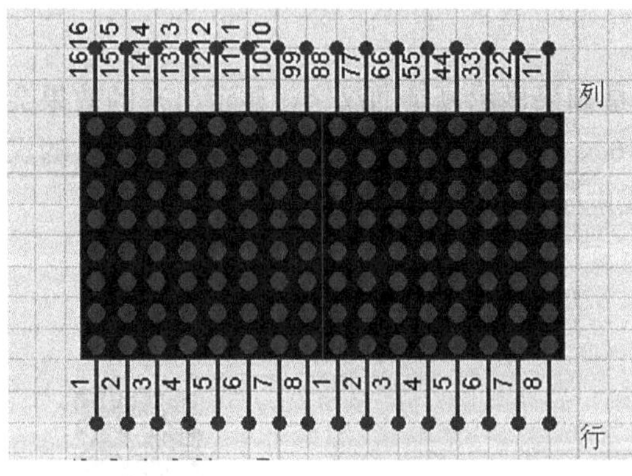


图 10.6　16 列×前 8 行

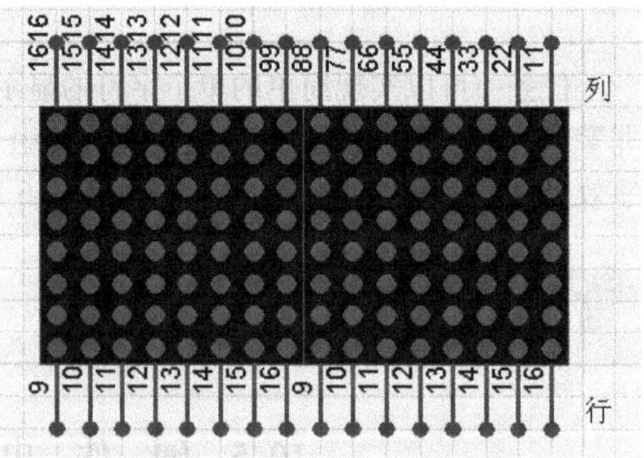


图 10.7　16 列×后 8 行

连接完毕后，为了测试所构成的 16×16 点阵屏是否正确，可以使用数字万用表调整到二极管挡位给红表笔接列线，黑表笔接行线，测试点阵屏亮的点与引脚是否相对应，是否能控制 16×16 点阵的每一个点全亮。

## 10.6 程 序 设 计

1616 点阵屏
程序设计

16×16 点阵式电子广告牌参考程序如下：

```
#include<reg51.h>
unsigned char code ledP1[16] = {0x04,0x0e,0x78,0x08,0x08,0xff,0x08,0x08,0x0a,0x0c,0x18,0x68,
0x09,0x0a,0x28,0x10};                                              //前 8 列编码
unsigned char code ledP0[16] = {0x80,0xa0,0x90,0x90,0x84,0xfe,0x80,0x90,0x90,0x60,0x40,0xa0,
0x20,0x14,0x14,0x0c};                                              //后 8 列编码
unsigned char code ledP2[8] = {0xfe,0xfd,0xfb,0xf7,0xef,0xdf,0xbf,0x7f}; //前 8 行编码
unsigned char code ledP3[8] = {0xfe,0xfd,0xfb,0xf7,0xef,0xdf,0xbf,0x7f}; //前 8 行编码
void delay(int i)                                                  //1ms 延时
{
  int j,z;
  for(j = 0;j<i;j + + )
  for(z = 0;z<110;z + + );
}
main()
{
  unsigned int i;
  while(1)
    {
     for(i = 0;i<8;i + + )                                         //循环点亮前 8 行 16 列
     {
      P2 = ledP2[i];                                               //送前 8 行编码
      P0 = ledP0[i];                                               //送前 8 列编码
      P1 = ledP1[i];                                               //送后 8 列编码
      delay(1);
     }
     for(i = 0;i<8;i + + )                                         //循环点亮后 8 行 16 列
     {
      P3 = ledP3[i];                                               //送后 8 行编码
      P0 = ledP0[i + 8];                                           //送前 8 列编码
      P1 = ledP1[i + 8];                                           //送后 8 列编码
      delay(1);
     }
    }
  }
```

技术准备：16×16 的 LED 点阵屏编程思路与 8×8 的编程思路完全相同，只是端口变多了，使用 P1，P0 控制列线，P3，P2 控制行线，扫描方法相同。字型码选用的是 16×16 的字

模生成软件，如图10.8所示。若购买是16×16的点阵屏直接使用下列字型码即可，如果使用的是8×8构成的16×16点阵屏，使用前需要注意端口与点阵以及软件编码的对应关系。

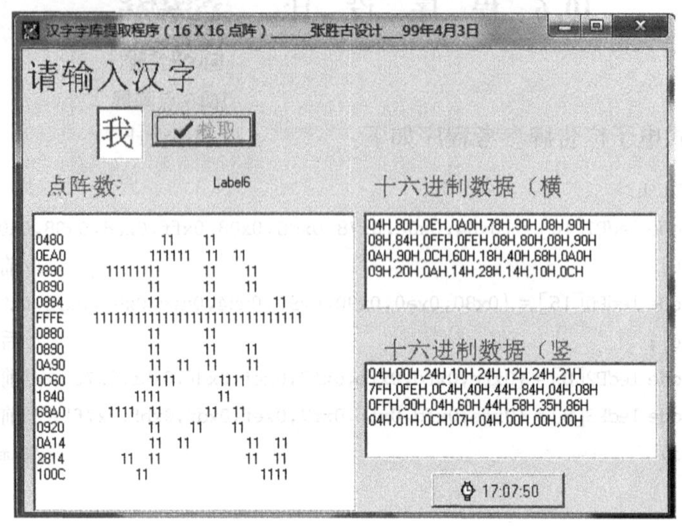


图10.8　字模库软件

## 10.7　举一反三：广州塔的设计与制作

一、任务要求

采用STC89C52RC作为控制系统，显示部分采用16×16的点阵显示器，实现对广州塔的设计与制作。

二、任务实施

广州塔采用元器件清单如表10.2所列。

**表10.2　　广州塔设计与制作元件清单**

| 序号 | 元件名称 | 型号与规格 | 单位 | 数量 |
|---|---|---|---|---|
| 1 | 单片机最小系统 | 单片机开发板（STC89C52RC） | 只 | 1 |
| 2 | LED | 七彩LED | 只 | 261 |
| 3 | 导线 | 杜邦线 | 条 | 若干 |

广州塔实物制作步骤如下：

灯的组装是不能搞错，层共阳也就是长脚（J17—J31），竖共阴也就是短脚（J1—J16）。

步骤一：准备好制作模板如图10.9所示。

步骤二：将每一颗LED长脚（正极）和短脚（负极）掰成90°，如图10.10所示。

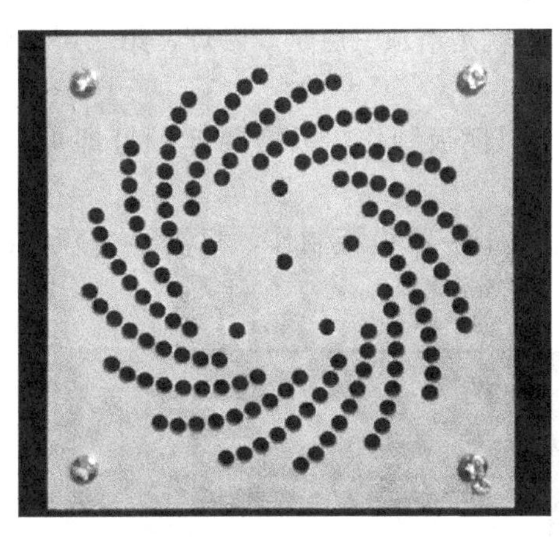

图 10.9　广州塔模板

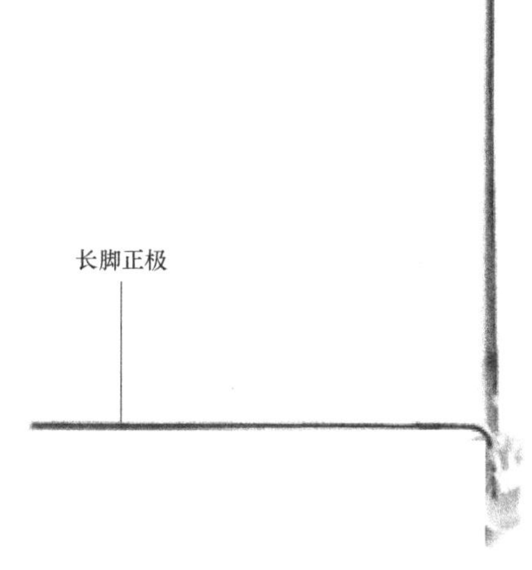


图 10.10　LED 形状

步骤三：制作塔身第一层 LED，选择在外围一圈模板制作，如图 10.11 所示。

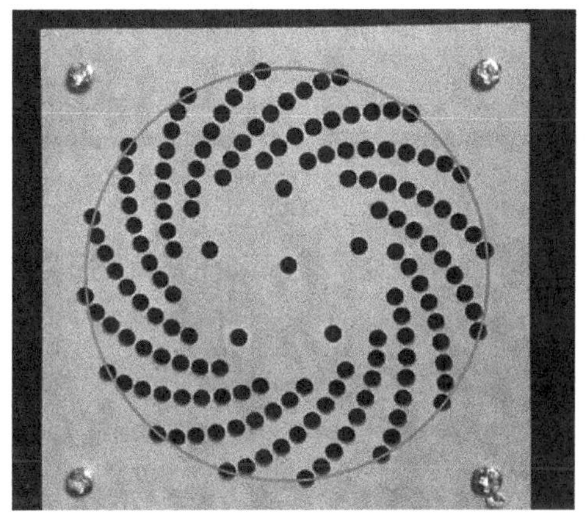

图 10.11　外圈模板

步骤四：将 LED 插入最外围一圈模板，短脚朝外，长脚用焊锡焊接在一起，如图 10.12 所示。

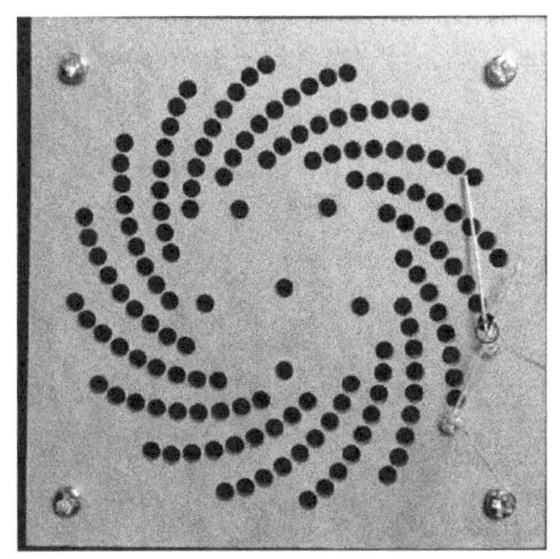

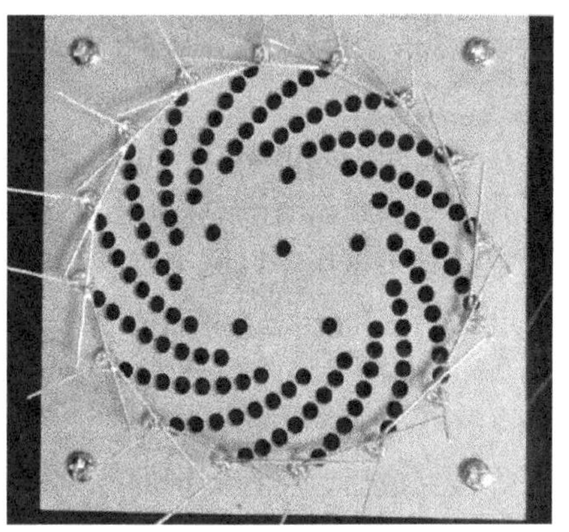

图 10.12　焊接层

步骤五：根据以上的步骤制作第二层到十六层。

步骤六：制作塔顶：灯的分布为：5-3-3-1，就是塔顶一层是5颗灯，第二层3颗灯，第三层3颗灯，第四层1颗灯。

步骤七：制作塔顶第一层LED，选择在第十圈模板制作，只需要5颗灯即可，如图10.13所示。

步骤八：制作塔顶第二、三层LED，选择在第十一圈模板制作，只需要3颗灯即可，如图10.14所示。

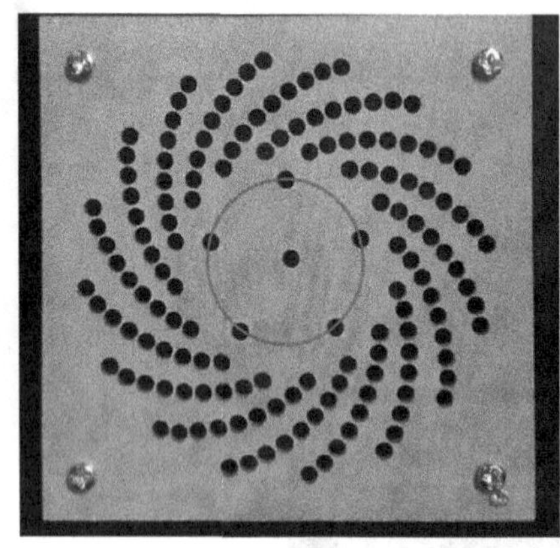

图10.13　塔顶5颗

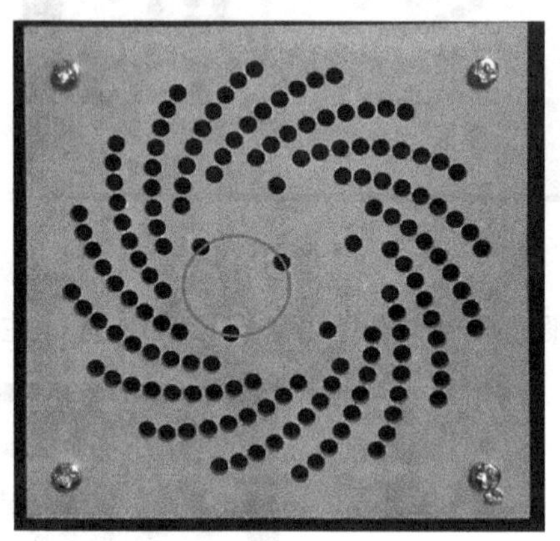

图10.14　塔顶3颗

步骤九：层与层竖排相连，将层的竖一排LED的引脚稍微折弯一点，如图10.15所示。

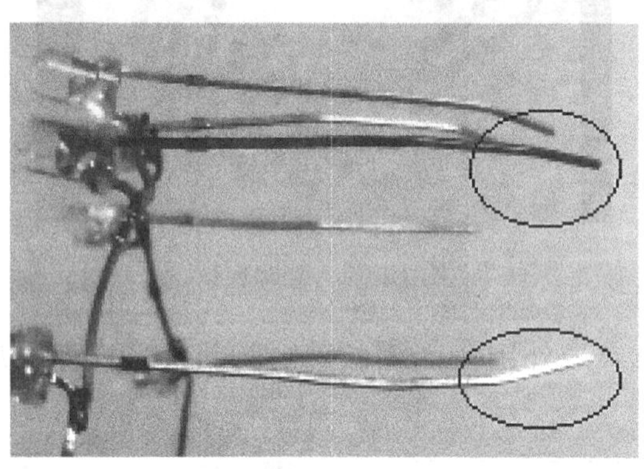

图10.15　压弯

步骤十：将上一层竖的LED引脚底部和下一层的LED的节点处左右连接在一起，也要保证上一层和下一层稍微有一点点错位（一般先将第二层焊接到第一层，第三层焊接到第二层，第四层焊接到第三层，以此类推），如图10.16所示。

步骤十一：塔顶第一层（下图标有5）是5颗灯，塔身第16层是16颗灯，所以，塔顶第一层和第16层连接是隔两颗灯连接在一起的，但是其中有一个是隔3颗灯，如图10.17所示。

广州塔焊接完成后，将控制层的分别连接到单片机P2，P3口，竖行分别连接到单片机P0，P1口。

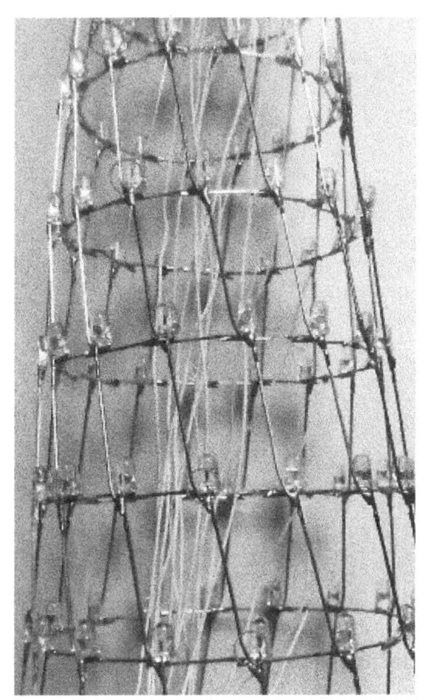

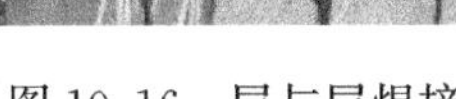

图 10.16　层与层焊接

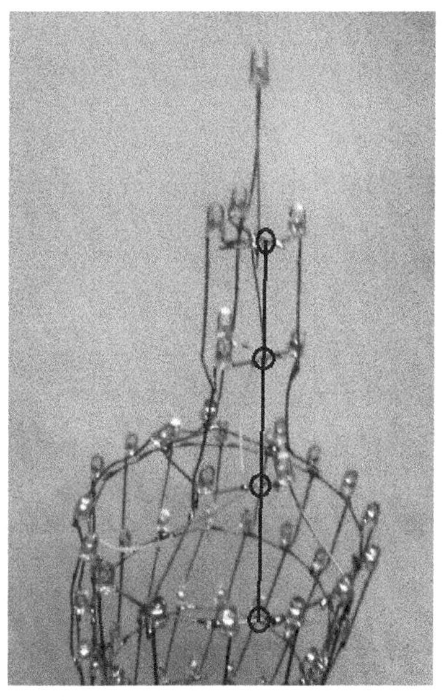

图 10.17　塔顶

**小提示**

焊接电路完成后，烧录入程序，还可以根据适当的调整程序改变广州塔的花样。

广州塔的设计与制作参考程序如下：

```
/*********************************************/
/******名称:广州塔                ***************************/
/*********************************************/
#include<reg52.h>
#define uchar unsigned char
#define uint unsigned int
uchar i,k,a;
uint cy,cy1,pw;
uchar code table[]={0xfe,0xfd,0xfb,0xf7,0xef,0xdf,0xbf,0x7f};     //一个灯顺时针流水
uchar code table1[]={0x7f,0xbf,0xdf,0xef,0xf7,0xfb,0xfd,0xfe};    //一个灯顺时针流水
uchar code table2[]={0x80,0x40,0x20,0x10,0x08,0x04,0x02,0x01};
uchar code table3[]={0x00,0x80,0xc0,0xe0,0xf0,0xf8,0xfc,0xfe};
uchar code table4[]={0x01,0x02,0x04,0x08,0x10,0x20,0x40,0x80};
uchar code table5[]={0x00,0x01,0x03,0x07,0x0f,0x1f,0x3f,0x7f};
uchar code table6[]={0x7f,0x3f,0x1f,0x0f,0x07,0x03,0x01,0x00};
uchar code table7[]={0xfe,0xfc,0xf8,0xf0,0xe0,0xc0,0x80,0x00};
uchar code table8[]={0x55,0xaa};
uchar code table9[]={0x80,0xc0,0xe0,0xf0,0xf8,0xfc,0xfe,0xff};
uchar code table10[]={0x01,0x03,0x07,0x0f,0x1f,0x3f,0x7f,0xff};
```

```
void delay1(uint z)
{
uint x,y;
for(x=250;x>0;x--)
for(y=z;y>0;y--);
}
void delay2(uint x)
{
uint a,b;
for(a=x;a>0;a--)
for(b=5;b>0;b--);
}
/********************两层向上***********************/
void yiceng()
{
for(k=0;k<8;k++){P3=table[k];P2=table[k];delay1(200);}
}
/********************两层向下***********************/
void yiceng1()
{
  for(k=0;k<8;k++){P3=table1[k];P2=table1[k];delay1(200);}
}
/********************两条单个顺时针滴水*****************/
void dishushun()
{
for(i=0;i<8;i++)
  {
    P1=table4[i];
    P0=table2[i];
    for(k=0;k<8;k++){P2=table1[k];delay1(5);}P2=0xff;
    for(k=0;k<8;k++){P3=table1[k];delay1(5);}P3=0xff;
  }
}
/********************两条单个逆时针滴水*****************/
void dishuni()
{
for(i=0;i<8;i++)
  {
   P1=table2[i];
   P0=table4[i];
   for(k=0;k<8;k++){P2=table1[k];delay1(5);}P2=0xff;
   for(k=0;k<8;k++){P3=table1[k];delay1(5);}P3=0xff;
  }
```

```
}
/********************滴水下************************/
void liangdix()
{
for(i=0;i<8;i++)
  {
    P1=table2[i];
    P0=table4[i];
    for(k=0;k<8;k++){P2=table1[k];delay1(50);}P2=0xff;
    for(k=0;k<8;k++){P3=table1[k];delay1(50);}P3=0xff;
  }
}
/********************滴水上************************/
void liangdis()
{
for(i=0;i<8;i++)
  {
    P1=table4[i];
    P0=table2[i];
    for(k=0;k<8;k++){P2=table[k];delay1(50);}P2=0xff;
    for(k=0;k<8;k++){P3=table[k];delay1(50);}P3=0xff;
  }
}
/********************两层从中间向上下拉伸****************/
void sxl()
{
  P1=0xff;
  P0=0xff;
  for(k=0;k<8;k++){P3=table4[k];P2=table4[k];delay1(200);}
}
/********************两层从顶向下拉伸******************/
void sxl1()
{
  P1=0xff;
  P0=0xff;
  for(k=0;k<8;k++){P3=table6[k];P2=table6[k];delay1(400);}
}
/********************两层从中间向上下拉伸****************/
void sxls()
{
  P1=0xff;
  P0=0xff;
  for(k=0;k<8;k++){P3=table6[k];P2=table7[k];delay1(200);}
```

```
}
/********************单层从底向上旋转*******************/
void danxuan()
{
  P2 = 0xff;P3 = 0xff;
for(i = 0;i<8;i++)
  {
    P1 = 0x00;P0 = 0x00;
    P3 = table[i];
for(k = 0;k<8;k++){P0 = table5[k];delay1(200);}
for(k = 0;k<8;k++){P1 = table3[k];delay1(200);}
  }
    P3 = 0xff;
for(i = 0;i<8;i++)
  {
    P1 = 0x00;P0 = 0x00;
    P2 = table[i];
for(k = 0;k<8;k++){P0 = table5[k];delay1(200);}
for(k = 0;k<8;k++){P1 = table3[k];delay1(200);}
  }
    P2 = 0xff;
}
/********************单层从顶向上旋转*******************/
void danxuand()
{
  P2 = 0xff;P3 = 0xff;
for(i = 0;i<8;i++)
  {
    P1 = 0x00;P0 = 0x00;
    P2 = table1[i];
for(k = 0;k<8;k++){P0 = table5[k];delay1(200);}
for(k = 0;k<8;k++){P1 = table3[k];delay1(200);}
}P2 = 0xff;
for(i = 0;i<8;i++)
  {
    P1 = 0x00;P0 = 0x00;
    P3 = table1[i];
for(k = 0;k<8;k++){P0 = table5[k];delay1(200);}
for(k = 0;k<8;k++){P1 = table3[k];delay1(200);}
}P3 = 0xff;
}
/********************两层竖立向圆顺时针合围****************/
void shw()
```

```
{
  P2 = 0x00;P3 = 0x00;
  for(k = 0;k<8;k + + ){P0 = table5[k];P1 = table3[k];delay1(700);}
}
/* * * * * * * * * * * * * * * * * * * 两层竖立向圆顺时针回收* * * * * * * * * * * * * * * */
void shw1()
{
  P2 = 0x00;P3 = 0x00;
  for(k = 0;k<8;k + + ){P0 = table6[k];P1 = table7[k];delay1(700);}
}
/* * * * * * * * * * * * * * * * * * * 两层竖立向圆逆时针回收* * * * * * * * * * * * * * * */
void shw3()
{
  P2 = 0x00;P3 = 0x00;
  for(k = 0;k<8;k + + ){P0 = table7[k];P1 = table6[k];delay1(700);}
}
/* * * * * * * * * * * * * * * * * * * 两层竖立向圆逆时针合围* * * * * * * * * * * * * * * */
void shw2()
{
   P2 = 0x00;P3 = 0x00;
   for(k = 0;k<8;k + + ){P0 = table9[k];P1 = table10[k];delay1(700);}
}
/* * * * * * * * * * * * * * * * * * * 四条单个顺时针滴水闪* * * * * * * * * * * * * * * */
void sidisun()
{
for(i = 0;i<2;i + + )
  {
    P1 = table8[i];
    P0 = table8[i];
    for(k = 0;k<8;k + + ){P2 = table1[k];delay1(50);}P2 = 0xff;
    for(k = 0;k<8;k + + ){P3 = table1[k];delay1(50);}P3 = 0xff;delay1(700);
  }
}
/* * * * * * * * * * * * * * * * * * * 四条单个顺时针滴水闪* * * * * * * * * * * * * * * */
void sidisun1()
{
for(i = 0;i<2;i + + )
  {
    P1 = table8[i];
    P0 = table8[i];
    for(k = 0;k<8;k + + ){P2 = table1[k];delay1(50);}P2 = 0xff;
    for(k = 0;k<8;k + + ){P3 = table1[k];delay1(50);}P3 = 0xff;
  }
```

```
}

/********************四条单个顺时针滴水转****************/
void sisunz()
{ P2 = 0x00;
  P3 = 0x00;
for(i = 0;i<2;i++)
  {
    P1 = table8[i];
    P0 = table8[i];
delay1(1000);
  }
}
/********************呼吸灯************************/
void hxd()
{
P0 = 0xff;P1 = 0xff;
for(pw = 1;pw<cy1;pw++)
{
  P2 = 0x55;P3 = 0x55;delay2(pw);
  P2 = 0xff;P3 = 0xff;delay2(cy1 - pw);
}
for(pw = 1;pw<cy1;pw++)
{
  P2 = 0xaa;P3 = 0xaa;delay2(pw);
  P2 = 0xff;P3 = 0xff;delay2(cy1 - pw);
}
}
/*********************半层呼吸灯**********************/

void bhxd()
{
  P0 = 0xff;P1 = 0xff;
for(pw = 1;pw<cy;pw++)
  {
   P2 = 0x00;P3 = 0xff;delay2(pw);
   P2 = 0xff;P3 = 0x00;delay2(cy - pw);
  }
}
/*********************四滴下闪**********************/
void sxs()
{
  P1 = 0x55;
```

```
  P0 = 0x55;
  for(k = 0;k<8;k + + ){P2 = table1[k];delay1(500);}P2 = 0xff;
  for(k = 0;k<8;k + + ){P3 = table1[k];delay1(500);}P3 = 0xff;
}
/* * * * * * * * * * * * * * * * * * 四滴上闪 * * * * * * * * * * * * * * * * * * * * * * /
void sxss()
{
  P1 = 0xaa;
  P0 = 0xaa;
for(k = 0;k<8;k + + ){P3 = table[k];delay1(500);}P2 = 0xff;
for(k = 0;k<8;k + + ){P2 = table[k];delay1(500);}P3 = 0xff;
}
void main()
{
cy = 2000,cy1 = 1200,pw = 1;
while(1)
 {
   bhxd();//半层呼吸
   for(a = 0;a<5;a + + ){P0 = 0xff;P1 = 0xff;yiceng();}          //两层上跳动
   for(a = 0;a<5;a + + ){P0 = 0xff;P1 = 0xff;yiceng1();}         //两层下跳动
   for(a = 0;a<5;a + + ){P0 = 0xff;P1 = 0xff;yiceng();yiceng1();} //两层上下跳动
   for(a = 0;a<8;a + + ){dishushun();}                           //两条单个顺时针滴水
   for(a = 0;a<8;a + + ){dishuni();}                             //两条单个逆时针滴水
   for(a = 0;a<5;a + + ){dishushun();dishuni();}                 //两条单个顺时 + 逆时针滴水
   for(a = 0;a<5;a + + ){liangdix();}                            //两滴掉下
   for(a = 0;a<5;a + + ){liangdis();}                            //两滴掉上
   for(a = 0;a<5;a + + ){sxl();}
   for(a = 0;a<4;a + + ){sidisun();}
   for(a = 0;a<2;a + + ){hxd();}                                 //呼吸灯
   for(a = 0;a<2;a + + ){shw();shw2();}                          //两层竖立向圆顺 + 逆时针合
                                                                 围
   for(a = 0;a<2;a + + ){shw1();shw3();}                         //两层竖立向圆顺 + 逆时针回
                                                                 收
   for(a = 0;a<4;a + + ){sxl1();}                                //两层从顶向下拉伸
   for(a = 0;a<5;a + + ){sxls();}                                //两层从中间向上下拉伸
   for(a = 0;a<4;a + + ){sisunz();}
   danxuan();                                                    //单层从底向上旋转
   danxuand();                                                   //单层从顶向下旋转
   for(a = 0;a<3;a + + ){shw();}                                 //两层竖立向圆顺时针合围
   for(a = 0;a<3;a + + ){shw2();}                                //两层竖立向圆逆时针合围
   for(a = 0;a<2;a + + ){shw1();}                                //两层竖立向圆顺时针回收
   for(a = 0;a<2;a + + ){shw3();}                                //两层竖立向圆逆时针回收
for(a = 0;a<4;a + + ){sidisun1();}
```

```
    sxs();                                                    //四滴下闪
    sxss();                                                   //四滴上闪
  }
  }
/*********************** the end*********************/
```

## 项目小结

LED点阵显示模块可显示汉字、图形、动画及英文字符等。通过任务一的学习了解8×8点阵式LED的工作原理以及汉字的显示方法，通过任务二了解16×16点阵式LED的工作原理以及汉字的显示方法，通过掌握16×16点阵式的工作原理制作广州塔任务。

## 思考与训练

一、知识思考

① 简述LED点阵的显示原理？

② 使用万用表如何确认LED点阵的行列引脚？

③ 如何使用8×8点阵搭建16×16点阵？

二、项目训练

修改程序使用16*16循环显示“中国你好”。

# 附录 A　常用字符与 ASCII 码对照表

| 八进制 | 十六进制 | 十进制 | 字符 | 八进制 | 十六进制 | 十进制 | 字符 |
|---|---|---|---|---|---|---|---|
| 00 | 00 | 0 | nul | 100 | 40 | 64 | @ |
| 01 | 01 | 1 | soh | 101 | 41 | 65 | A |
| 02 | 02 | 2 | stx | 102 | 42 | 66 | B |
| 03 | 03 | 3 | etx | 103 | 43 | 67 | C |
| 04 | 04 | 4 | eot | 104 | 44 | 68 | D |
| 05 | 05 | 5 | enq | 105 | 45 | 69 | E |
| 06 | 06 | 6 | ack | 106 | 46 | 70 | F |
| 07 | 07 | 7 | bel | 107 | 47 | 71 | G |
| 10 | 08 | 8 | bs | 110 | 48 | 72 | H |
| 11 | 09 | 9 | ht | 111 | 49 | 73 | I |
| 12 | 0a | 10 | nl | 112 | 4a | 74 | J |
| 13 | 0b | 11 | vt | 113 | 4b | 75 | K |
| 14 | 0c | 12 | ff | 114 | 4c | 76 | L |
| 15 | 0d | 13 | er | 115 | 4d | 77 | M |
| 16 | 0e | 14 | so | 116 | 4e | 78 | N |
| 17 | 0f | 15 | si | 117 | 4f | 79 | O |
| 20 | 10 | 16 | dle | 120 | 50 | 80 | P |
| 21 | 11 | 17 | dc1 | 121 | 51 | 81 | Q |
| 22 | 12 | 18 | dc2 | 122 | 52 | 82 | R |
| 23 | 13 | 19 | dc3 | 123 | 53 | 83 | S |
| 24 | 14 | 20 | dc4 | 124 | 54 | 84 | T |
| 25 | 15 | 21 | nak | 125 | 55 | 85 | U |
| 26 | 16 | 22 | syn | 126 | 56 | 86 | V |
| 27 | 17 | 23 | etb | 127 | 57 | 87 | W |
| 30 | 18 | 24 | can | 130 | 58 | 88 | X |
| 31 | 19 | 25 | em | 131 | 59 | 89 | Y |
| 32 | 1a | 26 | sub | 132 | 5a | 90 | Z |
| 33 | 1b | 27 | esc | 133 | 5b | 91 | [ |
| 34 | 1c | 28 | fs | 134 | 5c | 92 | \ |
| 35 | 1d | 29 | gs | 135 | 5d | 93 | ] |
| 36 | 1e | 30 | re | 136 | 5e | 94 | ^ |
| 37 | 1f | 31 | us | 137 | 5f | 95 | _ |
| 40 | 20 | 32 | sp | 140 | 60 | 96 | ` |

续表

| 八进制 | 十六进制 | 十进制 | 字符 | 八进制 | 十六进制 | 十进制 | 字符 |
|---|---|---|---|---|---|---|---|
| 41 | 21 | 33 | ! | 141 | 61 | 97 | a |
| 42 | 22 | 34 | " | 142 | 62 | 98 | b |
| 43 | 23 | 35 | # | 143 | 63 | 99 | c |
| 44 | 24 | 36 | $ | 144 | 64 | 100 | d |
| 45 | 25 | 37 | % | 145 | 65 | 101 | e |
| 46 | 26 | 38 | & | 146 | 66 | 102 | f |
| 47 | 27 | 39 | ` | 147 | 67 | 103 | g |
| 50 | 28 | 40 | ( | 150 | 68 | 104 | h |
| 51 | 29 | 41 | ) | 151 | 69 | 105 | i |
| 52 | 2a | 42 | * | 152 | 6a | 106 | j |
| 53 | 2b | 43 | + | 153 | 6b | 107 | k |
| 54 | 2c | 44 | , | 154 | 6c | 108 | l |
| 55 | 2d | 45 | - | 155 | 6d | 109 | m |
| 56 | 2e | 46 | . | 156 | 6e | 110 | n |
| 57 | 2f | 47 | / | 157 | 6f | 111 | o |
| 60 | 30 | 48 | 0 | 160 | 70 | 112 | p |
| 61 | 31 | 49 | 1 | 161 | 71 | 113 | q |
| 62 | 32 | 50 | 2 | 162 | 72 | 114 | r |
| 63 | 33 | 51 | 3 | 163 | 73 | 115 | s |
| 64 | 34 | 52 | 4 | 164 | 74 | 116 | t |
| 65 | 35 | 53 | 5 | 165 | 75 | 117 | u |
| 66 | 36 | 54 | 6 | 166 | 76 | 118 | v |
| 67 | 37 | 55 | 7 | 167 | 77 | 119 | w |
| 70 | 38 | 56 | 8 | 170 | 78 | 120 | x |
| 71 | 39 | 57 | 9 | 171 | 79 | 121 | y |
| 72 | 3a | 58 | : | 172 | 7a | 122 | z |
| 73 | 3b | 59 | ; | 173 | 7b | 123 | { |
| 74 | 3c | 60 | < | 174 | 7c | 124 | \| |
| 75 | 3d | 61 | = | 175 | 7d | 125 | } |
| 76 | 3e | 62 | > | 176 | 7e | 126 | ~ |
| 77 | 3f | 63 | ? | 177 | 7f | 127 | del |

# 附录B 常用C51库函数

1. 数学函数<math. h>

| 函　　数 | 功　　能 | 返　　回 |
|---|---|---|
| char cabs (char val); | cabs 函数取 val 的绝对值 | cabs 返回 val 的绝对值 |
| Int abs (int val); | Abs 函数求绝对值 | val 的绝对值 |
| long labs (long val); | labs 函数确定长整数 val 的绝对值 | val 的绝对值 |
| float fabs (float val); | fabs 函数确定浮点数 val 的绝对值 | fabs 返回 val 的绝对值 |
| float sprt (float x); | sqrt 函数计算 x 的平方根 | sqrt 函数返回 x 的正平方根 |
| float exp (float x); | exp 函数计算自然对数中 e 的 x 次幂。e≈2.71828182845953581496，是无限循环小数 | $e^x$的值 |
| float log (float val); | log 函数计算浮点数 val 的自然对数。自然对数基数为 e | val 的浮点自然对数 |
| float log10 (float val); | logl0 函数计算浮点数 val 的常用对数。常用对数为基数 10 | val 的浮点常用对数 |
| float sin (float x); | sin 函数计算浮点数 x 的正弦值 | 返回 x 的正弦值 |
| float cos (float x); | cos 函数计算浮点数 x 的余弦 | 返回 x 的余弦值 |
| float tan (float x); | tan 函数计算浮点数 x 的正切值 | 返回 x 的正切值 |
| float asin (float x); | 求反正弦 | X 的反正弦，值在 $-\pi/2 \sim \pi/2$ |
| float acos (float x); | 求反余弦 | x 的反余弦，值在 $0 \sim \pi$ 之间 |
| float atan (float x); | 求反正切 | X 的反正切，值在 $-\pi/2 \sim \pi/2$ 之间 |
| float sinh (float x); | sinh 函数计算浮点数 x 的双曲正弦 | 返回 x 的双曲正弦 |
| float cosh (float x); | cosh 函数计算浮点数 x 的双曲余弦 | x 的双曲余弦 |
| float tanh (float x); | tanh 函数计算浮点数 x 的双曲正切 | tanh 函数返回 x 的双曲正切 |
| float atan2 (float y, float x); | 计算浮点数 y/x 的反正切 | 反正切值，值在 $-\pi \sim \pi$ 之间，x 和 y 的符号确定返回值的象限 |
| float ceil (float val) | ceil 函数计算大于或等于 val 的最小整数值（收尾取整） | ceil 函数返回不小于 val 的最小 float 整数值 |
| float floor (float val); | 取整 | floor 函数返回不大于 val 的最大整数值 |
| float fmod (float x, float y); | 取模 | x/y 的浮点余数 |
| float modf (float val, float *ip); | 把浮点数 val 分成整数和小数部分 | 函数返回带符号小数部分 val。整数部分保存在浮点数 ip 中 |
| float pow (float x, float y); | 计算 x 的 y 次幂 | pow 函数返回值 $x^y$ |

2. 空操作，左右位移等内嵌代码<intrins. h>

| 函　　数 | 功　　能 | 返　　回 |
| --- | --- | --- |
| void _ nop _ (void); | 插入一个8051NOP空操作指令到程序，用来停顿1个CPU周期。本程序是固有函数，代码要求内嵌而不是调用 | 无 |
| bit _ testbit _ (bit b); | 程序在生成的代码中用JBC指令来测试位b，并清零 | 返回值b |
| unsigned char _ cror _ (unsigned char c, unsigned char b); | 程序将字符c循环右移b位 | 返回右移后的值 |
| unsigned int _ iror _ (unsigned int i, unsigned char b); | 程序将整数i循环右移b位 | 返回右移后的值 |
| unsigned long _ lror _ (unsigned long l, unsigned char b); | 程序将长整数l循环右移b位 | 返回右移后的值 |
| unsigned char _ crol _ (unsigned char c, unsigned char b); | 程序字符c循环左移b位 | 返回左移后的值 |
| unsigned int _ irol _ (unsigned int i, unsigned char b); | 程序将整数i循环左移b位 | 返回左移后的值 |
| unsigned long _ lrol _ (unsigned long l, unsigned char b); | 程序将长整数l循环左移b位 | 返回左移后的值 |

3. 字串转数字，随机数，存储池管理<stdlib. h>

| 函　　数 | 功　　能 | 返　　回 |
| --- | --- | --- |
| float atof (void * string); | 将浮点数格式的字符串转换为浮点数 | 返回string的浮点值 |
| int atoi (void * string); | 转换string为一个整数值 | 返回string的整数值 |
| long atol (void * string); | 转换string为一个长整数值 | 返回string的长整数值 |
| int rand (void); | rand函数产生一个0～32 767之间的虚拟随机数 | rand函数返回一个虚拟随机数 |
| void srand (int seed); | srand函数设置rand函数所用的虚拟随机数发生器的起始值seed，随机数发生器对任何确定值seed产生相同的虚拟随机数序列 | 无 |
| unsigned long strtod (const char * string, char * * ptr); | 将一个浮点数格式的字符串string转换为一个浮点数 | 返回由string生成的浮点数 |
| long strtol (const char * string, char * * ptr, unsigned char base); | 将字符串string转换为一个长整型 | 返回由string生成的长整型 |
| unsigned long strtoul (const char * string, char * * ptr, unsigned char base); | 转换string为一个unsigned long值 | 返回string生成的整数值 |

续表

| 函　　数 | 功　　能 | 返　　回 |
|---|---|---|
| void inti _ mempool (void xdata ＊p，unsigned int size)； | 初始化存储管理程序，提供存储池的开始地址和大小 | 无 |
| void xdata＊malloc (unsigned int size)； | 从存储池分配 size 字节的存储块 | 返回一个指向所分配的存储块的指针，如果没有足够的空间，则返回一个 NULL 指针 |
| voidfree (void xdata ＊p)； | 释放前面已经分配的内存空间 | 无 |
| void xdata＊realloc (void xdata ＊p，unsigned int size)； | 改变已分配的存储块的大小 | 一个指向新块的指针 |
| void xdata＊calloc (unsigned int num，unsigned int len)； | 从一个数组分配 num 个元素的存储区，每个元素占用 len 字节，并清 0 | 返回一个指针，指向分配的存储区 |

4. 字符串操作<string. h>

| 函　　数 | 功　　能 | 返　　回 |
|---|---|---|
| char ＊strcat (char ＊s1，char ＊s2)； | 连接或添加 s2 到 s1，并用 NULL 字符终止 s1 | 返回 s1 |
| char ＊strncat (char ＊s1，char ＊s2，int len)； | 从 s2 添加最多 len 个字符到 s1 | 返回 s1 |
| char strcmp (char ＊s1，char ＊s2)； | 比较字串 s1 和 s2 的内容，并返回一个值表示它们的关系 | 若 s1＜s2 返回负数；若 s1＝s2 返回 0；若 s1＞s2 返回正数 |
| char ＊strncmp (char ＊s1，char ＊s2，int len)； | 比较 s1 的前 len 字节和 s2，返回一个值表示它们的关系 | 若 s1＜s2 返回负数；若 s1＝s2 返回 0；若 s1＞s2 返回正数 |
| char ＊strcpy (char ＊s1，char ＊s2)； | 复制字符串 s2 到字符串 s1，并用 NULL 字符结束 s1 | 字符串 s1 |
| char ＊strncpy (char ＊dest，char ＊s2，int len)； | 从字符串 s2 复制最多 len 个字符到字符串 s1 | 字符串 s1 |
| int strlen (char ＊s)； | 计算字符串 s 的字节数，不包括 NULL 结束符 | 字符串 s 的长度 |
| char ＊strchr (const char ＊s，char c)； | 搜索字符串 s 中第一个出现的 c | 字符串 s 中指向 c 的指针，如没有发现则返回一个 NULL 指针 |
| int strpos (const char ＊s，char c)； | 查找字符串 s 中 c 的第一次出现，包括 s 的 NULL 结束符 | s 中和 c 匹配的字符的索引。如没匹配则返回－1。s 中第一个字符的引是 0 |
| char ＊strrchr (const char ＊s，char c)； | 查找字符串 s 中 c 的最后一次出现，包括 s 的 NULL 结束符 | 返回 s 中和 c 匹配的字符的指针，如没匹配则返 NULL |
| int strrpos (const char ＊s，char c)； | 查找字符串 s 中 c 的最后一次出现，包括 s 的 NULL 结束符 | s 中和 c 匹配的最后字符的索引。如没匹配则返回－1，s 中第一个字符的索引是 0 |

续表

| 函　　数 | 功　　能 | 返　　回 |
|---|---|---|
| int strcspn<br>(char * s, char * set); | 在字符串 s 中查找字符串 set 中的任何字符 | 返回 s 中和 set 匹配的第一个字符的索引。如果 s 的第一个字符和 set 中的一个字符匹配，返回 0。如果 s 中没有字符匹配，返回字符串的长度 |
| char * strpbrk<br>(char * s, char * set); | 查找字符串 s 中第一个出现的 set 中的任何字符，不包括 NULL 结束符 | 返回 s 匹配的字符的指针。如果 s 没有字符和 set 匹配，返回一个 NULL 指针 |
| char * strrpbrk<br>(char * s, char * set); | 查找字符串 s 中最后一个出现的 set 中的任何字符，不包括 NULL 结束符 | 返回 s 最后匹配的字符的指针。如果 s 没有字符和 set 匹配，返回一个 NULL 指针 |
| int strspn<br>(char * s, char * set); | 查找字符串 s 中 set 没有的字符 | 返回 s 第一个和 set 不匹配的字符的索引。如果 s 中的第一个字符和 set 中的字符不匹配，返回 0。如果 s 中的所有字符 set 中都有，返回 string 的长度 |
| char * strstr<br>(const char * s, char * sub); | 在字符串 s 中搜索子串 sub | 返回子字符串 sub 在字符串 s 中第一次出现的位置的指针 |
| char memcmp<br>(void * buf1, void * buf2, int len); | 比较两个缓冲区 buf1 和 bur2 长度为 len 的字节，并返回一个值 | 若返回 0，则 buf1＝buf2；若返回负数，buf1＜but2；若返回正数，则 buf1＞bul2 |
| void * memcpy<br>(void * s1, void * s2, int len); | 从字符串 s2 复制 len 字节到字符串 s1 | 返回 s1 |
| void * memchr<br>(void * buf, char c, int len); | 在 buf 中的前 len 个字节中查找字符 c | memchr 函数返回字符 c 在 buf 中的指针，如没有则返回一个 NULL 指针 |
| void * memccpy<br>(void * dest, void * src,<br>char c, int len); | 从 src 到 dest 复制 0 或更多的字符，直到字符 c 被复制或 len 字节被复制，哪个条件先遇到就执行哪个条件 | 返回一个指针，指向 dest 最后一个复制的字符的后一个字节。如果最后一个字符是 c，则返回一个 NULL 指针 |
| void * memmove<br>(void * dest, void * src, int len); | 从 src 复制 len 字节到 dest。如果存储缓冲区重叠 memmove 函数保证 src 中的那个字节在被覆盖前复制到 dest | 返回 dest |
| void * memset<br>(void * buf, char c, int len); | 置 buf 的前 len 字节为 c | 返回 dest |

注　C51 库函数还有很多的函数，但由于本教材没涉及或者是基础教学部分较为少用，因此没有添加附录中，用到的读者可以自行查找资料。

# 参 考 文 献

[1] 王璇，胡国兵．单片机控制技术项目式教程［M］．北京：电子工业出版社，2014.
[2] 冯博，王丽娜．项目式 51 单片机技术实践教程［M］．北京：电子工业出版社，2014.
[3] 陈宏希．学练一本通：51 单片机应用技术［M］．北京：电子工业出版社，2013.
[4] 何玲，曾维鹏，蔡莉莎．单片机小系统的设计与制作［M］．北京：电子工业出版社，2012.
[5] 陈雷．C 51 单片机应用实训［M］．北京：中国电力出版社，2011.
[6] 张永格，何乃味．单片机 C 语言应用技术与实践［M］．北京：北京交通大学出版社，2010.
[7] 刘建清．轻松玩转 51 单片机 C 语言［M］．北京：北京航空航天大学出版社，2011.
[8] 王静霞．单片机应用技术［M］．北京：电子工业出版社，2009.
[9] 谭浩强．C 程序设计［M］．北京：清华大学出版社，2005.